KB090845

와인 실력 테스트

우에노 마사미 지음
이홍경 감역 | 황명희 옮김

주식회사 성안당
도서출판 BM

와인을 즐기기 위한
테이스팅 포인트

와인의 원료 포도가 표현하는 향기(주요 6품종)

원료인 포도에 따라서 표현되는 향은 제각각이다. 와인 테이스팅에서는 자주 과일, 향초, 꽃, 스파이스 등의 향에 비유된다.

*산지의 기후와 와인 제조 방법에 따라서 인상이 변한다.

샤르도네
Chardonnay

가장 인기 있는 화이트와인용 포도 품종. 드라이한 맛이 나며 오크통에서 숙성하기도 한다. 자몽, 레몬, 메론, 사과, 서양배, 바나나, 파인애플, 아카시아, 인동초 등의 향이 난다.

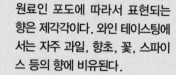

 ## 화이트와인 품종

리즐링
Riesling

독일을 대표하는 포도 품종. 드라이한 맛부터 단맛까지 다양한 화이트와인을 만든다. 보리수, 자몽, 레몬, 사과, 배, 모과, 황도 등의 과일과 꽃향이 인상적이다.

소비뇽 블랑
Sauvignon Blanc

신선한 허브 향이 인상적이다. 프레시 허브, 자몽, 레몬, 사과, 서양배, 백도, 인동초, 아카시아, 부싯돌 등의 향이 난다.

피노 누아
Pinot Noir
• • • • • • • • • • • • • • • • • • •
섬세하고 고급스러운 포도 품종. 떫은맛이 적
고 입에 닿는 촉감이 부드러운 와인을 만든다.
향은 라즈베리, 딸기, 크랜베리, 앵두, 블루베리,
앵두, 제비꽃, 목단, 제라늄, 홍차 등 매우 다채
롭다.

레드와인 품종

시라 (쉬라즈)
Syrah(Shiraz)
• • • • • • • • • • • • • • • • •
농후하고 스파이시한 와인을 만
든다. 후추, 카시스(블랙커런트),
아메리칸 체리, 자두, 건조 무화
과, 유칼리, 풀고사리, 목단 등의
향이 난다. 호주에서는 쉬라즈라
고 불리며 과실맛과 비터 초콜
릿향이 인상적인 와인이 만들어
진다.

카베르네 소비뇽
Cabernet Sauvignon
• • • • • • • • • • • • • • • • • • •
세계적인 인기 품종. 떫은 맛이 강하고 보르도
에서는 장기 숙성 타입의 와인을 만들어낸다.
향은 카시스(블랙커런트), 아메리칸 체리, 화이
트커런트, 블루베리, 민트, 감초, 붉은 장미, 후
추, 히말라야 삼목 등으로 표현된다.

오크통에서
나는 향

오크로 만든 나무 술통에서
재운 와인은 단 바닐라향이
난다. 새 술통은 내부를 태워
서 사용하므로 볶은 아몬드와
로스트 향이 더해진다.

와인 테이스팅의 목적과 순서

테이스팅에 필요한 것은 센스보다는 경험. 무엇보다 즐기는 것이 중요하다!

🍷 테이스팅의 목적

테이스팅(데귀스타시옹, degustation)에 의해서 와인의 개성을 알 수 있다. 와인 전문가는 와인의 품질과 적정 가격, 마실 시기를 판단하여 와인의 개성을 살린 요리를 제안한다. 테이스팅을 통해 주요 포도 품종 고유의 개성을 알면 요리에 맞는 마리아주(marriage, 프랑스어로 결혼이라는 뜻)를 즐길 수 있다.

🍷 테이스팅의 마음가짐

> 주관적 & 긍정적으로!

테이스팅에 앞서 선입관을 배제하고 개인적인 기호를 전면에 내세우지 않으며 보다 긍정적인 기분으로 임해야 한다.

🍷 사랑받는 와인 애호가

와인은 포도만으로 만들었기 때문에 맛과 향의 미묘한 차이를 간파하는 것은 어렵다. 처음에는 여러 와인을 늘어놓고 비교하거나 와인스쿨 등에서 프로 테이스터로부터 가르침을 받는 것도 좋다.

와인은 결코 고상한 것이 아니라 기호품이다. 와인 지식에 취하기보다는 마음을 터놓을 수 있는 동료와 함께 맛있는 와인을 즐길 수 있는, 모두에게 사랑받는 와인 애호가가 되기를 바란다.

테이스팅 환경

· 몸가짐을 정리하고 향신료, 담배, 커피, 민트 등의 자극적인 음식물을 자제한다.
· 정확성을 기하기 위해 공통의 환경, 일정한 기준을 마련한다.
  ① 밝고 냄새가 없는 실내
  ② 하얀색 테이블 보 또는 매트를 깐다.
  ③ ISO 규격에서 정한 테이스팅 잔을 사용한다.
  ④ 와인의 온도는 레드와인이 16~17℃, 화이트와인, 로제와인이 15℃
  ⑤ 따르는 양은 50㎖, 잔의 4분의 1 정도
  ⑥ 여러 종류의 와인을 테이스팅할 때는 화이트와인에서 레드와인, 라이트바디와인에서 풀바디와인, 드라이와인에서 스위트와인, 영와인에서 올드와인 순으로 진행한다.

🍷 테이스팅 순서

테이스팅은 외관의 확인, 향의 확인, 맛의 확인, 서비스 방법과 종합 평가의 순으로 진행한다. 각 단계를 단독으로 판단하는 게 아니라 외관의 확인에서 얻은 정보를 향으로, 외관과 향의 인상을 맛으로 연결해 간다.

① 외관의 확인
──시각
투명성, 밝기, 색조, 농담
디스크
점성, 거품

② 향의 확인
──후각
건전성, 풍부함, 강도
특징, 복잡성
숙성도, 인상

③ 맛의 확인
──미각, 후각, 입안에서의 촉각
첫맛, 신맛, 단맛, 쓴맛
탄닌, 플레이버
알코올, 균형
여운

④ 서비스 방법과 종합 평가
공출 온도, 잔의 타입
디켄팅*의 유무
요리와의 궁합
주요 포도 품종, 수확년도, 산지

*디켄팅(decanting) : 와인의 침전물을 제거하고,
공기에 접촉시켜 향과 맛을 한층 돋우기 위해 다른
용기로 옮기는 일

시각·후각·미각을
연마합시다!

와인 표현하기

앞 페이지의 와인 테이스팅 순서에 따라 설명한다.

🍷 와인의 외관 표현하기

색조와 빛 등을 눈으로 보고 평가하는 외관의 확인은 와인 테이스팅의 첫걸음이다. 외관을 보고 원료 포도 품종의 개성과 자란 환경(기후) 등을 알 수 있다. 또한 통숙성과 병숙성에 따른 영향도 외관에 드러나는 경우가 있다.

외관을 확인할 때 POINT 포인트

투명성

잔을 안쪽으로 기울여 투명감이 있고 맑은지를 확인한다. 눈으로 봐서 맑으면 건전한 상태라고 볼 수 있다. 다만, 탁해도 다음과 같은 경우는 문제가 없다.

· 탄닌이 풍부한 와인이나 숙성 찌꺼기에 의한 것
· 와인을 병에 담기 전에 청징과 찌꺼기 제거를 하지 않은 경우
· 코르크 마개를 제대로 뽑지 못해 자잘한 나무 파편이 떠있는 경우

밝기

와인의 표면에 빛이 반사되는 밝기로 와인의 윤기와 광택을 확인하여 와인의 건전도와 산도를 판단한다. 산도가 높은 와인은 색소가 안정되고 보다 강한 밝기를 낸다.

색조

와인의 색조를 보고 와인 전체의 특징을 알 수 있다. 잔을 기울인 채 와인의 중심부로부터 잔과 와인의 경계면이 타원상이 된 지점에서 색의 변화를 확인한다.

· 영 화이트와인 중에서도 특히 냉량한 기후 산지 와인… 녹색, 푸른기를 띤 색조
· 온난한 기후 산지 와인… 푸른기가 빠지고 깊이 있는 색조
· 영 레드와인… 포도 과피에 가까운 보랏빛을 띤 적색
  색조는 변화와 밀접하며 오른쪽 표와 같이 숙성에 따라서 색이 변화한다.
· 영 와인young wine : 갓 담은 와인 / 올드 와인old wine : 오래된 와인

농담

농담은 외관을 확인할 때 가장 중요한 요소이다. 색의 농담 상태를 보고 원료 포도의 성숙 정도와 와인의 농축도를 추측한다. 일반적으로 냉량한 산지에서 자란 포도 또는 과피와 색소가 얇은 포도로 만든 와인은 연하고, 온난한 산지에서 자란 포도나 과피가 두껍고 색소가 많은 포도로 만든 와인은 진하다.

디스크

디스크는 잔의 바로 옆 또는 바로 위에서 본 와인의 액면 두께를 말한다. 주로 알코올과 물의 비중 차에 의해서 생긴다. 디스크의 두께에 따라서 알코올의 볼륨과 글리세린의 양을 판단한다.

점성

비스듬하게 기울인 잔을 세로로 일으켰을 때 잔 안쪽의 벽면을 따라 흐르는 와인 방울로 점성을 띤다. 이 방울은 '눈물(larme)', '다리(jambe)'라고도 불린다. 일반적으로 알코올 도수가 높은 와인, 당분이 높은 와인(귀부 와인 등의 디저트 와인), 응축도가 높은 와인은 점성이 강하다.

기포

발포성 와인뿐 아니라 화이트와인, 로제와인, 레드와인 등의 스틸 와인에서도 약간의 거품이 이는 것을 볼 수 있다. 비교적 영 와인에서 알코올 발효에 의해 생긴 탄산가스가 남아 있는 점과 와인의 신선함을 유지하기 위해 의도적으로 탄산가스를 남긴 상태로 병을 막기 때문이다.

외관의 표현

투명성의 표현	맑다, 다소 탁하다, 탁하다 등
밝기의 표현	크리스털과 같다, 밝기가 있다, 광택이 있다, 칙칙하다(선명하지 않다) 등
화이트와인의 색조 표현	푸른기를 띤, 레몬옐로, 옐로, 황금색, 호박색 등. 숙성에 따른 화이트와인의 색조 변화 푸른기를 띤 노란색 ➡ 짙은 노란색 ➡ 호박색 ➡ 갈색
레드와인의 색조 표현	흑색을 띤, 보라색을 띤, 루비, 가넷, 벽돌색 등. 숙성에 따른 레드와인의 색조 변화 밝은 보라색, 적색 ➡ 오렌지색을 띤 ➡ 벽돌색
농담의 표현	매우 진하다, 진하다, 연하다, 밝다, 산뜻하다 등
디스크의 표현	두껍다, 중간 정도, 엷다 등
점성의 표현	상쾌하다, 중간 정도, 다소 강하다, 풍부하다 등
발포의 표현	스틸(기포는 볼 수 없다), 기포가 보인다, 발포하고 있다 등

🍷 와인의 향 표현하기

와인의 향에서는 품종의 개성, 특징, 산지의 개성, 양조법과 숙성 정도 등 많은 정보를 얻을 수 있다. 향은 과일, 꽃, 식물, 향신료 등의 구체적인 명칭으로 표현한다. 우선은 가장 인상적인 향이 과일, 식물, 꽃계통 중 어느 것에 해당하는지를 파악하자.

● 아로마와 부케

와인의 향은 제1아로마, 제2아로마, 부케(또는 제3아로마) 3가지로 분류된다.

제1아로마

와인의 원료 포도에서 유래하는 향. 품종별로 다른 특징이 드러난다.

제2아로마

알코올 발효, 말로락틱 발효*에서 유래하는 향이다.

부케(제3아로마)

통숙성, 병숙성에서 유래하는 향. 산화에 의해 제1, 제2아로마가 변화하여 복잡한 향이 생겨난다.

*말로락틱 발효malo-lactic fermentation : 주로 수확년도의 다음해 봄에 거치는 제2차 발효 과정으로 테이블 와인의 대부분이 1차 발효 후 짧은 기간의 발효를 거침

향을 확인할 때 포 인 트 POINT

건전도

깨끗하고 신선한지, 잡냄새가 없고 와인 고유의 향이 나는지를 확인한다.

풍부함 · 강도

향의 강약과 퍼짐, 지속성 등을 확인한다.

향의 특징

제1, 제2, 제3아로마 각각의 특징을 파악하고 과일, 꽃, 식물, 향신료 등의 구체적인 명칭으로 표현한다.

왜 잔을 돌리는 걸까?
와인잔을 돌리는 이유는 공기와 접촉시켜 산화를 일으켜 변화하는 향을 확인하기 위해서다. 먼저 잔을 들고 그대로, 다음으로 잔을 돌려 와인이 가진 다양한 향을 확인한다. 건전도, 풍부함·강도, 향의 특징, 복잡성, 숙성 정도, 향의 인상을 제대로 확인하자!

향의 표현

> 자주 사용되는 표현을 외워두자.

건전도의 표현	건전하다, 건전하지 않다
풍부함·강도의 표현	강하다, 확실히 느껴진다, 가볍다 등
향 특징의 표현	자몽, 사과, 카시스(블랙커런트), 블루베리, 허브, 후추, 복숭아, 아카시아, 제비꽃, 아몬드젤리, 바닐라, 볶은 아몬드 등
복잡성의 표현	복잡성이 있다, 복잡성은 느껴지지 않는다.
숙성 정도의 표현	신선하다(프레시), 열려 있다, 침착하다, 숙성도는 느껴지지 않는다, 산화 숙성에 들어간 단계, 환원 상태에 있다 등
향 인상의 표현	제1아로마가 강하다, 과일향이 주체, 아로마틱, 플로럴, 스파이시, 오크향이 난다 등

복잡성

제3아로마에는 와인의 숙성 방법과 숙성 상태에서 유래하는 향도 포함된다. 통발효와 통숙성을 거치면 바닐라와 로스트향이 느껴지고 병숙성이 진행하면 복잡한 부케와 환원향이 표현된다.

숙성 정도

와인에 풋풋함 또는 숙성감이 드러나는지를 판단한다.

향의 인상을 표현

다양한 향 중에서 인상적인 것 내지 두드러진 것을 포착해서 표현한다.

온도에 따른 향의 차이

같은 와인이라도 온도에 따라서 향의 인상이 바뀐다. 와인 테이스팅을 할 때는 와인의 온도에 주의하기 바란다.

온도를 낮추면… 와인의 프레시감이 두드러지며 제1아로마가 올라가고 제2아로마가 내려가는 일이 있다.

온도를 올리면… 향이 확산되어 숙성감, 복잡성이 높아진다.

🍷 와인의 맛 표현하기

양조 기술의 발전으로 와인에 풍부한 향을 부여할 수 있게 됐다. 그러나 맛에 관해서는 특수한 양조법을 이용한 경우를 제외하고 원료 포도가 가진 성분이 그대로 반영되므로 맛의 확인은 와인 본래의 가치, 생산지의 특색, 장래성을 판단하는 데 가장 중요한 요소이다.

맛을 확인할 때 POINT 포인트

어택(attack)

와인을 입에 머금었을 때의 첫 감각, 첫맛을 어택이라고 한다. 백 라벨에 라이트 보디와 풀 보디라고 표기되어 있는 것이 있는데, 어택의 강약은 그것과는 달리 주로 와인의 주질(알코올 도수, 신맛, 쓴맛, 떫은맛)에 따라서 변화한다.

어택의 감각을 파악하는 것은 어렵지만 테이스팅의 경험을 쌓으면 능숙하게 포착할 수 있게 된다.

신맛(산미)

주로 포도의 종자(씨)에 많이 포함되어 있는 산미는 와인의 맛을 구성하는 중요한 요소이다. 와인에는 주석산과 사과산, 구연산, 호박산, 유산 등 포도에서 유래하거나 또는 양조 과정에서 생성된 유기산이 많이 포함된다.

이외에 MLT(말로락틱 발효→p.8)와 pH, 온도, 보산(補酸, 의도적으로 유기산을 첨가하는 것) 등이 신맛에 영향을 준다. MLF에 의해서 자극적인 사과산이 부드러운 유산으로 변화한다. pH는 레벨에 따라서 신맛이 다르게 느껴진다.

일반적으로 위도와 표고가 높은 냉량한 산지의 와인일수록 산미가 강해지고 온난한 산지의 와인은 산미가 완화된다. 산미의 강약에 따라서 산지의 기후 특색과 지세를 판단할 수 있다. 최근 들어 세계 각지에서 지구온난화 영향이 나타나고 있으며 주요 와인 산지 중에서도 뉴 월드(와인 신흥국)*라 불리는 호주와 칠레 등은 그 영향이 현저하여 수확기에 원료 포도의 당도가 매우 높아지는 한편 유기산이 감소하는 문제가 있다. 이 경우 양조 공정 중에 보산을 하는 경우가 있기 때문에 외관과 향에 어울리지 않는 신맛이 느껴진다면 보산의 가능성이 있다.

*뉴 월드New World : 신생 와인 생산국인 호주, 뉴질랜드, 남아프리카, 미국 등을 가리키는 말이다.

와인 맛의 특징을 정확하게 포착하기 위해서는

와인을 입에 머금은 양은 혀 전체에 전해지는 정도가 좋다. 구강이나 혀의 표면적에는 개인차가 있지만 티스푼 하나가 기준이다. 입에 머금은 와인은 넘기지 말고 일정 시간(10초 정도) 입안에서 머물고 나서 뱉는다.

단맛

단맛은 비교적 느끼기 쉬운 요소이다. 의도적으로 단맛으로 마무리한 와인을 제외하면 온난한 산지에서 자란 포도는 수확 시점에서 당분이 높아지고 발효 후에도 와인에 잔류하는 당분도 높아진다.

같은 품종이라도 기온에 따른 당도의 차이를 볼 수 있다. 예를 들어 세계적으로 인기가 높은 화이트와인(화이트와인의 원료 포도) 품종인 샤르도네는 환경 적응 능력이 뛰어나 많은 산지에서 재배되고 있지만 냉량한 기후의 프랑스 부르고뉴 지방산과 온난한 기후의 칠레와 호주산의 맛이 다르다.

또한 잔당분뿐 아니라 와인 중의 알코올과 글리세린의 함유량도 단맛에 영향을 미친다.

신맛과 쓴맛, 떫은맛의 균형에 따라서도 느낌이 다르므로 대충 매운맛, 중간 매운맛, 단맛 등으로 표현할 것이 아니라 단맛의 요소에 대해 분석할 필요가 있다.

맛의 표현

어택의 표현	상쾌한, 기분 좋은, 강한, 임팩트 있는 등
신맛의 표현	냉량한 산지의 와인→자극적인, 상쾌한 온난한 산지의 와인→부드러운, 매끄러운
단맛의 표현	드라이, 부드러운, 순함에서 오는, 와인의 잔당분에 의한, 풍부한, 끈적끈적한 등
쓴맛의 표현	소극적인, 온화한, 기분 좋은, 취향을 동반한 등
탄닌의 표현	보송보송한, 매끄러운, 부드러운, 치밀한, 실키한, 벨벳 같은, 수렴성이 있는, 강한 등
플레이버의 표현	과일 맛이 나는, 프레시, 식물성 향이 나는, 플로럴, 스파이시, 농축된, 복잡한 등
알코올의 표현	다소 강한, 강한, 볼륨이 있는, 다소 약한, 약한 등
균형의 표현	부드러운, 기분 좋은, 탐스러운, 골격이 있는, 균형이 잡힌, 콤팩트한, 슬림한 등
여운의 표현	짧은(3~4초), 중간 정도(5~6초), 다소 긴(7~8초), 긴(9초 이상)

쓴맛

쓴맛은 원료 포도의 꼭지와 종자, 과피에서 유래하며 과피의 두께와 페놀류의 함유량 외에도 수확 후의 선별, 스킨 콘택트, 주발효 시의 마세라시옹(침용), 발효 전 또는 발효 후의 압착, 통숙성에 의한 영향이 강하게 드러난다. 기분 좋은 쓴맛은 와인의 맛을 강화한다.

탄닌

와인에 떫은맛을 부여하는 성분으로 종자에 많이 포함되어 있다. 일반적으로 화이트와인은 포도를 수확한 후에 파쇄해서 과즙만으로 발효를 하기 때문에 탄닌 함유량은 적은 편이다. 레드와인은 포도를 파쇄하여 머스트(must : 과즙, 과피, 종자의 혼합물로 발효되지 않은 포도즙)를 발효시키기 때문에 화이트와인보다 많은 탄닌이 추출된다.

탄닌을 표현할 때는 탄닌의 양과 질을 분석할 필요가 있다. 탄닌은 녹차, 홍차, 우롱차 등에도 함유되어 있다.

플레이버

플레이버는 와인의 풍미, 향미를 말한다. 입에 머금고 천천히 음미해보자. 산지의 기후에 따른 포도 품종의 개성, 양조 방법, 숙성에 따라서 지배하는 향이 변화한다.

온도에 따른 맛의 차이

음식의 맛은 온도에 따라서 달리 느껴진다.

예를 들어, 주스는 차가울 때 마시면 맛있게 느껴지지만 먹다 남은 것을 방치해 두면 달게 느껴진다. 홍차나 커피도 아이스의 경우는 뜨거운 것보다 시럽을 많이 첨가하지 않으면 단맛을 느낄 수 없다.

와인도 마찬가지로 단맛뿐 아니라 떫은맛과 신맛 등도 온도의 영향을 크게 받는다.

온도를 낮추면… 단맛이 없고 신맛이 보다 자극적이며 쓴맛과 떫은맛이 강하게 느껴진다.

온도를 높이면… 단맛이 강해지고 신맛이 부드러워지며 쓴맛, 떫은맛이 약하게 느껴진다.

알코올

알코올은 신맛과 마찬가지로 맛의 중요한 요소이다. 알코올 자체는 무미무취이지만 와인에 점성과 순한 맛을 가미해 은은한 단맛을 느끼게 한다.

일반적으로 원료 포도의 수확 시점에서 당도가 높으면 와인의 알코올 도수가 높아진다. 이것은 생육 기간을 통한 적산 일조량이 풍부하여 광합성이 활발히 이루어졌음을 의미하며 와인의 산지를 유추하는 단서가 된다.

균형

와인 맛의 요소가 각각 조화를 이루고 있는지를 감지하여 전체의 균형을 확인한다.

여운

여운은 와인을 입에 머금고 뱉은 후에 남는 풍미와 향미를 가리키며 지속 시간의 길고 짧음으로 표현한다. 여운이 긴 것은 기상 조건의 혜택으로 포도의 성숙도가 높은 경우다. 양조나 숙성 과정에서 여운이 생겨나기도 한다. 여운이 짧은 경우는 위도가 높은 냉량한 산지와 오프빈티지* 와인일 가능성이 있다.

*오프 빈티지off vintage : 그 해 포도 농사의 작황이 썩 좋지 않았던 연도를 말한다.

🍷 서비스 방법과 종합 평가

테이스팅에서 포착한 와인의 외관, 향, 맛을 토대로 와인을 종합적으로 평가하여 최적의 서비스 방법을 생각한다. 와인을 마실 때마다 주요 포도 품종의 개성, 각 산지의 특징과 수확년도에 따른 차이 등의 정보를 정리해 경험을 쌓아가자.

와인 서비스에 앞서 확인할 **포 인 트** POINT

공출 온도

공출 온도는 와인의 인상을 크게 바꾸는 중요한 요소이다. 와인을 마시는 사람의 기호에 맞추는 것이 중요하지만 테이스팅 시에는 그 와인의 매력과 개성을 가장 잘 살릴 수 있는 온도를 추측한다.

와인의 공출 온도 기준(참고)

· 논빈티지 샴페인과 스위트 화이트와인 등… 7℃ 이하
· 신선하고 상쾌한 화이트와인 등… 8~10℃ 정도
· 감칠맛 나는 상질의 화이트와인과 가벼운 레드와인 등… 11~14℃ 정도
· 피노 누아 등 떫은맛이 적은 레드와인 등… 15~18℃ 정도
· 보르도의 카베르네 소비뇽 등… 19℃ 정도

잔

와인을 더 맛있게 즐길 수 있는 잔의 크기, 형태를 판단한다.

잔의 크기 선택(참고)
· 작은 것… 낮은 온도가 적합한. 프레시하고 상쾌한 화이트와인
· 중간 것… 감칠맛이 나는 화이트와인, 가벼운 레드와인
· 큰 것… 다소 높은 온도가 적합한 감칠맛 있는 레드와인과 숙성감이 있는 와인

디켄팅

디켄팅이란 와인을 디켄터(와인용 투명한 용기)로 옮기는 것이다. 주요 목적은 와인의 찌꺼기를 제거하고 공기 접촉에 의해서 향과 맛을 열리게 하며, 와인의 온도를 올리는 것이지만, 와인을 마시기 전에 기대감을 높이는 시각 효과도 있다. 레스토랑 등에서는 소믈리에가 디켄팅을 선택한 경우는 이유를 설명하고 디켄팅을 제안하고 최종 판단은 와인을 선택하는 사람에게 맡긴다.

와인은 반드시 디켄팅한 것이 맛있다고 단정할 수는 없다. 장기간 숙성한 올드빈티지와 오프빈티지, 가장 맛있을 시기를 지난 와인 등은 디켄팅을 하면 오히려 역효과를 내기도 한다.

디켄팅 자체는 어렵지 않지만 디켄팅 유무와 타이밍을 판단하려면 와인의 컨디션, 서비스하는 인수와 다 마실 때까지의 시간 예측 등 소믈리에의 지식과 경험이 관건이 된다.

디켄팅의 가능성을 고려하는 경우
· 와인셀러에서 막 꺼낸 온도가 낮은 레드와인
· 신선하고 타닌이 강한 레드와인
· 맛이 변함없는 숙성한 레드와인
· 감칠맛 나는 상질의 화이트와인
· 스크루 캡 와인으로 환원 상태에 있는 것
※마시는 사람의 요구나 기호를 우선한다.

14

VOUVRAY
APPELLATION VOUVRAY CONTÔLÉE
12.5% VOL.

요리와 궁합

와인과 요리를 보다 맛있게 즐길 수 있는 조합을 제안한다.

기본적인 개념은 와인 산지의 '향토요리와 맞춘다', '와인과 요리의 강도를 맞춘다', '와인과 요리의 격을 맞춘다' 3가지이다.

와인과 요리를 맞추는 방법의 예

· 산지를 맞춘다…프로방스 지방의 요리 부야베스에 같은 지방산의 화이트와인 '카시스 블랑'
· 강도를 맞춘다…가벼운 전채에는 가벼운 와인, 육류 요리에는 감칠맛이 있는 레드와인
· 격을 맞춘다…레스토랑에서 제공되는 상질의 요리에는 상질의 와인, 가정식 요리에는 가볍게
　　　　　　즐길 수 있는 와인

주요 포도 품종

와인의 개성에서 주요 포도 품종을 추측한다.

> **테이스팅의 시작은 주요 6품종부터**
> 포도는 포도과 포도속의 만성 식물이다. 현재 세계에서 재배되고 있는 주요 와인용 포도 품종은 약 100종 정도. 원산지에 따라서 유럽·중동계, 북미계, 아시아계로 크게 나뉘며 유명한 샤르도네와 피노 누아 등은 유럽·중동계(비티스 비니페라계)의 품종이다.
> 처음에는 주요 6품종, 즉 화이트와인 품종인 소비뇽 블랑, 샤르도네, 리즐링, 레드와인 품종인 피노 누아, 카베르네 소비뇽, 시라(쉬라즈)의 테이스팅을 반복하여 대략적인 특징을 파악하고 나서 다른 포도 품종의 테이스팅에 도전하자. p. 2~3 참조.

수확년도

와인의 외관, 향, 맛의 특징에서 원료 포도의 수확년도를 추측한다.

산지

와인의 외관, 향, 맛의 특징에서 와인의 산지를 추측한다.

APPELLATION SAINT-ÉMILION GRAND CRU CONTRÔLÉE
13 % BY VOL.
LOTE · 013
VEGA SICILIA, S. A
El Presidente
Nº 012

🍷 와인의 라벨 종류

와인의 라벨은 에티켓이라고도 불린다. 라벨의 앞쪽은 물론 뒤쪽에도 다양한 정보가 기재되어 있다. 에티켓을 읽을 줄 알면 와인 선택이 보다 수월해진다.

제네릭(generic)

와인 제조 역사가 긴 올드 월드*의 와인이 이 타입의 라벨이다. 상파뉴, 보르도 등의 산지명만 기재되어 있다. 라벨을 읽으려면 해당 산지의 특징(허가받은 포도 품종과 와인의 타입 등)과 기초지식이 필요하다.

*올드 월드old world : 유럽, 아시아, 아프리카를 가리킨다.

버라이어틀(varietal)

포도 품종을 영어로 Grape Varieties라 부르는 것이 어원이며 주로 뉴 월드의 와인에서 채용되고 있다. 이름 그대로 원료 포도의 품종명이 기재되어 있어 알기 쉬운 에티켓이다. 보통은 포도 품종뿐 아니라 원산국과 산지명이 병기된다. 한편 에티켓에 포도 품종을 기재하기 위해서는 각국의 규정을 충족해야 한다.

에티켓에는 와인 정보가 많이 있다!

버라이어틀 브랜드

버라이어틀도 마찬가지로 주로 뉴 월드의 와인에 사용된다. 복수의 원료 포도 품종이 기재된 타입으로 각국의 와인법에 따라 브랜드 비율이 높은 품종부터 차례대로 기재한다.

특히 호주 와인에 많고 샤르도네 세미용과 카베르네 쉬라즈 등 다른 국가에서는 볼 수 없는 독특한 브랜드의 와인을 즐길 수 있다.

최근 출제 경향과 시험 개요

*일본 JSA 소믈리에 와인 엑스퍼트 호칭 자격 인정시험 내용이므로 참고하시기 바랍니다.

1차 시험 출제 경향

1차 시험은 원칙적으로 최신판 일본소믈리에협회 교본에 나온 사항 중에서 출제된다. 약 80%가 소믈리에 와인 엑스퍼트 공통 문제이고 나머지는 명칭별로 다른 문제가 출제되지만 난이도는 거의 비슷하다.

공통 문제 외에 출제는 각각 아래의 내용이 주로 출제된다.

【소믈리에】 와인과 원료, 와인의 구입·관리·판매·제안에 관한 문제
【와인 엑스퍼트】 세계 각국의 와인 산지에 관한 문제

과거 3년의 시험 시간과 출제 수 및 출제 형식(각 명칭 공통)

2017년	시험 시간 70분	130문항	전 문항 마크시트 형식
2016년	시험 시간 70분	119~123문항	전 문항 마크시트 형식
2015년	시험 시간 70분	126~127문항	전 문항 마크시트 형식

◇새로운 시험 방식 「CBT」에 대해

2018년의 소믈리에 와인 엑스퍼트 일반 명칭 자격 인정 시험에서는 CBT(Computer Based Testing)가 도입되고 페이퍼 방식 시험은 폐지됐다. 수험자는 47개 도도부현의 시험장 중에서 하나를 선택하고 수험 일시를 예약한다. 시험 당일은 컴퓨터에 표시된 시험 문제에 마우스와 키보드를 이용해서 답을 적는다. 한편 2018년부터 1차 시험만 같은 해에 최대 2회 응시할 수 있다. 자세한 것은 일본소믈리에협회 시험 모집 요강을 확인하기 바란다.

【시험 일정】
제1차 시험   2020년 7월 20일(월)~8월 31일(월) 2명칭 공통
제2차 시험   2020년 10월 12일(월) 2명칭 공통
제3차 시험   2020년 11월 24일(화) *소믈리에만

【시험 내용】

제1차 시험   CBT(와인을 포함한 음료의 필수 지식)

제2차 시험   테이스팅 *소믈리에만 논술 시험 있음

제3차 시험   와인의 서비스 실기 *소믈리에만

✪1차 시험의 학습 포인트

- 수험 연도에 맞는 서적을 준비한다. 연도가 다르면 와인의 생산량, 국가별 순위 등이 다른 경우가 있다.
- 학습은 '큰 내용부터 세부 내용' 순으로 한다. 세부적인 내용부터 시작하면 전체상을 파악하기 어렵고 효율이 떨어진다.

  예 프랑스의 위치, 개요→보르도 지방의 위치, 개요→AOC→순위
- 포도 품종과 원산지명 등의 선택지는 원칙적으로 각국의 언어로 돼 있지만 어학력을 묻는 시험은 아니다. 올바른 철자를 묻는 질문은 나온다고 해도 연 1문항 정도이다.

  1차 시험은 2~4개의 선택지 중에서 해답을 선택하는 형식이므로 시험에 합격하기 위한 정도라면 여러 번 눈으로 익혀 기억하는 것이 비결이다. 다만 소믈리에로서 와인을 다루는 일에 종사하고 있는 사람은 원어를 함께 외울 것을 권한다.
- 시험 전에 한 번은 소믈리에협회 교본을 읽는다. 최신판 교본은 수험료에 포함되어 있으며 1차 시험 신청 후에 배송된다.
- 독학으로 1차 시험에 합격하고자 하는 사람은 동기 유지가 힘들겠지만 초조해하지 말고 조금씩 기초지식을 쌓아가자.

2차 시험의 출제 경향

2차 시험은 1차 시험 합격자만 수험 자격을 얻을 수 있다. 테이스팅 시험은 모든 명칭으로 이루어지며 스틸 와인뿐 아니라 스피릿과 리큐르, 브랜디 등 와인 이외의 알코올류도 출제된다.

2016년 이후 소믈리에 명칭 자격만 논술 시험이 추가됐다.

테이스팅: 공출 와인 및 그 외의 알코올 음료(2017년)

소믈리에	① 고슈(甲州)	② 카베르네 소비뇽	③ 산지오베제
	④ 오 드 비 드 키르슈	⑤ 드람부이	
와인 엑스퍼트	① 소비뇽 블랑	② 뮈스카데	③ 가메
	④ 말벡	⑤ 삼부카	

�‪2차 시험의 학습 포인트

- 본서 권두의 「와인 테이스팅의 포인트」 및 본편의 「테이스팅」 내용을 읽고 테이스팅의 기초를 배우기 바란다.
- 화이트와인 품종(샤르도네, 리즐링, 소비뇽 블랑), 레드와인 품종(카베르네 소비뇽, 시라(쉬라즈), 피노 누아)의 기본 6품종부터 시작하자. 동시에 2종류 이상 준비하는 것이 사소한 차이를 느끼기 쉽다.
- 테이스팅 전용 잔이 가장 적합하지만 가정의 와인잔도 괜찮다. 다만 색이 있는 잔은 피해야 한다. 와인 외관의 특징을 바르게 포착하는 것이 중요하다.
- 그 외의 알코올 음료는 처음에 브랜디, 위스키, 스피릿, 리큐르, 포티파이드 (fortified wine : 주정 강화 와인)류의 원재료, 외관, 풍미를 정리한다.
  갈색계의 코냑(또는 아르마냑), 칼바도스는 출제 빈도가 높기 때문에 중요하다. 같은 계열 색의 위스키와 함께 차이를 이해하기 바란다.
  리큐르류는 적과 황색 등 외관상의 특징을 먼저 외우자. 투명 계열은 우선 리큐르인지 스피릿인지 판단할 수 있도록 하고 차츰 원재료에 따른 향의 차이를 파악하자.
- 미니 보틀이어도 괜찮으니 20종 정도는 준비하자. 이들 술은 와인보다 마개를 딴 후 보존 기간이 길므로 시험이 종료하고 나서 칵테일 등을 만들어 즐길 수 있다.

*2차 시험에 대비해서는 몇 명이 그룹을 이뤄 준비하거나 와인 스쿨에 다니는 것이 효율적이며 개인이 몇십 개나 되는 와인을 준비하는 것보다 저렴하다.

◘3차 시험의 서비스 실기

소믈리에 명칭 자격 3차 시험에서는 와인 서비스 실기를 수행한다. 직장의 유니폼으로 갈아입고 차례를 기다린다. 시험장에 들어가면 수험 번호와 성명을 분명히 전하고 시험관의 설명을 듣고 출제된 와인을 상정해서 디켄팅 서비스를 수행한다. 와인 서비스 실기 채점 기준은 공표되지 않았지만 소믈리에로서의 자질을 갖추었는지를 확인하는 것이 중심이다. 최근의 시험 시간은 7분 전후이다.

◘와인 서비스 실기시험의 일반적인 순서와 포인트
*실기시험 시작 전에 시험관의 설명을 제대로 들어야 한다.

시험관의 신호에 따라 실기시험이 시작된다. 진동을 가하지 않도록 조심해서 크래들에 와인을 담는다.

▼

호스트에 에티켓을 보이면서 와인을 프레젠테이션 한다. 디켄팅을 추천하며 호스트의 승낙을 얻는다.

▼

오염이 없는지 확인한 후 트레이를 사용해서 필요한 집기를 준비한다. 라이트를 점등하고 캡 실을 자르고 종이 냅킨으로 병 입구를 닦은 다음 코르크를 뽑는다.

▼

다시 한 번 병 입구를 닦고 코르크의 상태를 확인한 후 플레이트 위에 놓는다. 호스트의 승낙을 얻고 나서 테이스팅한다.
*잔에 소량의 와인을 따르고 향을 확인한다. 잔의 와인을 디켄터로 옮겨 가볍게 휘젓고 나서 원래 있던 잔에 다시 따르고 맛을 확인한다. 디켄터의 린스를 하지 않는 경우는 향을 확인한 후에 계속해서 맛을 확인한다.

▶

디켄팅을 수행하고 호스트의 잔에 소량의 와인을 따라 테이스팅을 청한다. 그 후 호스트의 잔에 와인을 적당량 추가로 따른다.

▼

린넨으로 디켄터의 입구를 닦고 플레이트 위에 놓는다. 웃는 얼굴로 '자 천천히 음미해주세요'라고 말을 건넨다.

▼

라이트를 소등하고 파니에, 잔 하나(소믈리에 사용분)을 정리한다.

▼

소정의 위치에 돌려놓고 해당 시험관에게 '종료했습니다'라고 말한다.

◘실기시험 체크 포인트

(연도에 따라 약간 다를 수 있다)

- ☐ 잔과 디켄터의 오염, 깨진 흔적, 이취가 없는지를 확인했다
- ☐ 트레이를 바르게 다루어 집기를 세팅했다
- ☐ 실기시험 내내 와인이 흔들리지 않게 조심스럽게 취급했다
- ☐ 와인 프레젠테이션을 바르게 수행했다
- ☐ 캡 실을 제거한 후에 린넨으로 병 주둥이를 닦았다
- ☐ 코르크를 부수지 않고 신속하게 뽑았다
- ☐ 코르크를 뽑은 후에 린넨으로 병 주둥이를 닦았다
- ☐ 코르크의 상태를 확인하고 프레젠테이션을 수행했다
- ☐ 디켄터의 린스를 바르게 수행했다
- ☐ 조용히 디켄팅을 했다
- ☐ 디켄팅 시 와인을 엎지 않았다
- ☐ 보틀에 남은 와인 양은 적량이다(2cm 전후)
- ☐ 호스트 테이스팅을 수행했다
- ☐ 호스트 테이스팅의 와인량은 적당했다
- ☐ 잔에 따르는 와인량은 적량이다
- ☐ 서비스 맨으로서 바른 언어 사용, 청결감, 느낌이 좋았다

※초조해하지 말고 다른 수험생에게 양보를 하면서 실기에 임하자.

사용하는 집기 등(시험장에 준비되어 있는 물건/1인분)
- · 크래들×1(와인용 바구니)
- · 탁상 미니 라이트×1(캔들 대신)
- · 디켄터×1
- · 플레이트×2(코르크용, 디켄터용 각 1매)
- · 잔×2(소믈리에용, 호스트용 각 1개)
- · 레드와인×1(750㎖, 코르크 마개, 보르도 타입)
- · 종이 냅킨×2
- · 서비스용 트레이×1

각자 준비하는 것
- · 유니폼, 소믈리에 나이프, 린넨

※자세한 내용은 수험 안내를 확인하기 바란다.

이 책의 특징과 사용 방법

이 책은 《레츠 스터디편》, 《복습 지도편》, 《모의시험》의 3부로 구성되어 있다.

포인트

《레츠 스터디편》에서는

◎ 〈중요 키워드〉, 〈와인 지식 간단 해설!〉을 비롯해 외워야 할 내용을 최대한 압축해서 정리했다.

◎ 〈지도〉를 다수 게재하여 시각적인 학습이 가능하다. 또한 비교적 중요하지 않은 지도는 생략했으므로 더욱 효율적인 학습이 가능하다.

◎ 체크 테스트에서 학습한 내용을 바로 확인할 수 있다.

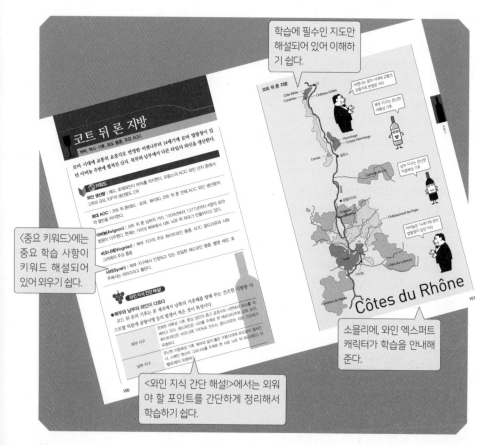

학습에 필수인 지도만 해설되어 있어 이해하기 쉽다.

〈중요 키워드〉에는 중요 학습 사항이 키워드 해설되어 있어 외우기 쉽다.

소믈리에, 와인 엑스퍼트 캐릭터가 학습을 안내해 준다.

〈와인 지식 간단 해설!〉에서는 외워야 할 포인트를 간단하게 정리해서 학습하기 쉽다.

확인하기 쉬운 크기의 지도를 53점 게재. 시험 전에 정리해서
체크할 수 있다. 중요한 지도에는 '중요!' 아이콘이 붙어 있다.

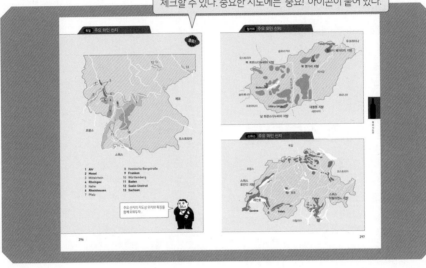

해답 용지(마크시트)가 있어 실전 느낌으로 실력을
확인해 볼 수 있다. 복사해서 사용하기 바란다.

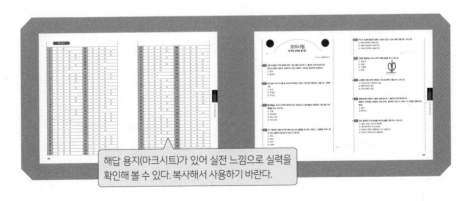

Contents

복습 지도편

내 와인 상식은 몇 점 ? (모의시험)

레츠 스터디편

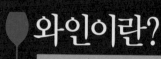

와인이란?

주류 음료 개론 : 와인 특성, 분류, EU의 규칙

와인이란 포도 과실을 원료로 해서 양조한 주류이다. 먼저 와인의 특징과 종류, 와인 관련 EU의 규제를 살펴본다.

🔺 중요 키워드

우리나라 주세법에서는 주류를 탁주·약주·맥주·청주·과실주의 발효주와 증류식 소주·희석식 소주·고량주·위스키·브랜디 등의 증류주와 주정, 합성 정주·합성 맥주·인삼주 등의 재제주(혼성주)로 나누고 있다.

조제프 루이 게이뤼삭이 창시한 와인의 알코올 발효 화학식 :
포도당·과당 ⇒ 에틸알코올 + 이산화탄소
⇔ 효모에 의한 발효 메커니즘을 해명한 것은 루이 파스퇴르

와인에 포함된 주요 유기산
포도에서 유래하는 산 : 주석산(가장 많다), 사과산, 구연산(소량)
발표에 의해 생성된 산 : 호박산, 유산, 초산

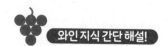

●폴리페놀은 포도의 과피와 씨에 많이 들어 있다

활성 산소 제거 기능(항산화능)이 높은 폴리페놀은 원료 포도의 과피와 씨에 많이 들어 있다. 항산화능이 높다=카베르네 소비뇽, 네비올로, 중간 정도=메를로, 피노 누아, 템프라니요, 카베르네 프랑, 가장 낮다=가메. 폴리페놀의 일종인 레스베라트롤은 포도의 과피에 들어 있다. 화이트와인은 항균력이 높고 폴리페놀보다 LDL 콜레스테롤의 항산화능이 높다.

●와인의 알코올 대사는 알코올 ⇒ 아세트알데히드 ⇒ 초산

알코올은 위와 소장에서 흡수 ⇒ 간장의 알코올 분해 효소에 의해 아세트알데히드 ⇒ 알데히드 분해 효소에 의해 초산 ⇒ 체외로 배출된다. 유해물질 아세트알데히드는 체내에 남으면 두통과 구토 등 숙취의 원인이 된다.

주류 분류

우리나라 주세법의 주류는 주정(희석하여 음료로 할 수 있는 것을 말한다)과 알코올 도수 1도 이상의 음료(약사법의 규정에 의한 의약품으로서의 알코올 도수 6도 미만의 음료를 제외한다)를 말한다.

양조주는 와인이나 맥주, 청주 등. 증류주는 증류에 의해 알코올 도수를 높인 주류로 맥아(麥芽), 쌀을 원료로 한 청주, 와인이나 시드르를 증류한 브랜디가 해당된다. 혼성주는 와인이나 스피릿 등에 향초, 향신료, 당분 등을 첨가해서 만드는 주류이다.

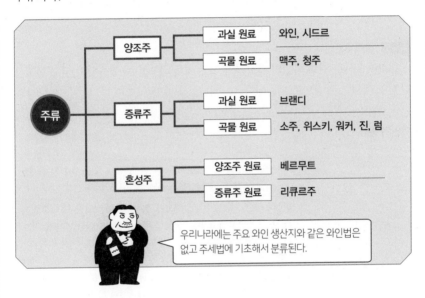

우리나라에는 주요 와인 생산지와 같은 와인법은 없고 주세법에 기초해서 분류된다.

※프랑스 상파뉴와 스페인 카바 등의 스파클링 와인은 와인과 같은 양조주(과실주)로 분류된다.

와인의 특성과 분류

▌와인의 매력 ▌

와인 제조 방법은 다른 주류와 비교해 매우 간단하다. '와인의 역사는 포도의 역사'라고도 하며 기원전 수천 년 전부터 현재까지 사람들에게 즐거움을 주고 생활을 풍요롭게 했다.

일찍이 프랑스의 앙리 4세가 '좋은 요리, 좋은 와인이 있으면 이 세상은 천국'이라고 말한 것처럼 와인은 사람과 요리를 잇는 멋진 가교 역할을 하기도 한다.

▌ 와인의 성분 ▌

곡물을 원료로 하는 맥주나 위스키 등은 전분질을 포도당으로 분해하는 당화 공정이 필요하지만 포도는 포도당을 함유하고 있어 그대로 효모에 의한 알코올 발효가 가능하다.

1kg의 포도로 만들 수 있는 레드와인의 양은 600~800㎖ 정도이다. 포도 유래의 주석산, 사과산, 구연산과 발효 유래의 호박산, 유산, 초산 등의 유기산을 많이 함유하고 보통 pH 수치는 2.9~3.6으로 낮다.

word 주석(酒石)

주석산은 와인의 미네랄분과 결합하여 주석이 되어 바닥에 침전하며, 그 밝기에서 '와인의 보석'이라고도 불린다.

word 갈락투론산

갈락투론산은 귀부 와인의 산화 숙성 과정에서 점액산 ⇒ 칼슘염이 되고 점액산 칼슘의 세세한 결정으로 석출된다.

와인의 종류

Still Wine 스틸 와인	화이트와인, 로제와인, 레드와인 등 탄산가스에 의한 현저한 발포가 없는 와인. 일반적으로 알코올 도수는 15도 미만이다.
Sparkling Wine 스파클링 와인	일반적으로는 가스압 3기압 이상인 것을 스파클링 와인, 그 이하를 약발포성 와인으로 구분하고 있다. 스파클링 와인은 프랑스의 샹파뉴, 스페인의 카바, 이탈리아의 스푸만테 등이 유명하다. 약발포성 와인인 이탈리아의 프리잔테, 독일의 페를바인이 유명하다.
Fortified Wine 주정강화 와인	주정강화 와인을 말한다. 양조 공정에서 브랜디 등을 첨가해서 알코올 도수를 15~22도까지 높이고 감칠맛과 보존성을 높인 와인. 세계 3대 주정강화 와인이라고도 불리는 것이 스페인의 셰리, 포르투갈의 포트, 마데이라. 이외에 이탈리아의 시칠리아 섬에서 제조되는 마르살라, 프랑스 코냑 지방의 VDL(리큐르 와인) 피노 데 샤랑트, 아르마냑 지방의 VDL 플록 드 가스코뉴 등이 있다.
Flavored Wine 가향 와인	향초와 과실, 향신료 등의 풍미를 더한 와인. 베르무트, 스페인의 상그리아, 프랑스 릴레, 그리스의 레지나(송진 풍미) 등이 있다.

와인 관련 EU의 규제

유럽에서는 1962년에 와인에 대한 공통 시장 제도가 발족했다. 2008년에 새로운 EU 이사회 규칙이 발효하여 새로운 품질 분류는 2009 빈티지부터 적용되고 있다.

새로운 규칙에서는 ① 지리적 명칭이 있는 와인과 ② 지리적 명칭이 없는 와인 2가지로 나뉘며 ①은 다시 AOP(Appellation d'Origine Protégée : 원산지 명칭 보호)와 IGP(Indication Géographique Protégée : 지리적 표시 보호) 2가지로 분류됐다. AOP의 정의는 '품질과 특징이 특수한 지리적 환경에 기인한다', '원료는 비티스 비니페라종 100%' 등 가장 엄격하게 규정되어 있다.

품질 표기 규정

① 지리적 명칭이 있는 와인	AOP	원산지 명칭 보호
	IGP	지리적 표시 보호
② 지리적 명칭이 없는 와인		

라벨 표기 규정

주요 기재 의무 사항	제품의 분류, 원산지, 알코올 도수, 병에 담는 업자명
주요 임의 기재 사항	수확년도, 원료 포도 품종

※단일 포도 품종, 원산지(국가명이 아님), 수확년도를 라벨 표기할 때는 해당하는 포도를 85% 이상 사용해야 한다.

단일 포도 품종, 원산지(국가명이 아님), 수확년도를 라벨 표기할 때는 라벨에 표기하는 퍼센티지 룰은 국가에 따라 다르므로 주의한다. 국가명과 퍼센티지를 함께 기억해두자.

EU ⇒ 85% 이상 사용   칠레 ⇒ 75% 이상 사용
호주 ⇒ 85% 이상   뉴질랜드 ⇒ 85% 이상

※예를 들어, 칠레 와인의 라벨에 Maipo Valley라고 표기하는 경우 그 산지의 포도를 75% 이상 사용해야 한다는 의미

포도 재배와 와인 양조

주류 음료 개론 : 원료 포도 재배, 와인 양조

와인의 품질은 포도의 품질에 의해서 결정된다. 포도나무의 생육에는 자갈과 역질 토양 등의 메마른 토양이 적합하다.

중요 키워드

포도의 생육 사이클 : 맹아 ⇒ 전엽 ⇒ 개화 ⇒ 결실 ⇒ 과실 비대 ⇒ 착색 ⇒ 성숙
필요한 일조 시간 : 1,000~1,500시간
연간 강수량 : 500~900mm
개화에서 수확까지의 기간 : 약 100일

귀요식 : 보르도, 부르고뉴, 이탈리아 등 세계 각지
모젤 : 모젤 등의 급사면 밭, 가지를 하트형으로 속박한다.
고블렛 : 남프랑스, 스페인 등의 건조지

노균병 : 과실에 하얀 곰팡이 모양의 포자가 형성 ⇒ 보르도액 살포
회색곰팡이병 : 보트리티스 시네레아균이 원인 ⇒ 이프로디온 수화제 사용
바이러스병 : 포도 잎말이병, Fleck, Corky Bark 등
흰가루병 : 과립이 부패, 미이라화 ⇒ 유황을 함유한 농약 살포
탄저병 : 피해가 가장 많은 포도병 ⇒ 벤레이트 살포

와인지식 간단해설!

● **가당(chaptalization)**
　가당(加糖)의 의미. 포도의 당도가 낮은 경우에 알코올 도수를 높일 목적으로 실시한다. 단맛을 부가하기 위한 것이 아니다.

● **침용(maceration)**
　양조의 의미. 과즙, 과피, 과육, 종자의 혼합물인 침출액을 발효. 3~4일 후에 과피에서 안토시아닌, 종자에서 탄닌이 나온다.

● **순환(remontage)**
　발효 도중에 탄산가스에 의해 떠오르는 과피와 종자를 액중에 순환시켜 발효조 내의 당분, 효모, 온도를 균일하게 한다. 색소와 탄닌 등을 추출한다.

● **젖산 발효(malolactic fermentation)**
　유산균의 작용으로 사과산을 부드러운 유산으로 변화시킨다.

원료 포도의 생육과 재배

▌ 포도의 단면도 ▌

포도의 품질은 와인의 완성도를 결정하는 중요한 요소
이다. 수확년도 '빈티지'를 고려해서 와인을 선정하는 것
은 그 때문이다. 양조가의 대부분은 '수확한 포도가 가진
포텐셜 이상의 와인은 탄생하지 않는다'고 말한다.

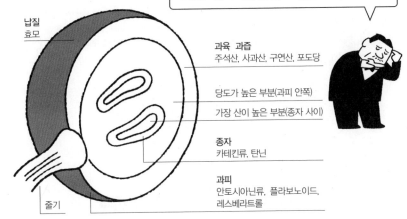

납질
효모

과육 과즙
주석산, 사과산, 구연산, 포도당

당도가 높은 부분(과피 안쪽)

가장 산이 높은 부분(종자 사이)

종자
카테킨류, 탄닌

과피
안토시아닌류, 플라보노이드,
레스베라트롤

줄기

▌ 포도의 생육 사이클(북반구) ▌

　1~3월 : 전정(taille) ⇒ 맹아·전엽 ⇒ 개화·결실 ⇒ 7~8월 : 착색기(veraison)
⇒ 8~9월 : 성숙(maturité) ⇒ 9~10월 : 수확(vendange)

　※남반구의 산지는 북반구보다 6개월 빠르다.
　※전정은 주로 휴면기. 산지의 지세, 기상 조건, 전통, 포도 품종의 특성, 만들고자 하는 와인의 구
　　상 등을 고려하여 가지의 형태를 정돈한다.

▌ 포도나무의 재배 방법, 수형 관리 방법 ▌

　포도나무의 주요 마무리 방법은 울타리 마무리, 봉 마무리, 가지 마무리(고브
레), 선반 마무리 4가지이다.

귀요식	가장 보편적이다. 보르도, 부르고뉴, 이탈리아 등 각지	
모젤	독일의 모젤 등. 급경사의 포도밭에서 작업하기 쉽다	
고블렛	남프랑스, 스페인 등. 건조지에서 수세(樹勢)가 약한 품종에 적용	봉 마무리
평덕	비가 많이 내리는 일본. 햇살이 강한 이탈리아 외에 생식용 포도 등	고블렛

>>> 충해 '필록세라'

북미에서 발단하여 와인 사상 최대의 피해를 초래한 것이 필록세라이다. 포도뿌리 혹벌레라는 길이 1mm가 안 되는 작은 해충이 포도나무의 뿌리에 기생해서 나무를 고 사시키는 충해이다. 프랑스에서는 19세기 중반 무렵에 발생하여 다른 병해와 맞물려 포도밭 면적이 반으로 줄었다. 일본에서도 메이지 초기부터 다이쇼에 걸쳐 야마나시현 의 고슈(甲州) 종을 비롯해 많은 포도나무가 피해를 입었다.

이후 필록세라에 대한 내성이 약한 비티스 비니페라계(유럽·중동계 품종)가 아닌 라 브라스카 등의 북미 품종을 사용한 내충성 대목(台木)에 접목하는 방제법이 확립됐다. 1983년에 신종 바이오 타입 B도 발견됐지만 현재는 비니페라와 라브라스카의 교배 대목으로 대처하고 있다.

와인의 양조

레드와인과 화이트와인의 양조 공정

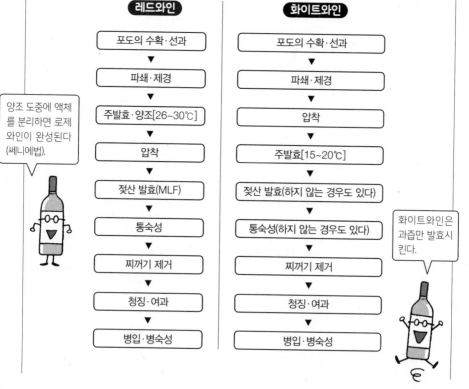

양조 도중에 액체를 분리하면 로제 와인이 완성된다 (쎄니에법).

화이트와인은 과즙만 발효시 킨다.

레드와인

포도의 수확·선과
▼
파쇄·제경
▼
주발효·양조[26~30℃]
▼
압착
▼
젖산 발효(MLF)
▼
통숙성
▼
찌꺼기 제거
▼
청징·여과
▼
병입·병숙성

화이트와인

포도의 수확·선과
▼
파쇄·제경
▼
압착
▼
주발효[15~20℃]
▼
젖산 발효(하지 않는 경우도 있다)
▼
통숙성(하지 않는 경우도 있다)
▼
찌꺼기 제거
▼
청징·여과
▼
병입·병숙성

양조 관련 용어 정리

꼭 알아야 할 양조 용어

가당	와인의 알코올 도수를 높이기 위해 수행한다.
침용	양조의 의미. 과피에서 안토시아닌, 종자에서 탄닌을 추출하는 것을 말한다.
순환	① 산소 공급 ② 당분, 효모, 온도를 평균화해서 발효를 촉진 ③ 페놀류와 기타 성분을 추출. 같은 목적으로 위쪽에 떠 있는 포토 껍질을 아래로 가라앉히는 것을 피자주(pigeage)라고 한다.
압착	화이트와인은 수확 후의 포도 과실을 압착해서 과즙만 발효한다. 레드와인은 파쇄한 포도를 머스트 상태로 발효시켜 성분을 추출한 후에 압착한다.
젖산 발효	주발효 후 사과산을 유산균의 기능에 의해서 유산으로 변화시켜 와인의 신맛을 완화한다.
주요 오크재 산지	프랑스산(트롱세, 알리에, 리무쟁, 보쥬), 슬로베니아산, 미국산, 러시아산이 많다.
통숙성의 효과	공기 접촉, 오크 성분 추출, 청징화 촉진, 레드와인의 색조 안정, 풍미가 복잡하다.
오크 조각	오크통은 고가이므로 저비용으로 와인에 나무통의 풍미를 부가하기 위해 과즙 또는 머스트에 로스트한 오크 조각을 첨가한다. EU 역내에서는 2006년에 사용이 인정됐다.
옮겨 담기	발효 후의 탁한 와인을 별도 용기로 옮겨 효모와 펙틴 등의 찌꺼기를 제거한다. 와인의 저장, 숙성 중에 수차례 반복한다. 수띠라즈라고 한다.
청징	침전물을 제거한 와인을 더 깨끗하게 하기 위해 필요에 따라 행한다. 침전물을 제거하지 않는 것은 논콜라주라고 하며 다소 탁한 느낌의 와인이 된다. 전통적으로 사용되고 있는 주요 청징제는 달걀흰자(알부민), 젤라틴, 벤트나이트이고, 둘 이상을 조합하는 일이 많다.
여과	필트라주. 와인을 병에 담기 전에 필터와 원심 분리기로 여과를 한다. 여과하지 않는 것은 논필트라시옹이라고 하며 다소 탁한 와인이 된다.
정화	화이트와인의 발효 전 과즙 처리. 과즙을 추출한 후 저온에서 반나절 정도 두고 불순물을 침전시키는 공정
저어주기(휘젓기)	숙성 중 침전물 제거 전에 탱크 또는 통내의 침전물을 교반하여 효모의 감칠맛(단백질의 자기 분해에 의한 아미노산)을 와인에 옮긴다.

▌ 로제와인의 3가지 양조법 ▌

● 쎄니에법 : 일반적인 제법. 마세라시옹 도중에 와인이 적당히 색이 붙으면 머스트와 액체를 분리한다.

● 혼양법 : 레드와인 품종과 화이트와인 품종을 섞은 머스트를 발효하는 제법. 독일의 로틀링 등.

● 직접 압착법 : 레드와인 품종을 파쇄, 압착할 때 과피의 색소를 과즙으로 옮긴다.

▌ 기타 양조법 ▌

● 마세라시옹 카르보닉 : MC법. 주로 보졸레 누보와 비노 노벨로 등의 프루티한 신주(새 와인)를 만들 때 이용하는 양조법. 독특한 단 캔디 향(제2아로마)이 감돈다.

> 레드와인 품종을 파쇄하지 않고 밀폐 탱크에 담는다 ⇒ 탄산가스 기류 중에 며칠 둔다 ⇒ 포도의 세포 내 발효가 시작되어 세포막이 깨지기 쉬운 상태가 된다(통상의 침용보다 단기간에 색소를 추출할 수 있다) ⇒ 포도를 압착, 과즙을 발효시킨다 ⇒ 탄닌이 적은 와인이 완성된다.

● 쉬르 리 : '침전물의 위'라는 뜻. 주로 프랑스의 르와르 지방 페이 낭떼 지구와 일본 야마나시 현의 고슈(甲州)에서 이용하는 양조법. 발효 후 와인의 침전물을 제거하지 않고 그대로 방치했다가 다음 해 위에 뜬 맑은 와인을 병에 담는다.

▌ 스파클링 와인의 주요 제법 ▌

트래디셔널(샹파뉴) 방식	스틸 와인을 병에 담아 효모와 자당을 첨가해 밀폐하고 병 내에서 2차 발효하는 방식. 프랑스의 샹파뉴. 스페인의 카바, 이탈리아의 프란차코르타 등이 유명하다.
샤르마 방식	메토드 퀴브 클로즈(밀폐 탱크) 방식이라고도 한다. 스틸 와인을 탱크에 채우고 단기간에 저비용으로 대량의 스파클링 와인을 만든다. 이탈리아의 아스티 스푸만테가 유명하다.
메토드 뤼랄(메토드 안세스트랄) 방식	주발효 도중의 와인을 병에 담아 밀폐하고 남은 발효를 병 내에서 수행하는 스파클링 와인의 원조 방식. 탁함이 있는 소박한 맛의 와인으로 프랑스의 크레레트 디 가이약, 브랭킷 등이 유명하다.

> O.I.V.(국제 포도 와인기구)에서는 스파클링 와인(발포성 와인)은 '20℃에서 3.5bars(소용량 병은 3.0bars) 이상의 탄산가스를 함유한 것', 스틸 와인은 '20℃에서 이산화탄소 함유량 4g/ℓ 미만의 와인'이라고 규정하고 있다.

각국의 발포성 와인 명칭

프랑스 ⇒ 뱅 무쉐, 크레망, 이탈리아 ⇒ 스푸만테, 스페인 ⇒ 에스뿌모쏘, 독일 ⇒ 젝트, 샤움바인
프랑스의 '샹파뉴'는 샹파뉴 지방에서 규정을 충족한 와인에 인정되는 원산지 명칭을 말한다.

국가별 와인 생산량·와인 산지의 기후 타입

국가별 와인 생산량(2015년)	
1위	이탈리아
2위	프랑스
3위	스페인
4위	미국
5위	아르헨티나

와인 산지의 기후 타입

대륙성 기후	기온의 교차가 크고 계절별 차이가 확실하다.
해양성 기후	기온의 교차가 적다. 일반적으로 비가 많고 온도가 높다.
지중해성 기후	온난, 건조한 기후. 여름에는 일조량이 많고 겨울은 온화하다.
산지 기후	평지와 비교해 기온이 낮다. 바람이 강하고 날씨 변화가 크다.

재배와 양조의 신기술

유기농법(오가닉)	화학비료와 제초제 등의 농약을 사용하지 않는 농법. 인증 취득까지 3년 이상이 필요하다. *유기 와인은 유기 농법으로 생산된 포도로 만든 와인
바이오 다이내믹스 (biodynamie)	천체의 움직임과 식물의 성장을 조화시키는 농업력을 이용한 재배를 하고 프레파라시옹이라는 독특한 조합제를 이용한다.
크리오엑스트렉션 (crioextraction)	인위적으로 얼린 포도를 압착해서 당도가 높은 과즙을 얻는 양조 기술 ⇔ 독일의 아이스바인, 캐나다의 아이스와인은 자연 조건에서 얼린다.
마이크로 옥시저네이션 (micro-oxygenation)	세라믹 통(대롱)을 통해 레드와인에 미세한 산소 기포를 불어넣어 산화를 촉진하는 양조 기술

37

와인 이외의 알코올음료

주류 음료 개론 : 맥주, 브랜디, 리큐르 등

맥주, 소주, 브랜디, 스피릿, 리큐르 등 전 세계의 여러 가지 주류를 알아보자.

중요 키워드

맥주 : 원료인 홉에 함유된 루프린의 작용에 의해 맥주에 특유의 쓴맛과 향을 부여하고 거품이 잘 일게 한다.

코냑 : 원료인 포도는 유니 블랑(생테밀리옹 사랑트 : 프랑스의 화이트와인 품종 재배 면적 제1위)

EU의 리큐르 정의 : 알코올 도수 15% 이상, 당분 함유량 100g/ℓ 이상. 당분 함유량 250g/ℓ 이상이면 '크렘 드'의 표기가 가능하다. 크렘 드 카시스에 한정되며 당분 함유량 400g/ℓ 이상

5대 위스키 : 스카치(스코틀랜드)는 맥아 건조에 사용하는 피트(초탄) 연기에 의한 스모키한 향이 특징. 버번(미국)은 51% 이상의 옥수수와 소량의 호밀을 사용. 이외에 아이리시(아일랜드), 캐나디안(캐나다), 재패니즈(일본)

알코올 음료 지식 간단 해설!

●증류
알코올 도수를 함유한 액체를 가열하여 알코올 성분을 농축하는 공정

●위스키와 브랜디
위스키는 곡물 등을, 브랜디는 과실 등을 원료로 한 증류주

●하면 발효
하면 발효 효모를 사용하여 저온에서 발효하는 양조법. 발효 후에 효모가 탱크 바닥에 침강하는 것이 이름의 유래

●상면 발효
상면 발효 효모를 사용하여 상온에서 발효하는 양조법. 발효 중에 효모가 부상하여 액면에 효모 층이 생기는 것이 이름의 유래

맥주

맥주는 맥아, 홉, 물 등 정해진 원료를 발효시켜 만든다. 정해진 물품의 합계 중량이 맥아 중량의 절반을 넘거나 정해진 물품 이외의 원재료를 이용하는 경우 발포주가 된다. 맥주의 쓴맛과 향의 원천이 되는 홉은 8세기경부터 사용이 확산된 것으로 알려져 있다.

맥주의 주원료

맥아	원료는 보리(大麥). 주로 전분질이 많은 이조 대맥을 사용한다.
홉	루풀린의 기능에 의해 맥주 특유의 쓴맛과 향을 부여하고 거품을 내는 역할을 한다.

세계의 맥주

종류	명칭	발상·특징	사용 발효의 성질
라거	필스너	체코의 플젠. 대부분의 단색 맥주도 이 타입이다.	하면 발효
	복	독일의 아인베크가 발상. 감칠맛이 있고 알코올 도수가 높다.	
에일	에일	영국에서 발상. 페일, 비터, 스카치 등 다양한 타입이 있다.	상면 발효
	알트	독일의 뒤셀도르프에서 발상. 홉의 향미가 잘 밴 농색 맥주	
	바이첸	독일의 바이에른 지방에서 발전	
	트라피스트	벨기에에서 전해지는 오래된 맥주. 수도원에서 만들었다.	
	스타우트	영국에서 원료에 설탕을 사용하는 것이 허가되어 만들기 시작했다. 기네스가 유명하다.	
람빅	람빅	벨기에, 브뤼셀 지방. 신맛이 있는 전통적인 것	천연 효모

소주의 증류법

단식 증류기

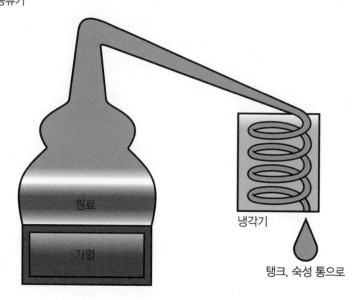

원료

가열

냉각기

탱크, 숙성 통으로

연속식 증류기

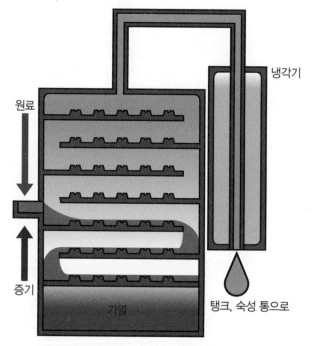

냉각기

원료

증기

가열

탱크, 숙성 통으로

소주

소주는 소정의 원료(곡물)를 알코올 발효시켜 증류한 술로 증류 방법에 따라서 다음 2종류로 분류된다.

① 연속식 증류 소주＝희석식 소주＝화이트리커 – ①

② 단식 증류 소주＝증류식 소주＝화이트리커 – ②

연속식 증류 소주는 깨끗한 맛으로 추하이(*소주에 탄산수를 탄 일본식 음료)나 매실주, 칵테일 베이스로 사용되는 일이 많다. 현재는 전통적인 상압 증류와, 물과 알코올의 비점 차이를 이용한 감압 증류가 있으며 연속식 증류 소주보다 원료가 가진 개성과 풍미를 살려 완성도가 높다.

단식 증류 소주의 타입과 특징(일본)

이키소주*	쌀누룩 3분의 1, 보리 3분의 2의 비율로 만든 보리소주 *이키소주壱岐焼酎 : 세계적으로 인정받은 일본을 대표하는 증류주
쿠마소주	자포니카종 쌀을 100% 사용하여 구마모토현 남부의 히토요시(人吉) 분지에서 만든 미소주
유구포성*	인디카쌀과 온난습윤한 오키나와의 풍토에 적합한 흑국균을 이용한다. 고주(쿠스)는 전량을 3년 이상 숙성시킨 것 *유구포성琉球泡盛 : 태국 쌀로 만든 소주
융마소주*	쌀누룩 혹은 가고시마현산의 고구마를 이용한 고구마누룩, 고구마와 물을 원료로 한 술로 만든다. *융마소주薩摩焼酎 : 감자로 만든 소주
아마미흑당	쌀누룩을 사용하는 것을 전제로 나 아마미시(奄美市) 및 오오시마군(아마미군도)에 인정된 소주

위스키

효모의 알코올 발효는 발아시킨 곡류와 물로 곡류를 당화하는 공정을 거쳐야 한다. 위스키는 발효 후의 알코올 함유량을 증류한 술이다. 위스키의 원형이 되는 술은 12세기경에 아일랜드에 존재했던 것으로 알려져 있다. 그리고 16세기에는 스코틀랜드에서 위스키가 제조됐다는 기록이 남아 있다. 당시까지만 해도 투명한 증류주로 17~18세기경에 오크통숙성이 시작되어 현재의 위스키에 가까운 것이 만들어지게 됐다. 또한 이 무렵에 연속식 증류기가 발명되어 글렌 위스키가 발달했고 이후 브랜디드 위스키가 만들어지게 됐다.

위스키의 증류 방식 차이

몰트 위스키	단식 증류기로 1회 증류한다.
그레인 위스키	연속식 증류기로 2회 증류한다.

※퓨어 몰트 위스키 : 몰트 위스키 원주만으로 만든 것
※싱글 몰트 위스키 : 단일 증류소의 몰트 위스키 원주만으로 만든 것
※블렌드 위스키 : 몰트 위스키 원주와 그레인 위스키 원주를 블렌드한 것

우리나라는 1989년 7월부터 위스키의 수입이 부분적으로 허용되다가 1990년에 들어와서야 완전 자유화됐고, 1991년 9월 위스키 제조 면허도 개방됐다.

대표적인 위스키의 특징

스카치	맥아 건조에 사용하는 피트(초탄, 니탄) 연기로 인해 스모키한 향이 특징
아이리시	스카치와 같은 스모키한 향이 없고 부드러운 풍미가 특징
버번	51% 이상의 옥수수와 소량의 호밀을 맥아로 당화, 발효하고 나서 증류. 강한 통의 향이 특징
캐나디안	가볍고 온화하고 균형이 좋다.
재패니즈	화려한 향이 나고 풍미의 균형이 좋으며 감칠맛이 있다.

브랜디

브랜디는 '과실을 원료로 해서 발효시킨 알코올 함유물 또는 과실주(과실주 침전물을 포함)를 증류한 것'이다.

▌ 브랜디의 종류 ▌

브랜디에는 포도로 만든 그레이프 브랜디(코냑과 아르마냑)와 사과로 만드는 칼바도스, 기타 과실로 만드는 프루츠 브랜디 등이 있다. 또한 포도를 짠 찌꺼기와 와인을 짠 찌꺼기로 만드는 프랑스의 마르와 이탈리아의 그라파도 유명하다.

▌ 그레이프 브랜디의 원료 포도 ▌

브랜디는 증류에 의해 알코올 도수를 농축하는 것으로 그레이프 브랜디의 베이스 와인은 알코올 도수가 낮아도 상관없다.

원료 포도에 필요한 것은 당도의 높이보다 산도의 높이이다. 프랑스에서는 유니블랑(생테밀리옹 샤랑트), 스페인에서는 아이렌 종이 주요 원료가 된다.

▌ 프랑스의 오드비 산지와 특징 ▌

프랑스에서는 증류주를 오드비(생명의 물)라고 부른다.

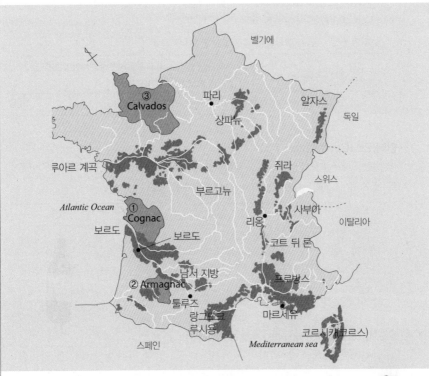

① 중서부 코냑 지방의 코냑
② 남서부 아르마냑 지방의 아르마냑
③ 북서부 노르망디 지방의 칼바도스이
   3가지가 유명하다.

① 코냑(Cognac)

와인 명양지 루아르 지방과 보르도 지방 사이에 위치하는 코냑 지방의 유명한 브랜디. 아르마냑보다 세련된 풍미가 특징이다.

주원료	유니 블랑(생테밀리옹 샤랑트)
주요 생산 지구	그랜드 샹파뉴(Grand Champagne) ⇒ 석탄질 토양, 최고 품질의 코냑을 만들어낸다. 팡부와(Fins Bois) ⇒ 코냑의 6지구에서 최대 면적
증류	단식 증류기로 2회 증류

43

② 아르마냑(Armagnac)

스페인과의 국경 가까이에 위치하는 아르마냑 지방의 유명한 브랜디이다. 코냑보다 소박한 풍미가 특징. 아르마냑 특유의 '빈티지 아르마냑'은 표시 연도의 포도만으로 만들며 10년 이상의 숙성을 거쳐서 판매한다.

주원료	유니 블랑, 폴 블랑슈, 콜롬바드 등
주요 생산 지구	바자르마냑(Bas-Armagnac) ⇒ 최고 품질의 아르마냑을 만들어낸다. 아르마냑의 3지구에서 최대 면적(전체의 57%)
증류	연속식 증류기로 1회, 또는 단식 증류기로 2회 증류

③ 칼바도스(Calvados)

카망베르 치즈로도 알려진 노르망디 지방의 사이다(시드르, 사과주, 사과 양조주)와 포와레(서양배 양조주)를 주원료로 한 향이 짙은 브랜디다.

주원료	48종의 사과와 몇종의 배
A.O.C(p. 63)	① 칼바도스(2년 이상의 숙성) ② 칼바도스 페이도주(2년 이상의 숙성) ③ 칼바도스 돔프롱테(3년 이상의 숙성)
증류	단식 증류기로 2회 증류

④ 오드비 드 마르(Eaux-de-vie de Marc)

마르(Marc)란 포도 또는 와인의 찌꺼기라는 뜻. 압착 찌꺼기 등 와인을 양조할 때 나오는 부산물을 재차 발효, 증류하여 대부분은 통숙성을 거쳐 병에 담는다. 프랑스 전역에 걸쳐 생산되지만 마르 알자스와 마르 드 부르고뉴 등은 그 지방에서만 인정받는 명칭이다.

일반적인 알코올 도수는 40도 이상. 예외는 마르 알자스 게뷔르츠트라미너로 45도 이상으로 규정되어 있다.

⑤ 오드비 드 프뤼(Eaux-de-vie de Fruits)

프뤼는 과일이라는 뜻. 오드비 드 프뤼는 포도와 사과 이외의 과일을 원료로 한 과일 브랜디이다. 원료 과실의 단 향이 특징이지만 리큐르와는 달리 설탕은 첨가되어 있지 않아 달지 않다.

오드비 드 프뤼의 주원료가 되는 과일

한국어	프랑스어 표기	한국어	프랑스어 표기
노란색 자두	Mirabelle	블랙커런트(카시스)	Cassis
블루베리	Myrtille	체리	Cerise, Kirsch
나무딸기	Framboise	배	Poire

스피릿(Spirits)

스피릿의 정의는 애매하지만 일반적으로 브랜디, 소주, 위스키 이외의 증류주를 가리킨다. 각각의 원재료를 정리해서 기억하자.

① 진(Gin)
스피릿에 주니퍼베리, 코리앤더 씨(고수 씨) 등의 보태니컬(초근목피)을 첨가해서 재증류한 것.

② 보드카(Vodka)
원료는 감자 등의 감자류와 옥수수, 소맥, 대맥 등의 곡류. 증류 후에 백화탄으로 여과한다.

③ 테킬라(Tequila)
멕시코 서부의 하리스코주 등에서 만드는 용설란을 원료로 한 스피릿. 원료인 용설란은 블루 아가베를 51% 이상 사용해야 한다. 유명한 칵테일 마르가리타의 베이스 스피릿이다.

④ 럼(Rum)
원료는 사탕수수의 착즙과 제당 시에 나오는 당밀. 화이트 럼, 골드 럼, 다크 럼으로 크게 나뉘며 각각 다른 풍미를 갖고 있다.

럼의 A.O.C.

마르티니크 블랑	증류 후 최저 3개월의 저장 기간을 거친 럼
마르티니크	오크통에서 최저 12개월 숙성을 한다.
마르티니크 비유	오크통에서 최저 3년간 숙성을 한다.

45

리큐르(Liqueur)

증류주에 과실, 향신료, 향초 등의 향을 가미하고 규정량의 설탕 또는 시럽을 첨가한 것으로 브랜디와 스피릿의 가장 큰 차이는 '단맛'이다. 전 세계에서 다양한 향, 색, 알코올 도수의 리큐르가 만들어지고 있다.

향초·약초계 리큐르

캄파리 (Campari)	이탈리아 밀라노산 붉은색 리큐르. 원료는 비터 오렌지 과피. 그 외에 허브 등
갈리아노 (Galliano)	이탈리아산. 원료는 40종 이상의 허브와 향신료. 바닐라와 아니스 향이 인상적인 노란색 리큐르
아마로(Amaro)	이탈리아산. 원료는 약초. 아마로는 '쓰다'는 뜻
삼부카 (Sambuca)	이탈리아산. 원료는 아니스 씨, 엘더베리(엘더의 열매), 감초(리코리스) 등. 약간 걸쭉하고 단맛이 강한 이탈리아산 리큐르
스즈(Suze)	프랑스산. 원료는 용담과 젠시안의 뿌리. 색상은 노란색
샤르트레즈 (Chartreuse)	프랑스 브와롱 수도원에서 탄생한 전통적인 리큐르. 베르(녹색)와 조누(노란색) 등이 있으며 원재료, 알코올 도수가 다르다.
베네딕틴 (Benedictine)	1510년 프랑스 노르망디 지방의 베네딕트파 수도원에서 만들었다. 원료는 27종의 향초, 향신료. DOM.(지극의 신에 바친다) 표기가 있다.
압생트 (Absinthe)	유럽 각국산. 쓴쑥(웜 우드)의 향미가 특징. 쓴쑥의 성분 투온은 다량으로 섭취하면 건강을 해치므로 허용량이 정해져 있다.
드람부이(Drambuie)	스코틀랜드산. 스카치위스키에 허브, 봉밀을 첨가해서 만든다.
예거마이스터 (Jagermeister)	독일산. 원료는 56종의 허브와 향신료
아니스(Anises)	아니스 종자의 향미를 주체로 한 리큐르의 총칭. 페르노가 유명
우조(Ouzo)	그리스산. 아니스를 담아서 만드는 리큐르
시나(Cynar)	이탈리아산. 주원료는 아티초크

과실계 리큐르

큐라소 (Curacao)	특징은 오렌지 과피 향. 화이트 큐라소인 쿠앵트로(Cointreau), 오렌지 큐라소인 그랑 마니에르(Grand Marnier)가 특히 유명하다.
크렘 드 카시스 (Creme de Cassis)	주원료는 카시스(블랙커런트)로 당분 함유량이 특히 많은 리큐르. 프랑스의 코트 뒤 론산이 유명하고 Cassis 뒤에 Dijon의 표기가 인정되고 있다.
마라스키노(Maraschino)	이탈리아의 마라스카종 체리를 원료로 한 리큐르. 룩사르도가 유명
서던 컴포트 (Southern Comfort)	미국산. 피치와 수십 종의 과일, 허브가 원료

종자, 카네르(종자의 핵)계

아마레또(Amaretto)	이탈리아산. 살구 씨의 풍미가 풍부한 유명 리큐르
프란젤리코(Frangelico)	이탈리아산. 헤이즐넛 풍미가 난다.

기타 리큐르

베일리스 오리지널 아이리시크림 (Bailey's Original Irish Cream)	아일랜드산. 우유의 크림과 아이리시 위스키를 섞은 것
애드보카트 (Advocaat)	독일과 네덜란드에서 만든다. 달걀노른자가 주원료인 에그 리큐르

【참고】 중국주에 대해

　현재 중국에서 만들고 있는 주요 주류는 황주, 백주, 포도주 등이다. 최근 포도주(=와인)의 생산량이 증가하고 있어 칠레와 호주의 와인 생산량에 육박할 기세이다.

황주	곡물을 원료로 한 양조주. 황주를 저장, 숙성시킨 것은 노주라고 부른다.
백주	중국 증류주의 일반적인 명칭. 주요 원료에 따라서 미이추와 마오타이주 등으로 불린다.
포도주	포도를 원료로 한 양조주. 와인법은 제정되어 있지 않다.

미네랄워터의 분류

일반적으로 미네랄워터라 불리는 천연수에 관한 규정은 국가와 지역에 따라서 다르다. 크게 다음 3가지로 분류한다.

내추럴워터	여과, 침전, 가열 살균 이외의 처리를 하지 않은 것
미네랄워터	여과, 침전, 가열 살균 이외에 성분을 변화시키는 처리(미네랄 양의 소폭 조정 등)를 한 것
보틀워터	여과, 침전, 가열 살균 이외에 성분을 크게 변화시키는 처리(미네랄 양의 대폭 조정 등)를 한 것

▌ 미네랄워터의 이름과 경도 ▌

알코올이 약한 사람이나 운전을 해야 하는 사람에게는 식전주 대신 탄산수(스파클링 워터)를 추천한다. 식전에 탄산수를 마시면 탄산의 자극에 의해 위가 활성화되어 식욕을 높이고 소화를 촉진하는 효과가 있다.

식사와 함께 즐기는 경우 조금 소금기가 나는 이탈리아의 산펠레그리노와 스페인의 비치 카타란 등을 추천한다.

경도(硬度)란 칼슘 이온과 마그네슘 이온의 양을 탄산칼슘의 양으로 환산한 것으로 일반적으로 mg/ℓ의 단위로 나타낸다. WHO(세계보건기구)의 가이드라인에서는 120mg/ℓ 미만을 연수(軟水)로 규정하고 있다. 지하수는 대부분이 연수로 분류된다.

경도	대표적인 이름
100mg/ℓ 이하	후지 미네랄워터, 남알프스 천연수, 롯코의 맛있는 물, 크리스털 가이저(미국), 비치 카타란(스페인), 발스(프랑스), 보스(노르웨이) 생수
100~300mg/ℓ	에비앙(프랑스), 발스(프랑스), 아쿠아 판나(이탈리아), 솔란 디 카브라스(스페인)
300~500mg/ℓ	크리스탈린(프랑스), 페리에(프랑스), 비텔(프랑스)
500~1,000mg/ℓ	산펠레그리노(이탈리아), 와트윌러(프랑스)
1,000mg/ℓ 이상	쿨마이요르(프랑스), 콘트렉스(프랑스)

01	우리나라 주세법에서는 15℃에서 알코올 도수 15도 이상의 음료를 주류라고 정의하고 있다	X	알코올 도수 1도 이상
02	우리나라 주세법에서는 와인과 맥주, 청주는 양조주로, 소주와 위스키는 증류주로 분류된다.	O	그 외 베르무트와 리큐르는 혼성주로 분류된다.
03	와인의 알코올 발효란 효모의 기능으로 포도당을 에틸알코올과 이산화탄소로 바꾸는 것이다.	O	발효 화학식은 조제프 루이 게이뤼삭에 의한 것
04	와인에 함유되는 유기산 중 주석산, 사과산, 구연산, 젖산은 원료인 포도에서 유래하는 산이다.	X	유산은 말로락틱 발효에 의해 사과산에서 생성된 산
05	활성 탄소 제거능이 높은 폴리페놀의 일종인 레스베라트롤은 포도의 과피에 많이 함유되어 있다.	O	카베르네 소비뇽과 네비올로는 특히 항산화능이 높다.
06	체내에 수용된 알코올은 간장에서 초산으로 대사되고 이후 아세트알데히드가 되어 체외로 배출된다.	X	아세트알데히드로 대사되고 이후 초산이 되어 배출된다.
07	일반적으로 3기압 이상의 가스압을 가진 것을 스파클링 와인이라고 하고 그 이하의 것은 약발포성 와인이라고 한다.	O	약발포성 와인은 프리잔테와 페를바인이 유명하다.
08	포티파이드 와인이란 알코올 성분을 높여 감칠맛을 더하고 보존성을 높인 와인이다.	O	주정강화 와인을 말한다. 셰리, 포트 와인, 마데이라는 특히 유명하다.
09	베르무트와 상그리아 등 향초와 과실 등의 풍미를 첨가한 와인을 플레이버드 와인이라고 한다.	O	그 외에 프랑스의 릴레, 그리스의 레치나 등이 유명하다.
10	EU의 규정에서는 라벨에 수확년도를 표시하는 경우 해당 연도의 포도를 85% 이상 사용해야 한다.	O	단일 품종명을 표시할 때도 마찬가지. 2009 빈티지부터 적용된다.

01	포도의 생육에 필요한 일조 시간은 1,000~1,500 시간. 연간 강수량은 500~900mm가 적당하다.	O	개화에서 수확까지의 기간은 약 100일
02	포도의 재배에서 고블렛은 모젤 등 급사면의 밭에 적합하다.	X	급사면의 밭에 적합한 것은 모젤. 고블렛은 스페인과 남프랑스 등의 건조지에 적용된다.
03	포도에 흰곰팡이상 포자가 붙는 페트병의 효과적인 방제 대책은 보르도액을 살포하는 것이다.	O	회색곰팡이병에는 이프로디온 수화제가 유효하다.
04	가당은 단맛의 와인을 만들기 위해 시행한다.	X	가당은 알코올 도수를 높일 목적으로 수행한다.
05	침용은 화이트와인의 양조에서 가장 중요한 공정이다.	X	마세라시옹은 색소와 탄닌을 추출하는, 레드와인의 양조에서 중요한 공정이다.
06	순환의 목적은 산소 공급, 당분과 효모, 온도를 평균화해서 발효를 촉진하는 것이다.	O	발효를 촉진하고 페놀류와 탄닌 등의 성분을 추출한다.
07	와인통 오크재의 주요 산지는 프랑스에서는 트롱세, 알리에, 리무쟁 등이다.	O	이외에 슬로베니아산, 미국산, 러시아산 등이 있다.
08	달걀흰자, 탄닌, 젤라틴, 벤토나이트 등은 필트라주 시에 와인에 첨가한다.	X	달걀흰자 등은 청징제로서 와인의 청징(콜라주) 시에 사용한다.
09	스파클링 와인의 제법에서 트래디셔널 방식은 샹파뉴 방식이라고도 불린다.	O	샤르마 방식은 밀폐 탱크 방식과 메소드 쿠베 클로즈라고도 불린다.
10	독일의 아이스바인은 크리오엑스트렉션으로 만든 유명한 디저트 와인이다.	X	아이스바인은 자연적으로 언 과실을 압착하여 단 과즙을 발효시킨다.

01	홉에 포함된 투욘의 기능에 의해 맥주 특유의 쓴맛과 향을 부여하고 거품을 잘 일게 한다.	X	투욘은 쓴쑥의 성분. 홉에 포함된 것은 루풀린
02	필스너, 보크는 하면 발효 맥주이다.	O	필스너와 보크만 하면 발효 타입
03	람빅은 벨기에 브뤼셀 지방에서 태어난 전통적인 맥주이다.	O	발효에는 천연 효모를 사용. 신맛이 있는 독특한 풍미
04	이키소주는 보리를 원료로 하는 단식 증류 소주이다.	O	이외에 유구포성은 쌀누룩(흑국균), 흑당소주는 쌀누룩 원료인 아마미오오시마 주변의 소주
05	미국의 버번은 51% 이상의 옥수수와 소량의 호밀로 만든다.	O	스카치는 피트(초탄·니탄) 연기의 스모키한 향이 특징
06	브랜디란 곡물을 주원료로 한 증류주이다.	X	브랜디는 과실 등. 위스키는 곡물을 원료로 한다.
07	코냑은 48종의 사과와 여러 종의 배를 원료로 한 브랜디이다.	X	코냑은 유니 블랑(생테밀리옹 샤랑트)이 주원료
08	바자르마냑에서는 최고 품질의 아르마냑이 만들어진다.	O	그랜드 상파뉴에서 최고 품질의 코냑이 만들어진다.
09	멕시코의 테킬라는 블루 아가베를 51% 이상 사용해야 한다.	O	블루 아가베는 용설란의 일종. 주로 줄기 부분을 사용한다.
10	과실계 리큐르인 쿠앵트로는 오렌지 과피의 향이 특징이다.	O	리큐르는 설탕과 시럽을 첨가한 단 술

일본

개략, 역사·기후, 포도 품종과 재배, 규정, 산지

일본의 성인 1인당 와인 소비량은 매년 증가하고 있다.
날로 품질이 향상되고 있는 일본 와인과 저가격 국산 와인의 차이는 무엇일
까? 우선 일본의 와인에 대해 학습하자.

중요 키워드

일본 와인 생산량 : 1위는 야마나시현, 2위는 나가노현, 3위는 홋카이도이고 이어서
야마가타현과 이와테현이 뒤따르며 상위 5도현에서 총 생산량의 약 80%를 차지한다.

지리 : 산지의 기후, 포도 품종이 다양하다. 산지의 북방 한계는 홋카이도 나요로(名
寄)이고 북위 44.1도, 남방 한계인 오키나와현 온나손(恩納村)은 25.3도로 그 차이
는 약 18도이다. 이는 프랑스 와인 산지의 약 3배에 달한다. 기후에 맞는 여러 포도
품종이 재배되고 있어 와인의 종류도 다양하다.

역사 : 1877년에 야마나시현의 이와이무라(현재의 가쓰누마)에 민간 와이너리가 창
설됐고, 와인 붐이 피크를 이룬 때는 1998년이다. 2010년에 고슈(甲州), 2013년에
머스캣베일리 A(Muscat Bailey A)가 O.I.V. 리스트에 품종으로 게재됐다. 2013년
국세청 장관이 '야마나시'를 일본 와인의 산지명으로 첫 지정했다. 야마나시를 와인
의 지리적 표시(GI)로 지정, 이후 2017년에 '야마나시'의 생산 기준을 재검토했다.

*가와카미젠베이(川上善兵衛, 1868~1944) :
니가타현 조에쓰시 이와하라 포도원의 창업자
이자 '일본의 와인의 아버지' 등으로 불린다.

●일본 와인과 국산 제조 와인

일본 와인이란 일본 포도만을 원료로 해 일본 내에서 제조된 과실주. 국내 제조
와인은 일본 와인을 포함한 일본에서 제조된 과실주 및 감미 과실주로 농축 과즙
과 벌크와인 등의 해외 원료를 사용한 것도 포함한다. 둘의 품질은 크게 다르다.

●교배 품종

복수의 포도 품종을 교배한 새로운 포도 품종. 일본에서는 1927년에 가와카미
젠베이*가 개발한 머스캣베일리 A가 유명하다.

●포도나무의 마무리 방법

고습한 일본에서는 에도 시대부터 평덕 방식을 주로 이용했다.

일본의 와인 개요

▌ 와인 산지의 기후 ▌

일본은 남북으로 긴 지형으로 와인 산지의 위도 차는 약 18도. 프랑스는 약 6도이므로 그 차이는 3배 이상이다. 포도밭의 표고도 폭넓어 2m부터 900m의 넓은 범위에 걸쳐 와인용 포도가 재배되고 있다. 일본의 국토 면적은 독일과 거의 같지만 평야부가 많은 독일과 달리 일본은 75%가 산간부이다. 보다 냉량한 기후를 찾는 경향은 더욱 고조되어 최근에는 1,000m가 넘는 고지에서도 포도가 재배된다.

일본의 기후 구분은 대략 강수량이 많은 내륙성 기후이고 주요 와인 산지 중 하나인 나가노현은 모든 산지가 내륙성 기후이다.

▌ 일본의 와인 역사 ▌

와인 제조는 메이지 시대에 시작하여 지금도 발전하고 있다. 일본에서 생산한 포도로 와인을 만드는 와이너리 수는 야마나시현이 가장 많아 전체의 30% 정도가 집중해 있지만 수입 벌크와인과 농축 과즙을 원료로 한 과실주를 포함한 총 생산량은 가나가와현, 도치기현에 이어 제3위이다.

와인에 관한 규정

일본에는 와인법이 없어 와인 생산의 실태를 파악하기 어렵다. 다른 생산국에서는 포도 또는 포도 과즙을 양조한 알코올음료를 와인으로 정의하고 있지만 일본에서는 포도 이외 과실의 양조주, 농축 과즙의 양조주, 수입 벌크와인을 병밀봉한 것을 과실주 생산량에 포함한다.

수입 원료를 사용한 과실주는 일본 와인 생산량의 80% 가까이를 차지한다. 한편 과실주, 감미 과실주 등의 분류는 주세법에 정해져 있어 각각 기준이 다르다.

> **라벨 표기에 대해**
> 일본에서는 와인표시문제검토협의회가 정하고 있다. 산지, 품종, 연호 표시에 대해서는 국산 포도를 100% 사용하고 동일 산지, 동일 품종, 동일 연호의 포도를 각각 85% 이상 사용하는 것이 조건!
> ※지리적 표시 '야마나시현' 및 '야마나시의 고슈'는 예외이다.

포도 품종과 재배

일본에서는 고유의 포도 품종, 미국계 포도 품종 그리고 유럽계 포도 품종 등 많은 와인용 포도 품종이 재배되고 있다. 에도 시대부터 내려오는 전통적인 포도나무의 수형 방법은 고블렛이지만 유럽계 품종을 중심으로 귀요식도 증가하고 있다.

와인에 공급되는 양은 1위가 고슈, 2위가 머스캣베일리 A, 3위가 나이아가라이다.

※레드와인의 공급량이 가장 많은 것은 머스캣베일리 A

♣ 와인용 포도 품종의 특징

고슈	일본 고유의 품종. 다소 옅은 등자색의 그리계	와인 공급량은 제1위로 야마나시현의 재배 면적이 압도적으로 많다. 과피에 착색이 보이지만 마무리는 화이트와인이다. 효모와 함께 숙성시키는 쉬르 리 타입이 주류이다. 2010년에 O.I.V. 리스트에 품종으로 기재됐다.
머스캣베일리 A	1927년 카와카미젠베이가 개발한 레드와인 품종	전체 와인 공급량 제2위. 레드와인용 품종에서는 가장 시입량이 많은 품종으로 혼슈 및 규슈에서 재배된다. 베리와 머스캣함부르크의 교배 품종. 2013년에 O.I.V. 리스트에 기재됐다.
나이아가라	1866년 나이아가라에서 교배된 화이트와인 품종	와인 공급량 제3위. 메이지 시대에 일본에 들어와서 주로 나가노현에서 재배되고 있다. 콩코드와 캐사디의 교배 품종
델라웨어	미국의 오하이오주가 원산인 그리계	생산 수량은 야마나시현이 1위. 이어서 야마가타현. 최근에는 스파클링 와인의 생산량이 늘고 있다.
머루	일본의 야생 포도	산간부와 산지에 생식. 과립이 매우 작고 색이 진하고 신맛이 풍부하다.

주요 산지와 특징

┃ 야마나시현 ┃   일본의 와인 제조 발상지

야마나시현은 와이너리 수가 많아 일본의 전체 와이너리 수의 약 3분의 1이 집중해 있다. 와인용과 생식용을 합한 포도 재배 면적은 일본에서 가장 많아 그야말로 일본을 대표하는 와인 산지이다.

현내의 주요 와인 생산지는 기온의 일교차가 큰 고슈 분지의 동부인 가쓰누마초 등. 가쓰누마 지구에 인접한 이와이 지구는 고슈 포도 발상지라고도 불린다.

와인 공급량 제1위인 포도는 고슈로 일본 전체의 80% 이상을 차지한다. 제2위는 머스캣베일리 A, 제3위는 델라웨어이다.

▌ 나가노현 ▌ 와인 생산량은 야마나시현에 이어 제2위

기교가하라(桔梗ヶ原)의 메를로를 비롯해 샤르도네, 카베르네 소비뇽의 생산 수량 모두 상위이다. 포도밭은 나가노 분지, 우에다 분지, 마쓰모토 분지 등으로 확산되어 2013년부터 신슈(信州) 와인 밸리 구상의 일환으로 산지화를 추진하고 있다. 또한 우에다시(上田市), 코모로시(小諸市), 토우미시(東御市), 치쿠마시(千曲市), 타카야마무라(高山村) 등 8시정촌은 '와인 특구'로 인정받아 현재 일본에서 가장 활기를 띠는 와인 산지 중 하나다.

신슈 와인 밸리
4지역 중 치쿠마천 와인 밸리가 가장 넓다

치쿠마천 와인 밸리

일본 알프스 와인 밸리

텐류천 와인 밸리

기교가하라 와인 밸리

2013년에 발표한 신슈 와인 밸리 구상
치쿠마천 와인 밸리 : 치쿠마천 상류의 사쿠시에서 하류의 나가노시까지의 유역
일본 알프스 와인 밸리 : 마쓰모토 분지에서 시오지리시를 제외한 구역
기교가하라 와인 밸리 : 마쓰모토 분지 남단의 시오지리시 모두를 포함
텐류천 와인 밸리 : 텐류천 유역의 이나 분지

▌ 홋카이도 ▌ 유럽계 품종의 총 재배 면적은 일본 최대

홋카이도에서는 2000년 이후 20건 이상의 와이너리가 설립되어 현재 나가노현과 어깨를 나란히 하는 활기 있는 와인 산지이다. 혼슈와 비교하면 소규모 와이너리가 자사의 밭을 보유한 비율이 높은 것이 특징이다. 전통적으로 독일계 화이트 와인 품종의 재배가 활발하지만 와인 공급량이 가장 많은 포도 품종은 나이아가라. 와인용 포도 재배 중심지는 소라치(空知) 지방(우라우스쵸(浦臼町), 이와미자와시(岩見沢市) 등)과 시리베(後志) 지방(요이치쵸(余市町) 등).

▌ 야마가타현 ▌ 동북 최고의 와이너리가 현존

양조량이 가장 많은 일본 와인은 머스캣베일리 A로 수확 시기가 일본에서 가장 늦고 최근 들어 높은 평가를 받고 있다.

▌ 이와테현 ▌ 지진 이후 와인 산업이 활성화

2011년 이후 와이너리의 설립이 늘고 있다. 일본의 포도 재배지 중에서는 냉량하고 자생하던 머루를 활용한 와인 제조가 특징이다.

일본의 주요 와인 산지

홋카이도
- 포도 재배의 중심지는 소라치 지방과 시리베 지방
- 소규모 와이너리의 자사 밭 보유율이 높다.

야마가타현
- 동북 최고(最古)의 와이너리가 현존
- 양조량 최대는 머스캣베일리 A

나가노현
- 메를로, 샤르도네, 카베르네 소비뇽의 재배 면적 모두 일본 1위
- 신슈 와인 밸리 구상 : 치쿠마천 와인 밸리, 일본 알프스 와인 밸리, 기교가 하라 와인 밸리, 텐류천 와인 밸리

야마나시현
- 일본의 전체 와이너리 수의 약 3분의 1이 집중
- 고슈 종의 재배는 일본 전체의 80% 이상

가나가와현
- 과실주 제조량 제1위 (해외산 원료를 사용)

❶ 소라치 지방
❷ 시리베 지방
❸ 토카치 지방
❹ 쇼나이 평야
❺ 야마가타 분지
❻ 나가노 분지
　우에다 분지
　사쿠 분지
❼ 마쓰모토 분지
❽ 고후 분지

국산 포도를 원료로 하는 일본 와인 제조량에서는 야마나시가 1위

일본의 와인 소비량(성인 1인당)

2012년	2013년	2014년	2015년
3.35ℓ	3.46ℓ	3.62ℓ	3.70ℓ

Japan

01	일본의 포도 재배지 경도 차이는 약 18도이다.	O	북방 한계는 나요로이고 남방 한계는 온나손. 위도 차이는 프랑스의 약 3배
02	일본의 과실주 생산량 제1위는 야마나시현이다.	X	1위는 가나가와현. 국산 포도에 한정하면 야마나시현이 더 많다.
03	가쓰누마에 해당하는 이와이무라에 처음으로 민간 와이너리가 문을 연 것은 1877년이다.	O	가쓰누마에는 일본에서 가장 많은 와이너리가 집중돼 있다.
04	일본 포도 재배지의 기후는 대체로 대륙성 기후이고 전통적으로 평덕 방식이 채용되고 있다.	X	대체로 내륙성 기후. 나가노현만 모든 재배지가 내륙성 기후
05	일본의 와인에 산지명을 표시하려면 국산 포도를 100% 사용해야 한다.	O	또한 해당 산지의 포도를 75% 이상 사용하는 것이 조건이다.
06	2010년에 고슈가 O.I.V. 리스트에 품종으로 게재됐다.	O	2013년에 머스캣베일리 A가 품종으로 게재됐다.
07	와인에 들어 있는 양이 가장 많은 포도 품종은 고슈로 야마나시현에서 전체의 30% 이상이 공급되고 있다.	O	2위는 머스캣베일리 A, 3위는 나이아가라
08	신슈 와인 밸리 구상에서는 마쓰모토 분지 남단의 시오지리시 전부를 포함하는 지역을 기교가하라 와인 밸리로 정하고 있다.	O	마쓰모토 분지에서 시오지리시를 제외한 지역은 일본 알프스 와인 밸리
09	나가노현의 기교가하라는 메를로의 산지로 알려져 있다.	O	국제 콩쿠르에서 금상을 수상한 후에 주목을 받아 재배 면적이 늘고 있다.
10	홋카이도의 포도 재배 중심지는 쇼나이 평야와 마쓰모토 분지이다.	X	소라치 지방과 시리베 지방

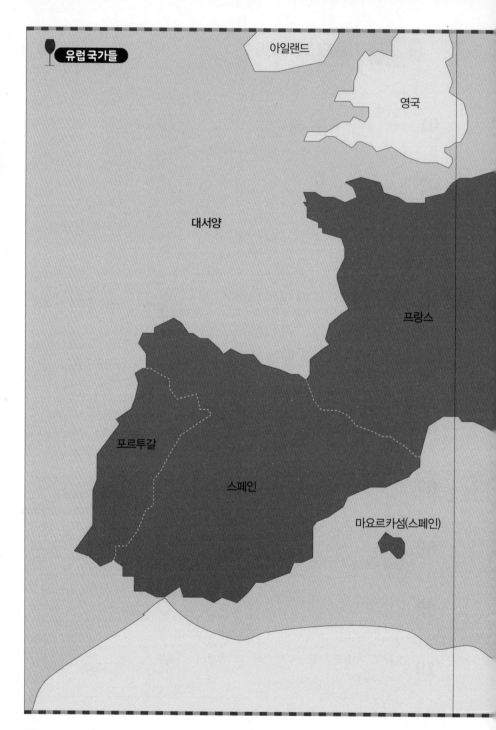

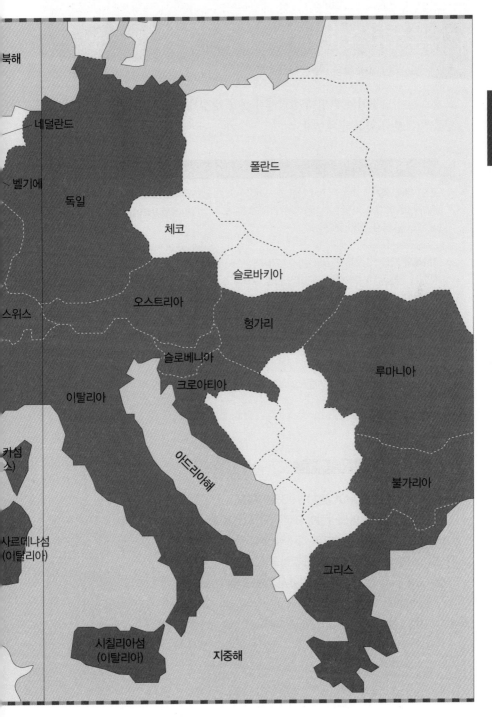

북해

네덜란드

벨기에

독일

스위스

이탈리아

카섬
소)

사르데냐섬
(이탈리아)

시칠리아섬
(이탈리아)

폴란드

체코

슬로바키아

오스트리아

헝가리

슬로베니아

크로아티아

아드리아해

루마니아

불가리아

그리스

지중해

일본

프랑스 와인 기초지식

개략, 역사·기후, 포도 품종, 와인 법률과 분류

프랑스는 이탈리아와 와인 생산량에서 톱을 경쟁하는 주요 와인 생산국이니만큼 기초부터 확실히 배우자.

중요 키워드

포도 재배 역사 : 기원전 6세기경 포카이아인이 마르세유에 포도나무를 들여왔다. 로마인에 의해서 기원 3세기경에 보르도와 부르고뉴, 기원 6세기경에는 북부의 루아르와 상파뉴로 전파됐다.

3차례의 재앙 : 1855~1856년의 흰가루병, 1863~19세기 말의 필록세라(미국 대륙에서 침입), 1878~1880년의 노균병. 3차례의 병화(病禍)가 있기 전에는 현재의 2배 이상의 포도밭이 있었다고 한다.

주요 포도 품종과 시노님 : 화이트와인 품종 재배 면적 제1위는 뉴 블랑(별명 생테밀리옹 샤랑트)이고 레드와인 품종 재배 면적 제1위는 메를로. 시노님이란 산지에 따라 부르는 방법이 바뀌는 포도 품종의 명칭
예 유니 블랑 = 생테밀리옹 샤랑트, 샤르도네 = 믈롱 다르부아, 뮈스카데 = 믈롱 드 부르고뉴 등

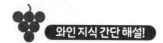 **와인 지식 간단 해설!**

● 원산지 통제 명칭(AOC)법 : 1935년 제정

1935년에 제정된 아펠라시옹 도리진 콩트롤레(Appellation d'Origine Controlee =AOC)법에 의해 생산 지역의 지리적 범위, 포도 품종, 수확량, 알코올 도수, 재배와 양조 방법까지를 상세하게 규정하고 있다.
예 Champagne : 상파뉴 지방에서 샤르도네, 피노 누아, 피노 뫼니에를 원료로 한 발포성 와인에 인정되는 AOC. 같은 상파뉴산이라도 스틸 와인의 경우는 꼬또 샹페누아(Coteaux Champenois) 등의 AOC가 된다.

개략·역사

포도 재배 역사는 기원전 6세기경 고대 그리스계 민족인 포카이아인에 의해 지금의 마르세유에 포도나무가 들어온 것이 시초라고 알려져 있다. 이후 로마인에 의해서 포도 재배와 와인 제조가 확산되어 기원 3세기경에는 보르도와 부르고뉴, 기원 6세기경에는 북부의 루아르와 상파뉴로 확산됐다. 그리스교의 포교가 확산됨에 따라 미사에 사용하는 와인의 수요가 높아졌고 베네딕트파 수도원의 후원으로 프랑스 전토로 확산된다.

12세기에는 영국, 독일 등으로 와인 수출이 시작된다. 1789년 프랑스혁명으로 인한 혼란으로 와인 제조는 일시 정체하지만 19세기 중반에 이르러 포도밭 면적은 현재의 2배 이상까지 확대된다. 그러나 19세기 후반의 3차례에 걸친 포도 병화로 경작 면적이 반감했다.

대공항 후 보르도, 부르고뉴, 상파뉴 등의 유명 산지명을 확보하기 위해 1935년에 AOC법(원산지 통제 명칭)을 제정했다. 현재는 이탈리와와 나란히 세계 유수의 와인 생산국이자 세계적으로 명성이 자자한 유명 와인 산지로 이름이 높다.

▌기후 ▌

프랑스의 위도는 일본의 홋카이도에서 러시아 사할린에 이르는 위치이지만 지중해와 대서양의 난류의 영향을 받기 때문에 기후는 온난하고 다양하다.

와인 산지의 기후 구분

대륙성 기후	겨울이 춥고 여름이 덥고 비가 적다.	북부의 상파뉴, 부르고뉴, 루아르강 (상류)
해양성 기후	겨울이 온화하고, 여름은 서늘하고 온도가 높고 다소 비가 많이 온다.	서부의 대서양 연안 지역의 보르도, 코냑, 루아르강(하류)
고산성 기후	겨울은 혹한이고, 여름이 짧고 비가 많고 눈이 많이 내린다.	동부의 보주 산기슭, 쥐라, 알프스 산지 등
지중해성 기후	여름은 덥고 겨울은 온화하며, 연중 태양이 내리쬐고 건조하다.	코르시카 섬

'와인 산지의 기후 구분'은 기후의 특징을 나타낸 용어이다. 다른 와인 생산국에서도 사용되므로 외워두자! 가령 지중해성 기후는 지중해 연안 지역뿐 아니라 남미와 칠레의 기후 구분에도 사용된다.

주요 포도 품종

수천 종 있다고 알려진 비티스 비니페라계의 원종 중 프랑스에서는 약 200종의 포도 품종이 재배되고 있다. 포도는 품종별로 각각 특징이 있고 적응하는 기후와 토양의 조건이 있으므로 와인의 품질과 특징은 포도 품종과 지역의 조합에 의해 결정된다.

화이트와인 품종 재배 면적 TOP 5(2014/15년)	주요 재배지
① 유니 블랑(Ugni Blanc)=생테밀리옹 샤랑트 (Saint Émilion Charentes)	코냑, 아르마냑, 남부
② 샤르도네(Chardonnay)=믈롱 다르부아(Melon d'Arbois)	부르고뉴, 샹파뉴, 쥐라, 루아르
③ 소비뇽 블랑(Sauvignon Blanc)=퓌메 블랑 (Fumé Blanc)	보르도, 남서 지방, 루아르
④ 세미용(Sémillon)	보르도, 남서 지방
⑤ 머스캣(Muscadet)=믈롱 드 부르고뉴(Melon de Bourgogne)	루아르

레드와인 품종 재배 면적 TOP 5(2014/15년)	주요 재배지
① 메를로(Merlot)	보르도 외
② 그르나슈(Grenache)	코트 뒤 론 남부, 랑그도크루시용
③ 시라(Syrah) *호주에서는 쉬라즈(Shiraz)라고 부른다	코트 뒤 론 북부, 프로방스, 랑그도크루시용
④ 카베르네 소비뇽(Cabernet Sauvignon)	보르도, 남서 지방, 루아르, 프로방스, 랑그도크
⑤ 카리냥(Carignan)	지중해 연안, 남프랑스 전역

포도 품종은 뒤의 별명과 함께 외워두자! 화이트와인 품종 1위인 유니 블랑과 레드와인 품종 1위인 메를로는 꼭 기억하자.

와인의 법률과 분류

프랑스에서는 자국의 유명 와인 산지명을 보호하기 위해 1935년에 AOC법을 제정했다. 이후 2008년에 있었던 EU의 새로운 이사회 규칙 제정을 반영하여 2009년 빈티지부터 새로운 품질 분류가 도입됐다.

EU의 새로운 분류에서는 지리적 표시가 있는 와인과 지리적 표시가 없는 와인 2가지로 구분되며 지리적 표시가 있는 와인은 다시 AOP(Appellation d'Origine Protégée)와 IGP(Indication Géographique Protégée)로 분류되어 있다. AOP가 산지와 연결성이 가장 강한 명칭이고 다음이 IGP다.

| 2008 빈티지 이전 프랑스의 품질 분류 | 2009 빈티지 이후 프랑스의 새로운 품질 분류 | EU의 새로운 품질 분류 |

AOC / VDQS / Vin de Pays / Vin de Table

AOC / IGP (Vin de Pays) / Vin

지리적 표시가 있는 와인 • AOP • IGP / 지리적 표시가 없는 와인

▌라벨 표기 규정 ▌

♣ 지리적 표시가 있는 와인

의무 기재 사항	AOP, IGP, 알코올 도수, 병입업자명 등
임의 기재 사항	수확년도, 원료 포도 품종 등

※수확년도를 표기하는 경우 그 수확년도의 포도를 85% 이상 사용해야 한다.
※단일 포도 품종명을 표기하는 경우 그 포도 품종을 85% 이상 사용해야 한다.

♣ 지리적 표시가 없는 와인

AOP와 IGP 등의 산지명이 기재되지 않은 지리적 표시가 없는 와인도 EU의 새로운 규정에 따라 조건부 포도 품종, 수확년도의 임의 표기가 가능해졌다.

2008년 빈티지 이전 프랑스의 품질 분류에서는 원산지를 규정하기는 하지만 AOC보다 기준이 완화된 VDQS는 2011년에 폐지되고 AOC 또는 IGP로 이행했다. Vin de Table보다 상위인 Vin de Pays는 IGP로 이행 시에 합리화되어 153에서 75가 됐지만 이어서 Vin de Pays의 표기도 인정받았다. Vin de Pays에서 가장 큰 Vin de Pays d'Oc의 명칭은 Pays d'Oc로 바뀌었다.

프랑스의 주요 와인 산지

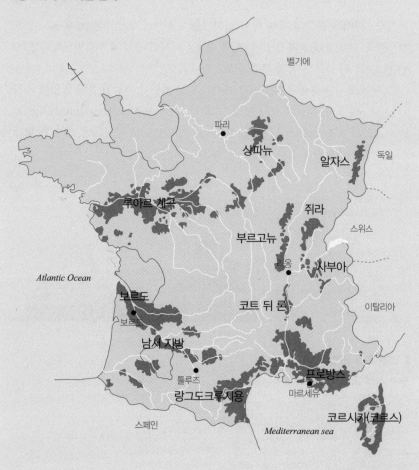

벨기에

파리

상파뉴

알자스

독일

루아르 셰르

쥐라

스위스

부르고뉴

리옹

사부아

Atlantic Ocean

보르도

보르도

코트 뒤 론

이탈리아

남서 지방

툴루즈

프로방스

랑그도크루시용

마르세유

스페인

코르시카(코르스)

Mediterranean sea

p. 68부터는 프랑스와 그외의 다른 와인 생산국에 대해 배운다. 처음부터 상세 내용을 학습하지 않고 우선은 각국의 위치와 개요를 파악한 다음 지방과 주의 위치와 특색, 마지막으로 마을과 밭, 등급 등을 외우자!

France

01	프랑스의 AOC는 1935년에 제정됐다.	O	사용 가능한 포도 품종, 지리적 범위 등이 상세하게 규정되어 있다.
02	프랑스의 포도 재배 역사는 기원전 로마인이 포도나무를 상파뉴로 반입한 것이 기원이다.	X	기원전 6세기경 포카이아인이 현재의 마르세유에 반입한 것이 시초
03	프랑스에서는 19세기 중반경까지는 현재의 5배 이상의 포도밭이 있었다고 전해진다.	X	2배 이상. 19세기 후반부터 3차례의 포도 병화의 피해를 입어 격감했다.
04	대륙성 기후란 겨울에 춥고 여름에 덥고 비가 적은 기후로 상파뉴와 루아르강 상류 지역이 해당한다.	O	루아르강 하류 지역은 해양성 기후
05	1863년~19세기 말 미국 대륙에서 침입한 필록세라 방제 대책은 보르도액을 살포하는 것이 효과적이다.	X	미국계 품종의 뿌리를 접붙인다. 보르도액은 노균병에 유효
06	프랑스의 화이트와인 품종 재배 면적 1위는 믈롱 다르부아이다.	X	유니 블랑 또는 생테밀리옹 사랑트
07	프랑스의 레드와인 품종 재배 면적 1위는 메를로이고, 주로 보르도 지방에서 재배되고 있다.	O	포므롤 지구와 생테밀리옹 지구의 주요 품종
08	EU의 새로운 품질 분류에서 지리적 표시가 없는 와인의 포도 품종 표기는 금지됐다.	X	수확년도 표기와 함께 조건부로 인정됐다.
09	EU의 새로운 품질 분류에 따라 지리적 표시가 있는 와인은 AOP와 IGP 2가지로 나뉘며 AOP는 산지와 연관성이 가장 강하다.	O	AOP에 이어서 IGP이 산지와 연관성이 강하다.
10	EU의 새로운 품질 분류에서 Vin de Pays는 IGP로 명칭이 변경됐다.	O	명칭이 변경됨에 따라 153 명칭에서 75명칭으로 통합·정리됐다.

프랑스

샹파뉴 지방

개략, 역사·기후, 포도 품종, 양조 과정, 주요 AOC

스파클링 와인 산지 가운데 가장 유명한 샹파뉴 지방은 프랑스의 와인 생산 지방 중에서도 북쪽에 있어 포도 재배의 북방 한계 가까이에 위치한다.

중요 키워드

랭스 대성당 : 이 지방의 중심 도시 랭스(Reims)에 있는 고딕 건축의 대성당으로 역대 프랑스왕의 세례식과 대관식이 거행됐다. 현재는 대기업 샹파뉴 메종이 랭스에 본사를 두고 있다.

밀레짐과 논밀레짐 : 밀레짐은 표시한 해의 포도를 100% 사용해서 만드는 타입. 병입(티라주, tirage) 후 최소 3년간은 판매할 수 없다. 논밀레짐(논빈티지)은 여러 해의 원주를 조합한 스탠더드 타입으로 수확년도는 표기하지 않는다. 티라주 후 15개월간의 숙성 의무가 있다.

NM과 RM : NM은 네고시앙 마니퓔랑(Negociant Manipulat)의 약자. 원료 포도 일부 혹은 모두를 외부에서 구입한다. 대형 샹파뉴 메종이 취급하는 대부분은 이 타입이다. RM은 레콜탕 마니퓔랑(Recoltant Manipulant)의 약자. 자사 소유의 밭에서 재배한 포도만으로 만들므로 대다수는 소규모 경영이다.

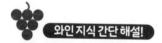 와인 지식 간단 해설!

●AOC 샹파뉴

일반적으로 샴페인이라고 부르지만 올바른 표기는 샹파뉴. AOC법의 규정을 충족한 것에만 인정되는 명칭으로 프랑스산 기타 산지의 스파클링 와인은 뱅 무쉐와 크레망 등으로 불린다. 알코올 도수는 11도 이상.

●샹파뉴 지방의 3개 AOC

샹파뉴(Champagne)는 발포 로제와 화이트만의 AOC. 꼬또 샹프누아(Coteaux Champenois)는 스틸 와인(레드, 로제, 화이트)의 AOC. 로제 데 리세(Rosé des Riceys)는 피노 누아만으로 만드는 스틸 와인(로제만)의 AOC.

개략·역사

상파뉴는 포도 재배의 북방 한계에 가까우며 기후는 냉량하다. 때문에 알코올 발효가 끝나기 전에 기온이 내려가 미발효된 효모가 와인 중에 남은 것에서 상파뉴의 역사가 시작됐다. 석탄질 토양을 파내서 만든 지하의 와인 저장고(동굴)는 상파뉴의 숙성에 최적이며 몇 차례의 전쟁의 화마로부터도 와인을 지켜왔다.

이 땅에 포도나무가 들어온 것은 4세기. 이후 1600년경부터 상파뉴의 명칭이 사용됐다. 17세기 말경에 오빌레 마을의 수도사 돔페리뇽이 다양한 밭의 포도로 만든 와인을 아상블라주(블렌딩)하면서 품질의 향상에 기여했다. 이 무렵 상파뉴의 원형이 완성됐지만 당시의 상파뉴는 효모의 찌꺼기를 포함한 탁한 것이었다. 1816년에 마담 쿠리코(뵈브 클리코)가 와인 중의 찌꺼기를 제거하는 방법을 고안하여 현재와 같은 맑은 상파뉴가 만들어지게 됐다.

현황

상파뉴 지방의 주요 산업 중 하나인 상파뉴의 2015년 매출 금액은 45억 유로로, 24억 유로가 수출을 통한 매출이다.

상파뉴의 포도 재배 농가는 약 1만 5,000건으로 상파뉴 지방 포도밭의 약 90%를 차지하고 대형 상파뉴 메종이나 협동조합에 판매하고 있다.
모에 헤네시 루이 비통과 블랑켄 포메리 모노폴, 페르노리카 등의 대형 상파뉴 메종은 각각 여러 브랜드를 산하에 두고 있고, 그곳에서 만드는 복수의 상파뉴(NM)는 총 판매액의 약 4분의 3, 총 판매량의 약 3분의 2, 수출량의 약 90%!! 화이트 타입이 총 생산량의 99.9%를 차지하며 레드/로제 타입은 0.1%이다.

주요 포도 품종

Chardonnay	주로 코트 데 블랑 지구에서 재배. 와인에 숙성 능력을 부여한다.
Pinot Noir	주로 몽타뉴 드 랭스 지구에서 재배. 와인에 무게감(보디)을 부여한다.
Pinot Meunier	주로 발레 드 라 마른 지구에서 재배. 샤르도네, 피노 누아에 비해 블렌딩 비율이 적고 와인에 부드러움을 부여한다.

주요 AOC

▌상파뉴(Champagne) : 발포 로제, 화이트만 ▌

　상파뉴 지방에서 만든 와인의 대부분은 샴페인이다. 통상은 샤르도네, 피노 누아, 피노 뫼니에의 와인을 주체로 아상블라주(블렌딩)하지만 샤르도네 100%로 만든 경우 Blanc de Blancs이라고 표기한다. AOC 상파뉴에는 조건을 충족한 경우에 그랑 크뤼와 프리미에 크뤼의 표기가 인정되고 있다. 상파뉴 지방에서는 원료 포도를 생산하는 꼬뮌(마을)별로 등급이 매겨지며 그랑 크뤼는 100%로 사정(査定)된 꼬뮌의 밭에서 재배한 포도만으로 만든 와인, 프리미에 크뤼는 90~99%로 사정된 꼬뮌의 밭에서 재배한 포도로 만든 와인이다.

▌꼬또 샹프누아(Coteaux Champenois) : 레드, 로제, 화이트의 스틸 와인 ▌

　상파뉴 지방에서 인정되고 있는 스틸 와인의 AOC. 꼬또 샹프누아의 로제에는 피노 뫼니에의 사용도 인정되고 있다.

▌로제 데 리세(Rosé des Riceys) : 로제의 스틸 와인 ▌

　상파뉴 지방의 피노 누아 100%로 만든 로제의 스틸 와인에만 인정된 AOC이다.

그랑 크뤼의 꼬뮌(일부)

지구명	꼬뮌명
몽타뉴 드 랭스	Ambonnay, Mailly, Verzenay, Verzy
발레 드 라 마른	Ay, Tours-sur-Marne
코트 데 블랑	Avize, Chouilly, Cramant, Le Mesnil-sur-Oger

상파뉴 지방의 주요 3지구와 그랑 크뤼

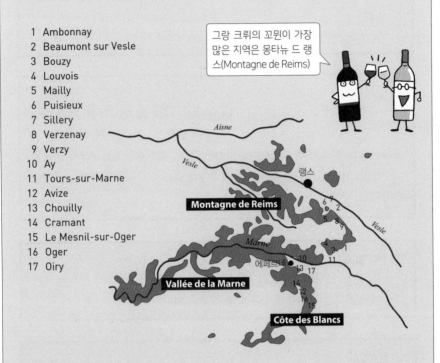

1 Ambonnay
2 Beaumont sur Vesle
3 Bouzy
4 Louvois
5 Mailly
6 Puisieux
7 Sillery
8 Verzenay
9 Verzy
10 Ay
11 Tours-sur-Marne
12 Avize
13 Chouilly
14 Cramant
15 Le Mesnil-sur-Oger
16 Oger
17 Oiry

그랑 크뤼의 꼬뮌이 가장 많은 지역은 몽타뉴 드 랭스(Montagne de Reims)

프랑스

Champagne

【참고】 상파뉴의 라벨 표기와 잔당분의 기준

라벨 표기	잔당량
Brut Nature, Pas Dosé, Dosage Zéro	3g/ℓ 미만(non dosage 논드사주)
Extra Brut	0~6g/ℓ
Brut	12g/ℓ 미만
Sec	17~32g/ℓ
Demi-Sec	32~50g/ℓ
Doux	50g/ℓ 이상

※ ±3g/ℓ까지의 허용 범위가 인정되고 있다.

샴페인 제조 방법

① 수확
9월 중순부터 10월 초순

② 압착
샴페인에 사용할 수 있는 것은 'La Cuvee = Tête de Cuvée'와 'Première Taille'뿐. La Cuvée는 4,000kg의 포도를 압축한 2,050ℓ 분량의 착즙. 그 포도를 압축한 500ℓ의 착즙이 Première Taille. 합계하면 4,000kg의 포도에서 최대 2,550ℓ의 착즙이 얻어지며 이것을 발효시켜 샴페인의 베이스 와인을 만든다.

③ 1차 발효
포도 품종, 구획별로 별도로 1차 발효시킨다. 최근에는 스테인리스 탱크가 주류이지만 전통적인 통발효를 하는 경우도 있다.

④ 블렌딩
1차 발효를 끝낸 와인을 수십에서 수백 종을 블렌딩한다.

논밀레짐은 수확년도를 표기하지 않는 일반적인 샴페인으로 전년까지의 리저브 와인도 조합한다. 밀레짐(포도의 작황이 좋은 해에 만들며 수확년도를 표기하는 것)은 표시 연도의 와인만을 조합한다.

⑤ 병 밀봉(tirage)과 병내 2차 발효
블렌딩한 와인에 효모와 자당(23g/ℓ)을 첨가하여 병에 담고 마개를 한다. 병에 담을 때 추가한 자당을 효모가 분해하여 알코올과 탄산가스를 생성하고 이것이 샴페인의 거품이 된다. 효모는 6~8주 정도에 역할을 마치고 찌꺼기로 침전된다.

⑥ 찌꺼기와 함께 숙성

찌꺼기를 제거하지 않고 잠시 쉬르 리('찌꺼기의 위'라는 뜻. 찌꺼기를 제거하지 않고 찌꺼기와 와인을 함께 재운다)의 상태에서 숙성시킨다. 효모의 자기분해에 의해 아미노산이 생성되고 와인에 감칠맛을 부여한다. 논밀레짐은 티라주 후 15개월간 숙성시킬 의무가 있다. 한편 밀레짐은 티라주 후 최소 3년간은 판매할 수 없다.

⑦ 병돌리기(remuage)

푸피트르*에 꽂은 병을 매일 흔들면서 8분의 1 정도 회전시켜 병목으로 찌꺼기를 모은다. 리들링이라고도 한다.

⑧ 찌꺼기 제거(degorgement)

병 입구 부분만을 마이너스 20℃의 염화칼슘 용액에 담가 얼리고 마개를 빼서 찌꺼기를 날린다.

⑨ 감미 조정(dosage)

샴페인의 원주에 당분과 함께 샴페인 혼합액을 첨가하여 맛을 조정한다.

⑩ 마개를 하고 라벨 부착

*푸피트르pupitre : 샴페인 제조 시 2차 발효가 끝난 뒤
 병을 거꾸로 세워서 걸어 놓을 수 있게 만든 선반

01	상파뉴 지방의 중심 도시 랭스의 대성당에서는 역대 프랑스왕의 대관식이 거행됐다.	O	현재 많은 상파뉴 메종이 랭스에 사옥을 두고 있다.
02	프랑스산 스파클링 와인은 모두 AOC 상파뉴를 붙일 수 있다.	X	상파뉴 지방에서 규정을 충족한 발포성 와인뿐
03	샤르도네 100%로 만든 샴페인은 Blanc de Blancs 이라고 표기한다.	O	피노 누아와 피노 뫼니에로 만든 경우는 Blanc de Noirs
04	NM(네고시앙 마니퓔랑)이란 자사 밭에서 재배한 포도만으로 만든 샴페인이다.	X	정답은 RM(레콜탕 마니퓔랑)
05	상파뉴 지방에서는 레드와 로제 와인의 생산량이 0.1%로 적다.	O	화이트가 99.9%로 압도적으로 많다.
06	르 메니 쉬 오제는 코트 데 블랑 지구에 속한다.	O	몽타뉴 드 랭스, 발레 드 라 마른의 그랑 크뤼도 중요하다.
07	샴페인에 사용할 수 있는 것은 퀴베뿐이다.	X	프리미에 타이유도 사용할 수 있다.
08	상파뉴의 밀레짐은 티라주 후 최소 3년간은 판매할 수 없다.	O	논밀레짐은 티라주 후 15개월간 숙성 의무가 있다.

샴페인의 에티켓 읽는 방법 (논밀레짐)

❶ 원산지 명칭(AOC)
❷ 제조사, 브랜드 로고
❸ 와인명(하늘과 땅 사이)
❹ 맛의 기준(브뤼=드라이)
❺ 용량(750㎖)
❻ 알코올 도수(12%)
❼ RM(레콜탕 마니퓔랑)
❽ 생산국(프랑스)

에티켓을 읽을 수 있으면 와인을 선택하는 것이 훨씬 수월하다!

알자스 지방

개략, 기후, 포도 품종, 주요 AOC

프랑스 북동부, 독일과 국경을 접하는 냉량한 와인 산지. 포도밭은 보주 산맥의 동쪽 구릉에 있으며 스트라스부르에서 뮐루즈까지 100km에 걸쳐 좁고 길게 이어진다.

중요 키워드

보주 산맥 : 알자스 지방을 바다의 영향으로부터 보호한다.

기후 : 대륙성 기후

강우량 : 연평균 500~600mm로 프랑스에서 가장 적다.

와인 생산량 : 화이트와인이 약 94%로 많다.

리즐링(Riesling) : 15세기 말에 알자스에 심어졌고 1960년대부터 알자스에서 가장 널리 재배되는 화이트와인 품종이 됐다.

크레망 달자스(Crémant d'Alsace) : 로제와 화이트. 병내 2차 발효 방식. 프랑스의 가정에서 소비되는 스파클링 와인 부문 1위

방당주 타르디브(Vendanges Tardives) : 늦게 딴 포도로 만드는 단맛의 화이트와인. AOC 알자스, AOC 알자스 그랑 크뤼 표기가 인정된다.

셀렉시옹 드 그랑 노블(Selections de Grains Nobles) : 선별 작업을 거친 귀부포도로 만드는 단맛의 화이트와인. AOC 알자스와 AOC 알자스 그랑 크뤼 표기가 인정된다.

주요 AOC

▌ 알자스(Alsace) 또는 뱅 달자스(Vin d'Alsace) (화이트·로제·레드) ▌

1962년에 AOC에 인정됐다. 알자스 지방 전체 생산량의 74%를 차지한다. 리즐링 능의 단일 화이트와인 품종으로 만드는 일이 많으며 이 경우는 품종명을 표기하고 복수 품종을 블렌딩한 경우 에델츠비커(Edelzwicker)나 정띠(Gentil, 혼양은 불가)라고 표기한다.

▍ 알자스 그랑 크뤼(Alsace Grand Cru) ▍

현재 51의 Lieux-dits(소지구)가 알자스 그랑 크뤼로 인정되고 있다. AOC 알자스보다 규정이 엄격해 손으로 따서 수확한 것, 화이트와인에만 인정되고 있다. 사용이 인정된 포도 품종은 예외를 제외하고 리즐링(Riesling), 게뷔르츠트라이너(Gewürztraminer), 피노 그리(Pinot Gris), 머스캣(Muscat) 4품종뿐이다. 단일 포도 품종으로 만든 경우는 일반적으로 포도 품종명을 표기한다.

【참고】 방당주 타르디브와 셀렉시옹 드 그랑 노블의 지정 품종별 과즙 1ℓ 당 최저 당분 함유량

지정 품종	Vendanges Tardives	Selection de Grains Nobles
게뷔르츠트라이너 (Gewürztraminer)	257g/ℓ	306g/ℓ
피노 그리(Pinot Gris)		
리즐링(Riesling)	235g/ℓ	276g/ℓ
머스캣(Muscat)		

복습 **CHECK TEST**   알자스 지방

01	알자스 지방의 강우량은 프랑스에서도 특히 적다.	O	연간 평균 500~600mm. 보주 산맥 덕분에 바다의 영향을 받지 않는다.
02	알자스 지방의 와인 산지는 보주 산맥의 영향을 받는 고산성 기후이다.	X	대륙성 기후
03	병내 2차 발효로 만든 AOC 크레망 달자스는 화이트만 인정되고 있다.	X	화이트와 로제 2가지 타입이 인정되고 있다.
04	AOC 알자스는 복수 품종을 만든 경우에 에델츠비커나 정띠 등으로 표기한다.	O	단일 품종으로 만든 경우는 품종명을 표기한다.
05	AOC 알자스 그랑 크뤼는 리즐링과 게뷔르츠트라미너의 화이트와인에만 인정되고 있다.	X	예외를 제외하고 그 외에 피노 그리와 머스캣이 인정받고 있다.

부르고뉴 지방

개략, 역사, 포도 품종, 주요 AOC

보르도 지방과 어깨를 나란히 하는 유명 스틸 와인 산지. 프랑스에서 가장 수출 비율이 높다. 화이트와인은 샤르도네, 레드와인은 피노 누아만으로 만드는 일이 많다.

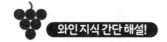

AOC 수 : 밭에 따른 와인의 개성 차이가 현저하고 83개의 AOC가 인정되고 있다.

클리마(Climat) : 명확하게 규정된 구획. 그 구획의 토양과 기후 등의 자연 조건에 의해 와인에 특유의 개성을 부여하는 장소, 밭
클로(Clos) : 돌담이나 벽으로 둘러싸인 구획, 밭

코트 도르(Cote d'or) : 지역 이름. '황금의 언덕'이라는 뜻. 부르고뉴 지방 북부의 코드 드 뉘 지구와 코트 드 본 지구의 총칭

그랑 크뤼(Grand Cru) : 로마네 콩티, 몽라셰 등의 특급 밭. 보졸레 지구를 제외한 부르고뉴 지방 전체 와인 생산량의 극히 일부인 1.5%. 샤블리 그랑 크뤼, 코르통 등의 클리마를 제외하고 밭명이 단독 AOC로 인정받고 있다.
프리미에 크뤼(Premier Cru) : 일반 밭. 그랑 크뤼와 달리 밭명은 단독 AOC로 인정되고 있지 않다. 밭이 위치하는 AOC명에 이어서 라벨에 표기할 수 있다.

와인 지식 간단 해설!

●가톨릭과 와인

부르고뉴의 와인은 베네딕트파의 클뤼니회와 시트회, 두 수도회에 의해서 발전했다. 클로 드 부조(1115년), 클로 드 타르(1140년) 등의 특별한 구획을 찾아내 클로를 구축했다.

●레지오날과 꼬뮈날 AOC

레지오날 AOC는 부르고뉴 등의 지방명, 부르고뉴 오트 코트 드 뉘 등의 지구명 AOC이고 꼬뮈날 AOC는 즈브레 샹베르땡 등의 마을명(꼬뮌) AOC를 가리킨다.

개요 · 역사

▌가톨릭 수도원에 의해 발전 ▌

프랑스 북동부에 위치한 부르고뉴 지방에는 보르도와 마찬가지로 2세기경에 포도나무가 들어왔고 4세기에는 스틸 와인 산지로 알려졌다. 중세에는 베네딕트파 수도원의 노력으로 와인의 품질이 향상됐다. 부르고뉴 공국(수도 디종)의 번영과 더불어 지명도가 높아졌다. 본가 프랑스 왕국보다 재력이 있던 부르고뉴 공국이었지만 1177년에 프랑스 왕국에 합병되며 화려한 막을 내렸다. 이 무렵부터 서서히 수도원의 힘도 쇠퇴하기 시작했고 프랑스 혁명에 의해 많은 밭은 일단 국유화된 후 부유층 등에 매각된다. 이후 상속과 매각이 반복될 때마다 밭은 세분화되었다. 현재 가장 면적이 작은 그랑 크뤼는 La Romanee로 불과 0.85ha에 불과하다.

▌화이트는 샤르도네, 레드는 피노 누아로 만든다 ▌

1939년 필립 호담공이 부르고뉴에서 가메 재배 금지령을 내린 것이 전기가 되어 부르고뉴 와인의 대다수는 현재도 화이트는 샤르도네, 레드는 피노 누아 단일 품종으로 만들고 있다. 가메는 코트 도르의 점토 석회질 토양에서는 범용의 와인밖에 만들지 못했지만 보졸레 지구의 화강암질 토양과는 친화성이 있어 지금도 재배되고 있다.

부르고뉴 지방의 와인은 밭에 따른 차이가 현저하며 83의 AOC가 인정되고 있다. 프랑스 와인 산지 중에서 수출 비율이 50%로 가장 높다.

주요 포도 품종

화이트와인 품종

샤르도네 (Chardonny)	화이트와인의 주요 품종. 발아, 성숙이 빠르고 환경 적응 능력이 높다. 뉴 월드에서도 널리 재배되고 있다.
알리고테 (Aligoté)	유명한 와인 칵테일 'Kir'가 탄생한 계기가 된 품종. 산도가 높다. AOC Bouzeron, AOC Cremant de Bourgogne 등에 사용
소비뇽 블랑 (Sauvignon Blanc)	루아르 상류 지역의 주요 품종. 부르고뉴 지방에서는 그랑 오세루아 (Grand Auxerrois) 지구 AOC Saint Bris에만 사용이 허가된다.

🍇 레드와인 품종

피노 누아 (Pinot Noir)	부르고뉴 지방을 대표하는 델리케이트한 레드와인 품종. 탄닌이 적고 산도가 높다.
가메이 (Gamay)	다산성의 레드와인 품종. 화강암질 토양과 상성이 좋으며 보졸레 지구의 주요 품종

주요 레지오날(지역) AOC

AOC	타입	레드·로제 품종	화이트 품종
부르고뉴(Bourgogne)	RrB	Pinot Noir	Chardonny
부르고뉴 빠스 뚜 그랭 (Bourgogne Passe -Tout-Grains)	Rr	Pinot Noir 30% 이상 Gamay 15% 이상	–
부르고뉴 가메이 (Bourgogne Gamay)	R	Gamay 85%	–
		*Cru du Beaujolais의 AOC 지역만	
꼬또 부르기뇽 (Coteaux Bourguignons)	RrB	Gamay, Pinot Noir	Aligoté, Chardonny, Pinot Blanc 등
		*2011년 A.C.Bourgogne Grand Ordinaire를 대신해 신설	
부르고뉴 알리고테 (Bourgogne Aligoté)	B	–	Aligoté 100%
크레망 드 부르고뉴 (Crémant de Bourgogne)	rB (스파클링)	Chardonnay, Pinot Blanc, Pinot Gris, Pinot Noir 30% 이상 Gamay 20% 이하	

*R : Rouge(레드와인), r : rose(로제와인), B : Blanc(화이트와인)

많은 생산자가 이들의 AOC 와인을 만들고 있다. 여러 가지로 맛을 비교하고 기호에 맞는 브랜드를 찾아보자!

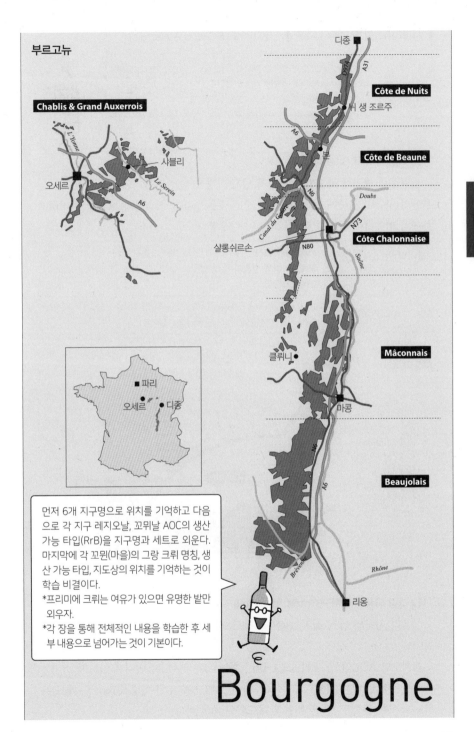

부르고뉴

Chablis & Grand Auxerrois

L'Yonne

샤블리

오세르

Le Serein

A6

디종

D974

A31

Côte de Nuits

뉘 생 조르주

A6

본

Côte de Beaune

N6

Doubs

N73

샬롱쉬르손

N80

Côte Chalonnaise

Saône

클뤼니

Mâconnais

마콩

N6

A6

Beaujolais

Brévenne

Rhône

리옹

파리

오세르   디종

먼저 6개 지구명으로 위치를 기억하고 다음으로 각 지구 레지오날, 꼬뮈날 AOC의 생산 가능 타입(RrB)을 지구명과 세트로 외운다. 마지막에 각 꼬뮌(마을)의 그랑 크뤼 명칭, 생산 가능 타입, 지도상의 위치를 기억하는 것이 학습 비결이다.
*프리미에 크뤼는 여유가 있으면 유명한 밭만 외우자.
*각 장을 통해 전체적인 내용을 학습한 후 세부 내용으로 넘어가는 것이 기본이다.

Bourgogne

▌샤블리&그랑 오세루아 지구 ▌ (Chablis&Grand Auxerrois)

욘의 오세르 근교 산지로 부르고뉴 지방에서 가장 북쪽에 위치한다. 냉량한 기후를 살린 청량한 신맛의 화이트와인 명산지이다.

○ 샤블리 지구(Chablis) 그랑 크뤼 : 1개

스란주의 양안에 포도밭이 펼쳐져 있고 그랑 크뤼는 샤블리의 마을을 바라보는 우안의 구릉에 집중해 있다. 굴과 조개 화석을 함유한 석회암과 이탄암 킴머리지 층에서 미네랄이 풍부한 화이트와인이 탄생한다.

그랑 크뤼	7클리마가 있지만 AOC는 샤블리 그랑 크뤼(Chablis Grand Cru, 화이트)뿐. 최대 클리마는 레 클로(Les Clos), 최소 클리마는 그르누이(Grenouilles)
기타 AOC	프티 샤블리(Petit Chablis, 화이트), 샤블리(Chablis, 화이트), 샤블리 프리미에 크뤼(Chablis Premier Cru, 화이트)

샤블리

1 Bougros
2 Les Preuses
3 Vaudésir
4 Grenouilles
5 Valmur
6 Les Clos
7 Blanchot

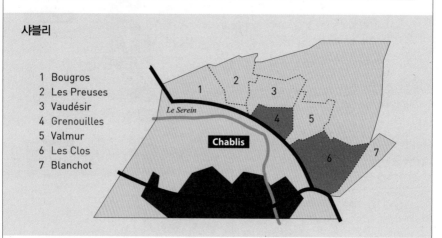

○ 그랑 오세루아 지구(Grand Auxerrois) 그랑 크뤼 : 없음

샤블리 지구의 남서 산지. AOC는 생 브리(Saint-Bris)와 이랑시(Irancy) 2개뿐이다.

레지오날 AOC인 생 브리(Saint-Bris, 화이트)는 부르고뉴에서 유일하게 소비뇽 블랑을 주체로 하는 화이트와인이다. 한편 꼬뮈날 AOC인 이랑시(Irancy, 레드)는 피노 누아를 주체로 한 욘 유일의 레드와인 AOC이다.

▍ 코트 드 뉘 지구 ▍   (Côte de Nuits)

레드와인이 90%를 차지하며 유명한 그랑 크뤼가 집중해 있는 주요 와인 산지. 코트 드 뉘 지구의 레지오날 A.O.C는 부르고뉴 오트 코트 드 뉘(Bourgogne Hautes-Côtes de Nuits, 레드, 로제, 화이트)와 2017년부터 인정받은 부르고뉴 코트 도르(Bourgogne Côtes d'Or, 레드, 화이트) 2개이다.

코트 드 뉘

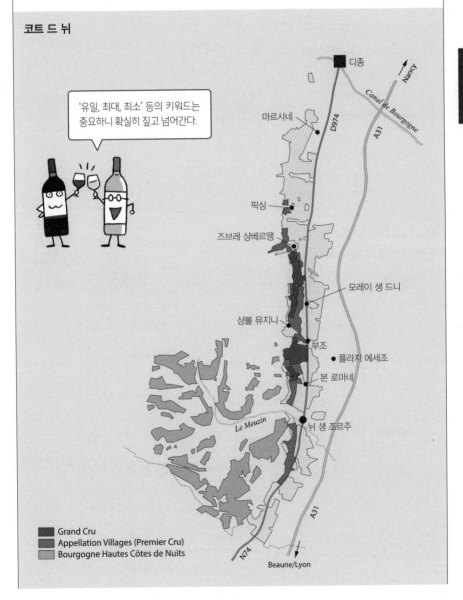

'유일, 최대, 최소' 등의 키워드는 중요하니 확실히 짚고 넘어간다.

디종

마르사네

픽싱

즈브레 샹베르땡

모레이 생 드니

샹볼 뮤지니

부조

플라지 에세조

본 로마네

뉘 생 죠르주

Le Meuzin

Canal de Bourgogne

Nancy

Beaune/Lyon

■ Grand Cru
■ Appellation Villages (Premier Cru)
■ Bourgogne Hautes Côtes de Nuits

81

코트 드 뉘 지구   꼬뮈날 아펠라시옹(AOC)

AOC	타입	레드 품종	화이트 품종
마르사네(Marsannay)	RrB	피노 누아(Pinot Noir)	샤르도네(Chardonnay)
픽싱(Fixin)	RB	피노 누아(Pinot Noir)	샤르도네(Chardonnay)
즈브레 샹베르땡 (Gevrey-Chambertin)	R	피노 누아(Pinot Noir)	–
모레이 생 드니 (Morey-Saint-Denis)	RB	피노 누아(Pinot Noir)	샤르도네(Chardonnay)
샹볼 뮤지니(Chambolle-Musigny)	R	피노 누아(Pinot Noir)	–
부조(Vougeot)	RB	피노 누아(Pinot Noir)	샤르도네(Chardonnay)
본 로마네(Vosne-Romanée)	R	피노 누아(Pinot Noir)	–
뉘 생 조르주 (Nuits-Saint-Georges(Nuits))	RB	피노 누아(Pinot Noir)	샤르도네(Chardonnay)
코트 드 뉘 빌라쥐 (Côte de Nuits-Villages)	RB	피노 누아(Pinot Noir)	샤르도네(Chardonnay)

코드 드 뉘 지구의 그랑 크뤼

마을명	그랑 크뤼	타입	레드 품종	화이트 품종
즈브레 샹베르땡 (Gevrey- Chambertin)	샹베르땡(Chambertin)	R	피노 누아(Pinot Noir)	–
	클로 드 부조(Clos-de Bèze)	R	피노 누아(Pinot Noir)	–
	샤름 샹베르땡 (Charmes-Chambertin)	R	피노 누아(Pinot Noir)	–
	마조이예르 샹베르땡 (Mazoyères-Chambertin)	R	피노 누아(Pinot Noir)	–
	샤펠 샹베르땡 (Chapelle-Chambertin)	R	피노 누아(Pinot Noir)	–
	그리오트 샹베르땡 (Griotte-Chambertin)	R	피노 누아(Pinot Noir)	–
	라트리시에르 샹베르땡 (Latricières Chambertin)	R	피노 누아(Pinot Noir)	–
	마지 샹베르땡(Mazis-Chambertin)	R	피노 누아(Pinot Noir)	–
	루초토 샹베르땡 (Ruchottes-Chambertin)	R	피노 누아(Pinot Noir)	–

마을명	그랑 크뤼	타입	레드 품종	화이트 품종
모레이 생 드니 (Morey −Saint −Denis)	본 마르(Bonnes−Mares)	R	피노 누아(Pinot Noir)	−
	클로 데 랑브레 (Clos des Lambrays)	R	피노 누아 (Pinot Noir)	−
	클로 생 드니 (Clos Saint−Denis)	R	피노 누아 (Pinot Noir)	−
	클로 드 라 로슈 (Clos de la Roche)	R	피노 누아 (Pinot Noir)	−
	클로 드 타르(Clos de Tart)	R	피노 누아(Pinot Noir)	−
샹볼 뮤지니 (Chambolle− Musigny)	뮤지니(Musigny)	RB	피노 누아(Pinot Noir)	샤르도네(Chardonnay)
	본 마레스트 (Bonnes−Marest)	R	피노 누아 (Pinot Noir)	−
부조 (Vougeot)	클로 드 부조(Clos de Vougeot) (클로 부조 Clos Vougeot)	R	피노 누아 (Pinot Noir)	−
플라지 에세조 (Flagey− Echézeaux)	그랑 에세조 (Grands Echézeaux)	R	피노 누아 (Pinot Noir)	−
	에세조(Echézeaux)	R	피노 누아(Pinot Noir)	−
본 로마네 (Vosne− Romanée)	로마네 콩티 (Romanée−Conti)	R	피노 누아 (Pinot Noir)	−
	라 로마네(La Romanée)	R	피노 누아(Pinot Noir)	−
	로마네 생 비방 (Romanée−Saint−Vivant)	R	피노 누아 (Pinot Noir)	−
	라 타슈(La Tâche)	R	피노 누아(Pinot Noir)	−
	리슈부르(Richebourg)	R	피노 누아(Pinot Noir)	−
	라 그랑 뤼(La Grande Rue)	R	피노 누아(Pinot Noir)	−

*본 마르(Bonnes−Mares)는 두 마을에 걸쳐 있다.

부르고뉴 지방의 그랑 크뤼는 필수 지식!
타입과 지도상의 위치도 함께 외워두자. 꼬뮈날 AOC는 단발로 외우는 것은 힘들므로 코트 드 뉘라면 아래와 같이 묶어서 외우는 것이 비결이다.

레드·로제·화이트 : 마르사네뿐
레드만 : 즈브레 샹베르땡, 샹볼 뮤지니, 본 로마네 3곳뿐
나머지 마을은 레드·화이트가 인정받고 있다.

프랑스

❍ 즈브레 샹베르땡(Gevrey-Chambertin) 그랑 크뤼 : 9개

코트 드 뉘 지구 최대 산지로 이 지구에서 가장 많은 9개의 그랑 크뤼를 갖고 있는 대표적인 마을이다. 꼬뮈날, 프리미에 크뤼, 그랑 크뤼 또는 AOC로 레드와인만 인정되고 있다.

그랑 크뤼 (모두 레드)	샹베르땡(Chambertin), 클로 드 베제(Clos-de-Bèze), 마지 샹베르탱(Mazis-Chambertin), 샤름 샹베르땡(Charmes-Chambertin), 마조이예르 샹베르땡(Mazoyères-Chambertin), 샤펠 샹베르땡(Chapelle-Chambertin), 그리오트 샹베르땡(Griotte-Chambertin), 라트리시에르 샹베르땡(Latricières-Chambertin), 루초토 샹베르땡(Ruchottes-Chambertin)
프리미에 크뤼	즈브레 샹베르땡 프리미에 크뤼(Gevrey-Chambertin Premier Cru, 레드) *가장 유명한 클리마는 클로 생 자크(Clos Saint-Jacques)

즈브레 샹베르땡

[그랑 크뤼]
1 Ruchottes-Chambertin
2 Mazis-Chambertin
3 Chambertin Clos-de-Bèze
4 Chapelle-Chambertin
5 Griotte-Chambertin
6 Chambertin
7 Charmes-Chambertin
8 Latricières-Chambertin
9 Charmes-Chambertin 또는
　Mazoyères-Chambertin

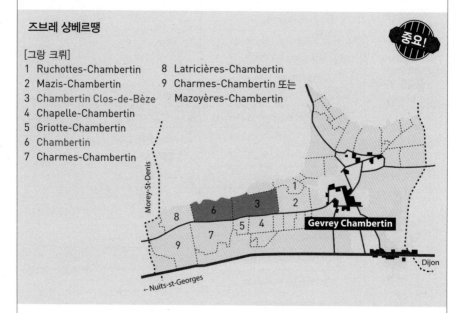

❍ 모레이 생 드니(Morey-Saint-Denis) 그랑 크뤼 : 5개

본 마르 밭은 이웃한 샹볼 뮈니지와의 경계선에 걸쳐 있다. 또한 클로 드 타르는 유명한 모노폴(단독 소유 밭)이다.

그랑 크뤼 (모두 레드)	클로 드 라 로슈(Clos de la Roche), 클로 생 드니(Clos Saint-Denis), 클로 데 랑브레(Clos des Lambrays), 클로 드 타르(Clos de Tart), 본 마르(Bonne-Mares)
프리미에 크뤼	모레이 생 드니 프리미에 크뤼(Morey-St-Denis Premier Cru, 레드 · 화이트) *대표적인 클리마는 Les Ruchots, Les Sorbès, Clos des Orms

모레이 생 드니와 샹볼 뮤지니

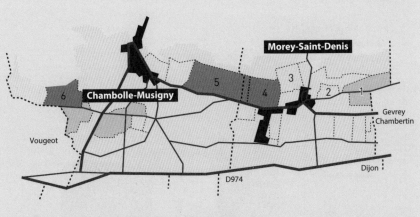

[그랑 크뤼]

1 Clos de la Roche	4 Clos de Tart
2 Clos Saint-Denis	5 Bonnes-Mares
3 Clos des Lambrays	6 Musigny

○ 샹볼 뮤지니(Chambolle-Musigny) 그랑 크뤼 : 2개

그랑 크뤼는 2개. 본 마르의 대부분은 샹볼 뮤지니에 속해 있다. 뮤지니는 코트
드 뉘 지구의 그랑 크뤼에서 유일하게 화이트와인이 인정받고 있다.

그랑 크뤼	뮤지니(Musigny, 레드·화이트), 본 마르(Bonne-Mares, 레드)
프리미에 크뤼	샹볼 뮤지니 프리미에 크뤼(Chambolle-Musigny Premier Cru, 레드) *평가가 높은 클리마는 Les Amoureuses

○ 부조(Vougeot) 그랑 크뤼 : 1개

클로 드 부조는 일찍이 시트회 수도원이 밭을 정비하였고, 현재 코트 드 뉘 지구
에서 최대 면적을 가진 그랑 크뤼로 유명하다.

그랑 크뤼	클로 드 보주(Clos de Vougeot, 레드)
프리미에 크뤼	보주 프리미에 크뤼(Vougeot Premier Cru, 레드·화이트)

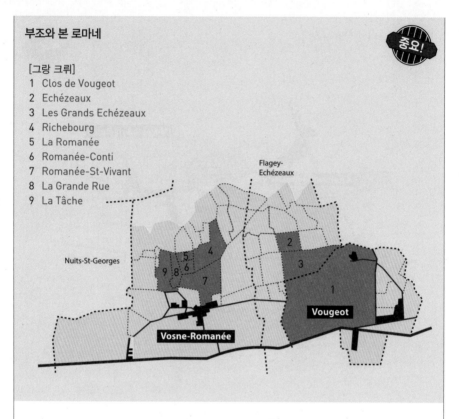

부조와 본 로마네

중요!

[그랑 크뤼]
1 Clos de Vougeot
2 Echézeaux
3 Les Grands Echézeaux
4 Richebourg
5 La Romanée
6 Romanée-Conti
7 Romanée-St-Vivant
8 La Grande Rue
9 La Tâche

Flagey-Echézeaux

Nuits-St-Georges

Vougeot

Vosne-Romanée

○ 본 로마네(Vosne-Romanée) 그랑 크뤼 : 8개

AOC 본 로마네는 본 로마네와 옆의 플라지 에세조를 포함한다. 도멘 드 라 로마네 콩티의 모노폴 '로마네 콩티', '라 타슈'를 비롯해 라 그랑 뤼와 에세조 등의 유명한 그랑 크뤼가 위치하는 코트 드 뉘의 레드와인을 대표하는 마을 중 하나다. 또한 도멘 드 샤토 드 본 로마네의 모노폴 '라 로마네'는 불과 0.75ha의 면적으로 코트 도르 최소 면적의 그랑 크뤼 클리마이다.

그랑 크뤼 (모두 레드)	로마네 콩티(Romanee-Conti), 라 로마네(La Romanee), 로마네 생 비방(Romanee-Saint-Vivant), 라 타슈(La Tache), 리슈부르(Richebourg), 라 그랑 뤼(La Grand Rue), 그랑 에세조(Grand-Echezeaux), 에세조(Echezeaux) *그랑 에세조와 에세조는 플라지 에세조 마을에 위치한다.
프리미에 크뤼	본 로마네 프리미에 크뤼(Vosne-Romanee Premier Cru, 레드) *Aux Malconsorts는 그랑 크뤼에 가까운 품질로 평가받는다.

○ 뉘 생 조르주(Nuits-Saint-Georges) 그랑 크뤼 : 없음

AOC 뉘 생 조르주는 뉘 생 조르주와 남쪽의 프레모 프리시를 포함한다. 그랑 크뤼는 없지만 레 생 조르주와 레 보크랭 등의 우수한 프리미에 크뤼의 클리마가 유명하다.

프리미에 크뤼	뉘 생 조르주 프리미에 크뤼(Nuits-Saint-Georges Premier Cru, 레드·화이트)

▌코트 드 본 지구 ▌ (Côte de Beaune)

화이트와인 생산량이 약 40%. 세계적으로 유명한 화이트의 그랑 크뤼가 집중해 있다. 레지오날 AOC는 부르고뉴 오트 코트 드 본(Bourgogne Hautes-Côtes de Beaune, 레드·로제·화이트)로 2017년부터 인정받은 부르고뉴 코트 도르(Bourgogne Côtes d'Or, 레드·화이트) 2개이다.

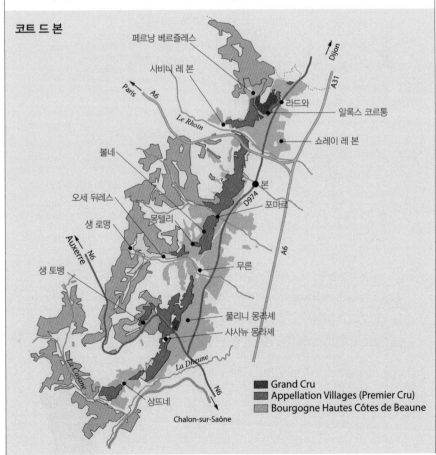

코트 드 본

- Grand Cru
- Appellation Villages (Premier Cru)
- Bourgogne Hautes Côtes de Beaune

프랑스

87

코트 드 본 지구　꼬뮈날 아펠라시옹

AOC	타입	레드 품종	화이트 품종
라드와(Ladoix)	RB	피노 누아(Pinot Noir)	샤르도네(Chardonnay)
알록스 코르통(Aloxe−Corton)	RB	피노 누아(Pinot Noir)	샤르도네(Chardonnay)
페르낭 베르즐레스 (Pernand−Vergelesses)	RB	피노 누아(Pinot Noir)	샤르도네(Chardonnay)
사비니 레 본(사비니) (Savigny−les−Beaune(Savigny))	RB	피노 누아(Pinot Noir)	샤르도네(Chardonnay)
쇼레이 레 본 (Chorey−les−Beaune(Chorey))	RB	피노 누아(Pinot Noir)	샤르도네(Chardonnay)
본(Beaune)	RB	피노 누아(Pinot Noir)	샤르도네(Chardonnay)
포마르(Pommard)	R	피노 누아(Pinot Noir)	−
볼네(Volnay)	R	피노 누아(Pinot Noir)	−
몽텔리(Montélie)	RB	피노 누아(Pinot Noir)	샤르도네(Chardonnay)
오세 뒤레스(Auxey−Duresses)	RB	피노 누아(Pinot Noir)	샤르도네(Chardonnay)
생 로맹(Saint−Romain)	RB	피노 누아(Pinot Noir)	샤르도네(Chardonnay)
뫼르소(Meursault)	RB	피노 누아(Pinot Noir)	샤르도네(Chardonnay)
블라니(Blagny)	R	피노 누아(Pinot Noir)	−
풀리니 몽라셰 (Puligny−Montrachet)	RB	피노 누아(Pinot Noir)	샤르도네(Chardonnay)
샤사뉴 몽라셰 (Chassagne−Montrachet)	RB	피노 누아(Pinot Noir)	샤르도네(Chardonnay)
생 토뱅(Saint−Aubin)	RB	피노 누아(Pinot Noir)	샤르도네(Chardonnay)
상뜨네(Santenay)	RB	피노 누아(Pinot Noir)	샤르도네(Chardonnay)
마랑주 (Maranges)	RB	피노 누아(Pinot Noir)	샤르도네(Chardonnay) 100%
코트 드 본(Côte de Beaune)	RB	피노 누아(Pinot Noir)	샤르도네(Chardonnay)
코트 드 본 빌라쥐 (Côte de Beaune−Villages)	R	피노 누아(Pinot Noir)	−

포마르, 볼네, 블라니, 코트 드 본 빌라쥐 4개는 레드만.
다른 것은 모두 레드/화이트라고 기억하자.

코트 드 본 지구의 그랑 크뤼

마을명	그랑 크뤼	타입	레드 품종	화이트 품종
라드와 세리니에 (Ladoix-Serrigny)	코르통(Corton)	RB	피노 누아(Pinot Noir)	샤르도네(Chardonnay)
	코르통 샤를마뉴(Corton-Charlemagne)	B	–	샤르도네(Chardonnay)
알록스 코르통 (Aloxe-Corton)	코르통(Corton)	RB	피노 누아(Pinot Noir)	샤르도네(Chardonnay)
	코르통 샤를마뉴(Corton-Charlemagne)	B	–	샤르도네(Chardonnay)
	샤를마뉴(Charlemagne)	B	–	샤르도네(Chardonnay)
페르낭 베르즐레스 (Pernand-Vergelesses)	코르통(Corton)	R만	피노 누아(Pinot Noir)	–
	코르통 샤를마뉴(Corton-Charlemagne)	B	–	샤르도네(Chardonnay)
	샤를마뉴(Charlemagne)	B	–	샤르도네(Chardonnay)
풀리니 몽라셰 (Puligny-Montrachet)	몽라셰(Montrachet)	B	–	샤르도네(Chardonnay)
	슈발리에 몽라셰 (Chevalier-Montrachet)	B	–	샤르도네(Chardonnay)
	바타르 몽라셰 (Bâtard-Montrachet)	B	–	샤르도네(Chardonnay)
	비앙브뉘 바타르 몽라셰 (Bienvenues-Bâtard-Montrachet)	B	–	샤르도네(Chardonnay)
샤사뉴 몽라셰 (Chassagne-Montrachet)	몽라셰(Montrachet)	B	–	샤르도네(Chardonnay)
	바타르 몽라셰 (Bâtard-Montrachet)	B	–	샤르도네(Chardonnay)
	크리오 바타르 몽라셰 (Criots-Bâtard-Montrachet)	B	–	샤르도네(Chardonnay)

*샤를마뉴(Charlemagne)는 코르통 샤를마뉴(Corton-Charlemagne)의 생산 구역에 포함된다.

〇 라드와 세리니에(Ladoix-Serrigny) 그랑 크뤼 : 2개
〇 알록스 코르통(Aloxe-Corton) 그랑 크뤼 : 3개
〇 페르낭 베르즐레스(Pernand-Vergelesses) 그랑 크뤼 : 3개

코트 드 뉘와 코트 드 본 사이에 있는 코르통의 언덕을 둘러싼 3개 마을에 걸쳐 코르통과 코르통 샤를마뉴 2개의 그랑 크뤼가 펼쳐지며 총면적은 코트 도르 그랑 크뤼에서는 최대이다.

코르통은 라드와 세리니 마을과 알록스 코르통 마을에서는 레드와 화이트가 인정받고 있지만 페르낭 베르즐레스 마을에서는 레드만 인정받고 있다.

한편 코르통 샤를마뉴는 모든 마을에서 화이트만 인정받고 있다.

프랑스

코르통의 언덕

[그랑 크뤼]
1 Corton
2 Corton(레드)
  Corton-Charlemagne(화이트)

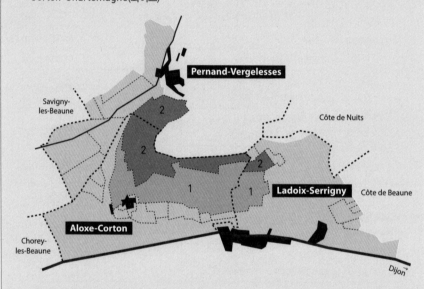

○ 본(Beaune) 그랑 크뤼 : 없음

본 마을 뒤 구릉에 밭이 펼쳐지고 그랑 크뤼는 없지만 프리미에 크뤼가 전체의
약 75%를 차지한다. 코트 도르 중에서 최대 규모의 산지이다.

프리미에 크뤼	본 프리미에 크뤼(Beaune Premier Cru, 레드·화이트) *프리미에 크뤼 최남단의 클리마 클로 드 무슈(Clôs de Mouches)는 가장 유명하다.

○ 포마르(Pommard) 그랑 크뤼 : 없음

포마르 마을의 남북으로 밭이 펼쳐진다. 프리미에 크뤼의 클리마는 북쪽 본 측
의 레 그랑 제프노, 남쪽의 볼네 측에서는 레 루지엥 바가 유명하다.

프리미에 크뤼	포마르 프리미에 크뤼(Pommard Premier Cru, 레드)

○ 볼네(Volnay) 그랑 크뤼 : 없음

부르고뉴 지방 중에서도 섬세한 와인이 많은 산지. 볼네 프리미에 크뤼는 레드
와인만 인정받고 있다. 프리미에 크뤼의 클리마 상트노는 옆 뫼르소 마을에 위치
하며 레드와인의 경우는 볼네 상트노, 화이트와인의 경우는 뫼르소를 들 수 있다.

프리미에 크뤼	볼네 프리미에 크뤼(Volnay Premier Cru, 레드)

○ 뫼르소(Meursault) 그랑 크뤼 : 없음

그랑 크뤼는 없지만 우수한 화이트와인을 생산하는 산지로 유명하다. 뫼르소 프
리미에 크루는 레드와 화이트가 인정받고 있지만 대부분이 화이트와인이다. 페리
에르, 쥬느브리에르, 샤름, 레 구트 도르 등의 유명한 클리마가 이어진다.

프리미에 크뤼	뫼르소 프리미에 크뤼(Meursault Premier Cru, 레드·화이트)

프랑스

O 풀리니 몽라셰(Puligny-Montrachet) 그랑 크뤼 : 4개

O 샤사뉴 몽라셰(Chassabne-Montrachet) 그랑 크뤼 : 3개

코트 도르 최남단에 위치하며 유명한 백색 그랑 크뤼가 집중해 있다. 몽라셰와 바타르 몽라셰 2개의 클리마는 양 마을에 걸쳐 있다.

풀리니 몽라셰와 샤사뉴 몽라셰의 그랑 크뤼

그랑 크뤼	풀리니	샤사뉴
슈발리에 몽라셰(Chevalier-Montrachet, 화이트)	O	X
비앙브뉘 바타르 몽라셰(Bienvenues-Bâtard-Montrachet, 화이트)	O	X
크리오 바타르 몽라셰(Criots-Bâtard-Montrachet, 화이트)	X	O
몽라셰(Montrachet, 화이트)	O *양 마을에 걸쳐 있다.	
바타르 몽라셰(Bâtard-Montrachet, 화이트)	O *양 마을에 걸쳐 있다.	

풀리니 몽라셰와 샤사뉴 몽라셰의 프리미에 크뤼

풀리니 몽라셰 프리미에 크뤼 (Puligny-Montrachet Premier Cru, 레드·화이트)	La Folatières가 최대이고 평가가 높다.
샤사뉴 몽라셰 프리미에 크뤼 (Chassagne-Montrachet Premier Cru, 레드·화이트)	Morgeot가 최대이고 비교적 레드와인도 많다.

풀리니 몽라셰와 샤사뉴 몽라셰

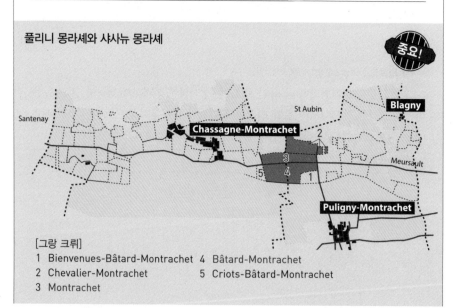

[그랑 크뤼]
1 Bienvenues-Bâtard-Montrachet 4 Bâtard-Montrachet
2 Chevalier-Montrachet   5 Criots-Bâtard-Montrachet
3 Montrachet

┃ 코트 샬로네즈 지구 ┃ (Côte Chalonnaise) 그랑 크뤼 : 없음

코트 도르 남쪽에 위치, 남북으로 약 40km로 좁고 길게 퍼진 산지. 다소 가볍고 균형 잡힌 맛의 와인을 생산한다. 부즈롱(화이트)은 부르고뉴의 꼬뮈날 AOC에서 유일하게 알리고테종으로 인정받은 것. 한편 몽타니(화이트)는 샤르도네 100%로 만든다. 코트 샬로네즈 최대의 AOC인 메르퀴레(레드·화이트)는 피노 누아의 레드가 대부분을 차지한다.

┃ 마코네 지구 ┃ (Mâconnais) 그랑 크뤼 : 없음

코트 샬로네즈 남쪽의 넓은 구릉지대에 위치한 산지. 부르고뉴 지방 중에서는 비교적 온난한 기후여서 샤르도네종에 적합하며 화이트와인 생산량이 약 85%를 차지한다. 꼬뮈날 AOC 중 마콩과 마콩+꼬뮌만 레드, 로제, 화이트가 인정받고 있으며 기타 AOC는 화이트와인뿐이다. 푸이 퓌세(화이트)는 부르고뉴의 꼬뮈날 AOC에서 최대이다.

┃ 보졸레 지구 ┃ (Beaujolais) 그랑 크뤼 : 없음

마콩에서 남쪽으로 약 55km에 펼쳐진 산지로 가메종으로 만든 레드와인이 유명하다. 특히 북부의 구릉지대는 가메종의 재배에 적합한 화강암질 토양이며 크뤼 뒤 보졸레라 불리는 10개의 AOC(모두 레드)가 집중해 있고 우수한 와인을 생산하고 있다.

그 주위의 AOC 보졸레 빌라쥐(레드·로제·화이트)는 이 지구 북부의 38개의 꼬뮌이 이름을 올리는 것을 인정받고 있다. AOC 보졸레(레드·로제·화이트)보다 풍미가 강한 와인을 만들지만 생산량의 약 3분의 1은 누보(nouveau, 신주)이다. AOC 보졸레보다 최저 알코올 도수의 규정이 높은 AOC 보졸레 슈페리어는 레드만 인정받고 있다.

크뤼 뒤 보졸레

물랭아방(Moulin−à Vent)	*숙성 능력이 높다.	Saint−Amour
모르공(Morgon)	*숙성 능력이 높다.	Juliénas
브루이(Brouilly)	*크뤼 뒤 보졸레 중에서 최대 면적의 AOC	Fleurie
셰나(Chénas)	*크뤼 뒤 보졸레 중에서 최소 면적의 AOC	Chiroubles
레디에(Régnié)	*크뤼 뒤 보졸레 중에서 가장 새로운 AOC	Côte de Brouilly

※모두 레드와인

프랑스

93

보졸레 지구

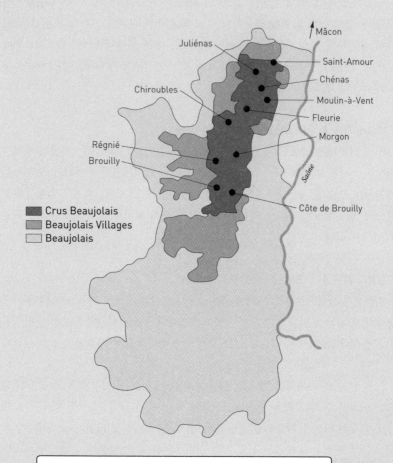

Mâcon

Juliénas

Saint-Amour

Chénas

Chiroubles

Moulin-à-Vent

Fleurie

Morgon

Régnié

Brouilly

Saône

Côte de Brouilly

- Crus Beaujolais
- Beaujolais Villages
- Beaujolais

보졸레 누보에 대해

프랑스에서는 신주를 뱅 누보(Vin Nouveau) 또는 뱅 드 프리뫼르(Vin de Primeur)라고 부른다. 보졸레 누보(또는 보졸레 프리뫼르)란 보졸레 지구에서 만든 신주를 가리킨다. 보졸레 누보는 보졸레 와인 생산량의 약 3분의 1을 차지하며 일본의 최대 수출지이다.

신주는 매년 프랑스 각지에서 만들지만 판매가 허가되는 것은 모두 그해 11월 제3목요일부터다.

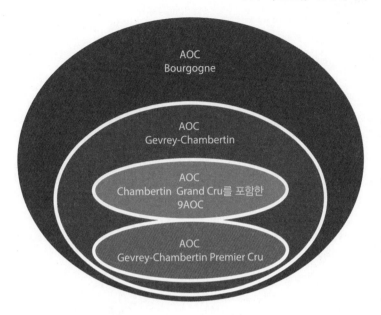

부르고뉴 AOC의 구조를 즈브레 샹베르땡을 예로 들어 설명한다.

부르고뉴라는 지방 전체를 커버하는 지역(레지오날)의 AOC 안에 즈브레 샹베르땡 등의 꼬뮈날(마을) AOC가 점재한다. 그리고 AOC 즈브레 샹베르땡 중 9개 그랑 크뤼의 AOC와 AOC 즈브레 샹베르땡 프리미에 크뤼가 포함된다. 한편 그랑 크뤼와 프리미에 크뤼의 생산 가능 지역은 겹치지 않는다.

그랑 크뤼는 각각 독립된 AOC이므로 가령 복수의 그랑 크뤼에서 채취한 피노 누아에서 레드와인을 만든 경우는 AOC 즈브레 샹베르땡으로 격하된다(샤블리 등 예외도 있다).

한편 즈브레 샹베르땡 프리미에 크뤼의 경우는 복수의 프리미에 크뤼의 피노 누아로 레드와인을 만들어도 AOC 즈브레 샹베르땡 프리미에 크뤼라는 이름을 붙일 수 있다. 다만 이 경우는 밭명을 표기하지 않는다.

01	부르고뉴의 AOC 수는 83개이다.	O	AOC 수는 프랑스에서 가장 많다.
02	클로란 벽으로 둘러싸인 밭을 말한다.	O	수도원이 클로 드 부조와 클로 드 타르 등을 지었다.
03	부르고뉴 지방의 주요 화이트와인 품종은 알리고테, 주요 레드와인 품종은 가메이다.	X	화이트는 샤르도네, 레드는 피노 누아가 주요 품종
04	샤블리 그랑 크뤼에서 최대 면적인 클리마는 그르누이이다.	X	레 클로가 최대. 그르누이는 최소
05	그랑 오세루아 지구의 AOC 이랑시는 피노 누아로 만든 레드와인만 인정되고 있다.	O	이 지구의 생 브리는 소비뇽 블랑으로 만든 화이트와인
06	AOC 즈브레 샹베르땡. 샹볼 뮤지니, 본 로마네는 레드와인만 인정받고 있다.	O	뮤지니 그랑 크뤼는 레드와 화이트가 인정받고 있다.
07	모레이 생 드니는 9개의 그랑 크뤼를 가진 코트 드 뉘 최대의 와인 산지이다.	X	모레이 생 드니가 아니라 즈브레 샹베르땡
08	본 마르는 모레이 생 드니와 샹볼 뮤지니 양쪽으로 펼쳐져 있다.	O	대부분은 샹볼 뮤지니에 속해 있다.
09	코르통 그랑 크뤼는 페르낭 베르즐레스에서는 화이트와인만 인정받고 있다.	X	레드와인만 인정
10	몽라셰 그랑 크뤼는 풀리니 몽라셰와 샤사뉴 몽라셰 양쪽에 펼쳐져 있다.	O	바타르 몽라셰도 마찬가지

11	AOC 부즈롱은 크뤼 뒤 보졸레의 하나이다.	X	코트 샬로네즈 지구의 알리고테종 화이트와인
12	마코네 지구와 코트 샬로네즈 지구는 코트 도르라 불린다.	X	코트 드 뉘와 코트 드 본
13	AOC 메르퀴레는 코트 샬로네즈 최대의 면적이다.	O	레드와인의 생산량이 많다.
14	마코네 지구의 AOC 푸이 퓌세는 부르고뉴의 꼬뮈날 AOC에서 최대이다.	O	코트 도르 최대의 그랑 크뤼는 클로 드 부조
15	보졸레 지구 북부는 화강암질 토양의 구릉지대로 가메의 재배에 특히 적합하다.	O	남부보다 북부가 포도 재배에 좋은 조건을 갖추고 있다.

프랑스

부르고뉴 지방은 꼬뮈날 AOC의 생산 가능 타입과 그랑 크뤼를 연계해 학습하자. 그랑 크뤼는 꼬뮌별 수와 지도상의 위치도 파악해 두자. 부르고뉴 레드와인의 경우 와인 관련 일을 하는 사람이라면 유명한 와인 생산자, 우수한 제조자를 기억해 두는 것이 좋다.

쥐라·사부아 지방

개략, 포도 품종, 주요 AOC와 특수 와인

뱅 존과 뱅 드 파이유 같은 개성적인 와인을 만드는 쥐라 지방, 스위스, 이탈리아에 걸쳐 있는 사부아 지방 모두 화이트와인이 중심이다.

 키워드

쥐라 지방의 와인 생산 비율 : 화이트와인이 72%로 많고 레드·로제와인은 28%

쥐라 지방의 포도 품종
사바냥(Savagnin(Naturé)) : 뱅 존의 원료 포도
샤르도네(Chardonnay(Melon d'Arbois)) : 10세기부터 재배. 쥐라 재배 면적의 약 50%
풀사르(Poulsard) : 쥐라 레드와인의 80%

아르부아(Arbois) : 쥐라 지방 최대의 AOC. 쥐라 레드와인의 약 70%를 생산한다. 세균학의 아버지 '루이 파스퇴르'의 출생지로도 유명하다.

샤토 샬롱(Château-Chalon) : 뱅 존(노란색 와인)만 인정받는 쥐라의 특수한 AOC.

 와인 지식 간단 해설!

●쥐라 지방의 뱅 존(Vin Jaune) *매운맛

호두와 누아제트(개암열매), 볶은 아몬드 등 향기로운 풍미의 신맛이 나는 옐로와인. 숙성한 사바냥에서 화이트와인을 만들고 수확 다음해부터 6년째 12월까지(산막 효모하에서 60개월 이상) 숙성. 이 기간에는 우야즈(Ouillage, 줄어든 와인의 보충, 보주) 및 쑤띠라즈(Soutirage, 옮겨 넣기)는 금지된다. 또 이 기간에 Fleure du Vin(생막 효모에 의한 피막)하에서 산화 숙성이 진행하여 와인은 서서히 노란색을 띤다. 완성된 와인은 끌라블랭(Clavelin)이라고 불리는 키가 낮은 62cℓ(620㎖) 병에 채운다.

●쥐라 지방의 뱅 드 파이유(Vin de Paille) *단맛

수확 후의 포도를 발이나 짚 위에서 최저 6주간 건조(Passerillage)시켜 당도를 높이고 나서 만든다. 발효 후의 와인을 나무통에 채우고 약 2~5년간 숙성시킨다. 압착 후 3년간은 판매할 수 없다. 파즈(Pots, 375㎖)에 재운다.

▌쥐라 지방 ▌

쥐라 지방은 부르고뉴의 동쪽, 스위스의 서쪽에 펼쳐진 와인 산지로 뱅 존과 뱅 드 파이유 같은 개성적인 와인을 만들고 있다. 콩테와 몽도르 등의 치즈도 유명하다.

쥐라 지방의 주요 AOC와 생산 가능 타입

AOC	Rouge	Rosé	Blanc	Jaune	Paille
샤토 샬롱(Château-Chalon)				O	
레투알(L'Étoile)			O	O	O
코트 뒤 쥐라(Côtes du Jura)	O	O	O	O	O
아르부아(Arbois)	O	O	O	O	O
아르부아 뿌삐앵(Arbois Pupillin)	O	O	O	O	O

※이외에 샹파뉴 지방에서 만든 크레망 뒤 쥐라(Crémant du Jura, 발포 로제와 화이트), 막뱅 뒤 쥐라(Macvin du Jura, VDL=리큐르 와인의 레드·로제·화이트) 등의 AOC가 있다.

▌사부아 지방 ▌

사부아 지방은 일찍이 스위스, 이탈리아에 걸친 사부아 공원의 일부였다. 샤슬리, 알테스(별명 루세트 : 포도 과실이 숙성했을 때 적갈색이 되는 것에서 유래)와 사부아 지방에서 널리 재배되고 있는 자케르 등으로 만드는 화이트와인의 생산량이 약 70%를 차지하고 있다.

복습 CHECK TEST 　　　　　　　　　　　　　**쥐라·사부아 지방**

01	쥐라 지방 최대의 AOC는 아르부아로 파스퇴르의 출신지로도 알려져 있다.	**O**	쥐라 지방 레드와인의 약 70%를 차지한다.
02	쥐라 지방의 AOC 샤토 샬롱에서는 뱅 존만 인정받고 있다.	**O**	뱅 존만은 쥐라 지방에서 샤토 샬롱뿐
03	쥐라 지방의 뱅 존은 샤르도네로 만든 화이트와인을 우야즈(Ouillage*)하지 않고 통숙성해서 만드는 옐로와인이다.	**X**	뱅 존의 원료 포도는 사바냥

*우야즈Ouillage : 술이 줄어든 술통에 같은 질의 술을 보충하는 것을 말하며 숙성 시기에 하는 작업

프랑스

코트 뒤 론 지방

개략, 역사·기후, 포도 품종, 주요 AOC

로마 시대에 교통의 요충지로 번영한 비엔나부터 14세기에 로마 법왕청이 있던 아비뇽 주변에 펼쳐진 산지. 북부와 남부에서 다른 타입의 와인을 생산한다.

중요 키워드

와인 생산량 : 레드, 로제와인이 86%를 차지한다. 프랑스의 AOC 와인 산지 중에서 2위의 규모, IGP의 생산량도 2위

최대 AOC : 코트 뒤 론(레드 · 로제 · 화이트). 코트 뒤 론 전체 AOC 와인 생산량의 약 절반을 차지한다.

아비뇽(Avignon) : 코트 뒤 론 남부의 거리. 1309년부터 1377년까지 4명의 로마 법왕이 이주했다. 현재는 거리의 북부에서 샤토 뇌프 뒤 파프가 만들어지고 있다.

비오니에(Viognier) : 북부 지구의 주요 화이트와인 품종. AOC 꽁드리유와 샤토 그리에의 주요 품종

시라(Syrah) : 북부 지구에서 인정되고 있는 유일한 레드와인 품종. 별명 세린, 호주에서는 쉬라즈라고 불린다.

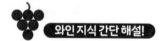

와인지식 간단 해설!

●북부와 남부의 와인이 다르다

코드 뒤 론의 기후는 론 계곡에서 남쪽의 지중해를 향해 부는 건조한 지방풍 미스트랄 덕분에 곰팡이병 등의 발생이 적은 것이 특징이다.

북부 지구	온화한 대륙성 기후. 론강 양안의 좁고 급경사의 사면에서 포도를 재배하고 있다. 레드와인은 시라를 주로 한 에르미타주와 코트 로티, 화이트와인은 비오니에 100%로 만드는 콩드리유와 샤토 그리에가 유명하다.
남부 지구	온난한 지중해성 기후. 북부와 달리 뚫린 구릉지대에 포도밭이 펼쳐진다. 스페인 원산의 그르나슈를 주체로 한 샤토 뇌프 뒤 파프(레드), 타벨(로제)이 유명하다.

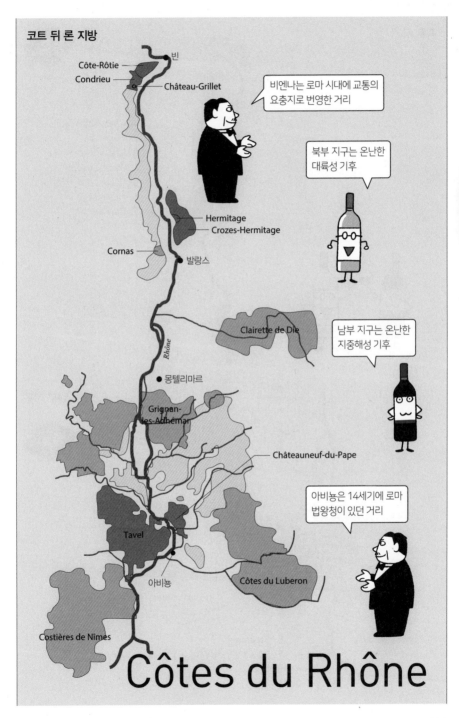

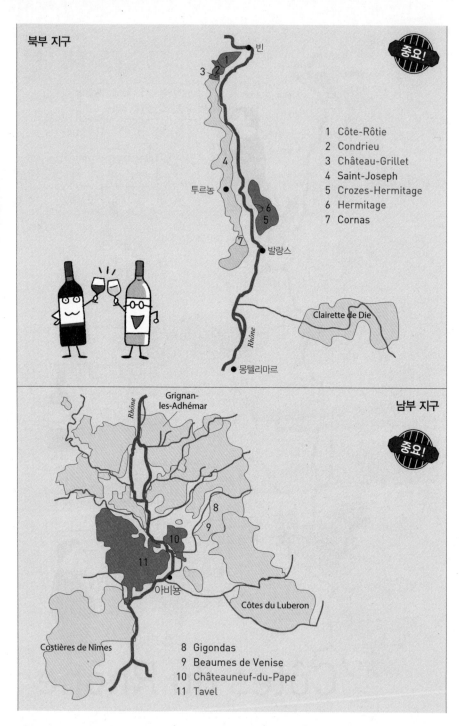

북부 지구

빈
3 2 1

1 Côte-Rôtie
2 Condrieu
3 Château-Grillet
4 Saint-Joseph
5 Crozes-Hermitage
6 Hermitage
7 Cornas

투르농

6
5

7
발랑스

Clairette de Die

Rhône

몽텔리마르

Grignan-
les-Adhémar

Rhône

남부 지구

8

9

10

11

아비뇽

Côtes du Luberon

Costières de Nîmes

8 Gigondas
9 Beaumes de Venise
10 Châteauneuf-du-Pape
11 Tavel

▌ 북부 ▐ (Septentrional) 북부 지구의 주요 AOC

북부 지구에서 인정받고 있는 레드와인 품종은 시라뿐이다. 시라 100%로 정해져 있는 것은 코르나스뿐이고 코트 로티는 시라 80% 이상, 보조 품종으로서 비오니에의 사용이 가능하다. 콩드리유와 샤토 그리에는 비오니에 100%로 만드는 화이트뿐인 AOC로 후자는 론 계곡에서 가장 작은 AOC이다.

> 북부에서 가증 유명한 AOC는 13세기 건립한 은둔 수도사의 수도원에서 유래하는 에르미타주이다. 그 주위에 펼쳐진 클로즈 에르미타주는 북부 지구 최대의 AOC이다.

프랑스

🍇 주요 포도 품종

레드와인 품종	시라(Syrah(Serine, 세린))
화이트와인 품종	비오니에, 마르산느, 루산느(Viognier, Marsanne, Roussanne)

🍇 북부의 주요 AOC

AOC	타입	레드 품종	화이트 품종	비고
코트 로티 (Côte Rôtie)	R	시라(Syrah) 80% 이상 비오니에(Viognier) 20% 미만	–	레드와인에 비오니에(Viognier) 사용 가능한 유일한 AOC
콩드리유(Condrieu)	B	–	비오니에(Viognier) 100%	비오니에(Viognier) 100%는 2AOC
샤토 그리에 (Château–Grillert)	B	–	비오니에(Viognier) 100%	
생 조셉 (Saint–Joseph)	RB	시라(Syrah) 90% 이상	마르산느(Marsanne) 루산느(Roussanne)	
에르미타주 (Hermitage)	RB*	시라(Syrah) 85% 이상	마르산느(Marsanne) 루산느(Roussanne)	*뱅 드 파이유(Vin de Paille)를 소량 생산
클로즈 에르미타주 (Crozes–Hermitage)	RB	시라(Syrah) 85% 이상	마르산느(Marsanne) 루산느(Roussanne)	북부 지구 최대의 AOC
코르나스 (Cornas)	R	시라(Syrah) 100%	–	시라(Syrah) 100%의 유일한 AOC

*이외에 북부 지구 남동부의 드롬강 우안 지대에서는 크레망 드 디(Crémant de Die)와 클레레트 드 디(Clairette de Die) 등의 스파클링 와인이 만들어진다.

▌남부 ▌ (Méridional) 남부 지구의 주요 AOC

남부 지구는 북부보다 토양 조성이 복잡하기 때문에 포도 품종의 종류가 많고 레드, 화이트 모두 복수의 품종을 블렌딩해서 만든다.

가장 유명한 AOC는 '교황의 새로운 성' 샤토 뇌프 뒤 파프(레드 90% 이상, 화이트 조금)이고 주요 품종인 그르나슈 누아를 포함한 13품종의 사용이 인정받고 있다. 석회질 토양에서는 향이 진하고 상쾌한 화이트가, 남부의 둥근 자갈을 포함한 점토질 토양에서는 풍만하고 부드러운 레드가 만들어진다.

♣ 주요 포도 품종

레드와인 품종	그르나슈, 시라, 무르베드르, 생소(Grenache, Syrah, Mourvèdre, Cinsault)
화이트와인 품종	그르나슈 블랑, 마르산느, 루산느, 클레레트, 부르블랭 (Grenache Blanc, Marsanne, Roussanne, Clairette, Bourboulenc)

♣ 남부의 주요 AOC

AOC	타입	레드 품종	화이트 품종	비고
그리냥-레-자데마르 (Grignan-les- Adhémar)	RrB	그르나슈(Grenache), 시라(Syrah)	그르나슈 블랑 (Grenache Blanc), 클레레트(Clairette) 등	남부 지구 최북단의 AOC
뱅소브르 (Vinsobres)	R	그르나슈(Grenache) 주품종, 시라(Syrah) 등	-	응축된 숙성 능력이 있는 레드와인
지공다스 (Gigondas)	Rr	그르나슈(Grenache), 시라(Syrah) 등	-	레드는 응축되어 균 형미가 좋다.
봄 드 브니스 (Beaumes de Venise)	R	그르나슈(Grenache) 주품종, 시라(Syrah) 등	-	2005년에 단독 AOC 로 인정받았다.
샤토 뇌프 뒤 파프 (Châteauneuf du Pape)	RB	그르나슈(Grenache), 시라(Syrah) 등	그르나슈 블랑 (Grenache Blanc), 클레레트(Clairette) 등	레드·화이트 합쳐 13 품종이 인가
타벨 (Tavel)	r	그르나슈(Grenache), 40% 이상		로제 AOC에서 가 장 빨리 인정
코스티에르 드 님 (Costières de Nîmes)	RrB	그르나슈(Grenache) 주품종, 시라(Syrah) 등	그르나슈 블랑 (Grenache Blanc), 클레레트(Clairette) 등	남부 지구 최남단의 AOC

시라는 코트 뒤 론이 원산지인 레드와인 품종. 온난한 기후에 적합하며 호주, 미국, 아르헨티나, 칠레, 남아프리카 등에서도 재배되고 있다. 프랑스의 시라는 일반적으로 색이 짙고 알코올 도수도 높고 산미가 풍부하며 후추의 풍미를 가진 개성적인 레드와인을 만들어낸다. 탄닌은 많은 편이지만 카베르네 소비뇽과 비교하면 다소 적은 편이고 가을의 미각 지비에와 향신료가 든 소스와 아주 잘 어울린다.

한편 그르나슈는 스페인 북부가 원산지로 알려져 있으며 남부 프랑스 외에 전 세계에서 널리 재배되고 있다. 재배와 양조 방법에 따라서 가벼운 테이블 와인부터 농밀한 상급 와인까지 다양한 타입을 만들 수 있다. 숙성된 과실의 단 향이 인상적이며 알코올 도수가 높고 산미가 온화한 부드러운 레드와인이 된다.

프랑스

복습 **CHECK TEST**　　　　　　코트 뒤 론 지방

01	아비뇽에는 14세기 로마 교황청이 있었다.	O	로마 시대에 교통의 요충지로 번영한 빈
02	론 계곡에는 시로코라 불리는 건조한 바람이 불기 때문에 곰팡이균 등이 잘 생기지 않는다.	X	미스트랄. 시로코는 이탈리아에 부는 남풍
03	론 계곡 북부 지구의 레드와인 품종은 시라만 인정받고 있다.	O	화이트와인에서 중요한 것은 비오니에
04	북부 최대의 AOC는 에르미타주이다.	X	클로즈 에르미타주
05	남부의 AOC 샤토 뇌프 뒤 파프에서는 그르나슈 등 총 13종의 포도가 인정받고 있다.	O	남부 지구에서는 그르나슈를 주체로 한 아상블라주가 많다.

프로방스 지방·코르시카(코르스)섬

개략, 와인 생산량, 포도 품종, 주요 AOC

프로방스 지방은 프랑스에서도 가장 오래된 역사를 갖고 있으며 프랑스 최대의 로제와인 산지이다. 지중해에 떠있는 코르시카섬은 레드와 로제의 생산량이 83%. 나폴레옹의 탄생지로도 유명하다.

중요 키워드

프로방스 지방의 와인 생산량 : 로제와인의 생산 비율이 89%로 프랑스 AOC 로제 와인의 42%를 차지하며 전 세계에서 소비되는 양의 6%를 차지하는 일대 로제 산지. 프로방스 와인의 88%가 국내에서 판매, 그중 40%를 프로방스 지방에서 소비하고 있다.

프로방스 지방의 포도 품종 : 레드와인 품종은 그르나슈, 생소, 스페인이 원산인 무르베드르, 프로방스 지방의 토착 품종 티부랑 등. 화이트와인 품종는 클레레트, 유니 블랑, 롤(베르멘티노) 등으로 복수의 품종을 블렌딩해서 만든다.

코르시카(코르스)섬은 레드와 로제 중심 : 코르스 원산인 레드와인 품종 씨아까렐로 와 이탈리아에서 산지오베제라 불리는 레드와인 품종 니엘키오 등으로 만드는 레드 와 로제가 생산량의 83%. 화이트와인은 베르멘티노를 주품종으로 한다.

🍇 프로방스 지방의 주요 AOC

코트 드 프로방스 (Côtes de Provence, RrB)	프로방스 최대의 AOC. 로제 생산량이 89%. AOC 뒤에 생 빅투아르, 프레쥐스, 라롱드, 피에르푸의 이름을 부기하여 와인의 개성을 명확히 명기하는 것으로 인정받고 있다.
꼬또 덱상 프로방스 (Coteaux d'Aixen Provence, RrB)	프로방스 서부의 산지. 북쪽의 뒤랑스강 맞은편 언덕에는 코트 뒤 론 지방의 AOC 뤼베롱이 있다. 로제 생산량이 81%
방돌 (Bandol, RrB)	와인의 출하 및 입하항으로 오래전부터 번영했다. 무르베드르를 주체로 한 레드와인은 숙성 능력이 있어 배로 수송하기에 적합했다.
카시스 (Cassis, RrB)	마르세유의 동쪽에 위치한 작은 어항을 중심으로 하는 산지. 프로방스 지방에서 가장 빠른 1936년에 AOC 인정을 받았다. 클레레트와 마르 산느를 주체로 한 화이트 생산량이 약 67%를 차지하며 향토 요리인 부야베스와 잘 어울린다.

팔레트 (Palette, RrB)	팔레트 마을을 중심으로 펼쳐진다. 15세기에 르네 1세 선량왕이 이 땅의 샤토를 손에 넣고 와인 제조를 시작했다고 한다.
발레(Bellet) 또는 뱅드 발레(Vin de Bellet) (RrB)	프로방스 지방에서 가장 동쪽에 있는 AOC. 표고는 약 200~300m 의 사면에 위치한다. 일찍이는 루이 14세에. 또한 주불 대사로 방문한 토마스 제퍼슨 전 대통령에게도 사랑받았다.
피에르버트 (Pierrevert, RrB)	프로방스 지방 내륙부의 AOC로 기후는 지중해와 알프스 산맥의 영 향을 받는다. 덥고 건조한 남풍 덕분에 포도는 잘 숙성하고 야간의 기 온차가 크기 때문에 신맛도 유지된다.

🍇 코르시카(코르스)섬의 주요 AOC

파트리모니오 (Patrimonio, RrB)	니엘키오(=산지오베제) 품종의 와인이 코르스 최고로 평가 받고 있는 AOC. 코르스에서 가장 빨리 AOC 인정을 받았다.
아작시오 (Ajaccio, RrB)	나폴레옹의 출생지로 알려진 아작시오를 중심으로 한 산지. 씨아까렐로의 원산지
머스캣 뒤 캅 코르소 (Muscat du Cap Corse, VDN화이트)	머스캣 VDN(천연 단맛 와인)을 생산하는 코르스에서 가장 새로운 AOC

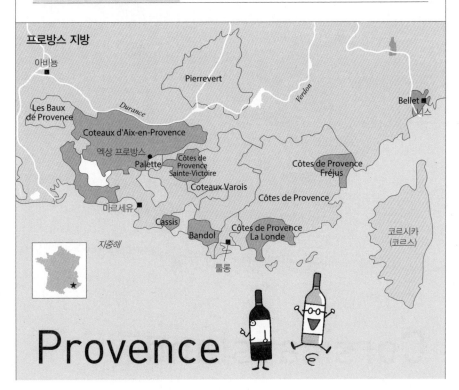

Provence

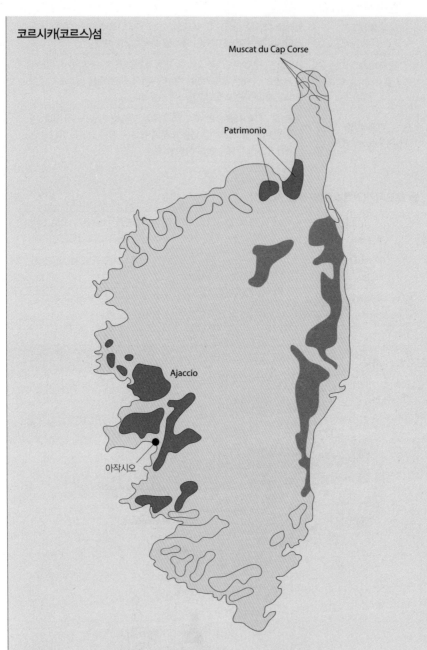

코르시카(코르스)섬

Muscat du Cap Corse

Patrimonio

Ajaccio

아작시오

Corsica island

01	프로방스 지방은 전 세계 로제와인의 약 8%를 생산하는 프랑스 최대 AOC 로제와인 산지이다.	O	프랑스의 AOC 로제와인의 42%를 생산
02	방돌은 프로방스에서 가장 빨리 AOC 인정을 받았다. 약 67%가 화이트와인으로 부야베스와 잘 어울린다.	X	카시스이다. 방돌은 무르베드르 주체의 레드가 유명
03	프로방스 지방 최대의 AOC는 코트 드 프로방스이다.	O	로제의 생산량이 89%로 많다.
04	프로방스 지방은 로제와인의 대산지로 알려졌으며 전 세계 로제와인의 약 95%를 생산하고 있다.	X	프랑스의 AOC 로제와인의 42%, 전 세계 로제와인의 약 6%.
05	카시스는 프로방스 지방에서 가장 빨리 AOC 인정을 받았다. 화이트와인의 생산량이 약 70%를 차지하고 있다.	O	이 지방의 향토 요리 부야베스와 잘 어울린다.
06	코르시카(코르스)는 화이트와인의 생산량이 83%를 차지하고 있다.	X	레드와 로제가 83%
07	AOC 파토리모니오는 니엘키오 품종의 레드와인이 코르스 최고로 평가받는다.	O	니엘키오는 이탈리아에서는 산지오베제라 불린다.
08	나폴레옹의 출생지로 알려진 아작시오는 베르멘티노를 주체로 한 VDN의 명산지이다.	X	아작시오는 코르시카(코르스) 원산의 씨아까렐로의 레드와 로제가 유명하다.

프랑스

랑그도크루시용 지방

개략, 와인 생산량, 주요 AOC

지중해 특유의 관목림 지대(garrigue)가 펼쳐지는 랑그도크 지방은 AOC, IGP, Vin 모두를 포함해 프랑스 최대의 와인 산지이다. 유기 재배를 실천하는 포도밭도 많아 전 세계의 유기 포도밭의 7%를 점하고 있다.

중요 키워드

와인 생산량 : 프랑스 전체의 40%를 차지한다.

카르카손느와 몽펠리에 : 성벽에 둘러싸인 내륙 마을 카르카손느는 스페인과의 교통 요충지였다. 지중해에 면한 몽펠리에는 랑그도크루시용 지방의 중심 도시이다.

메토드 안세스트랄(Méthode Ancestrale) : 1차 발효 중인 와인을 병에 담아 잔당으로 자연스럽게 2차 발효를 수행하는 스파클링 와인. 리큐르 드 티라주를 첨가하지 않는다. 리무(또는 블랑캣) 메토드 안세스트랄은 모작 100%로 만든다. 상파뉴 방식으로 만드는 동 지구의 블랑캣 드 리무(발포성 화이트와인 : 모작 품종), 크레망 드 리무(발포성 로제·화이트와인 : 샤르도네 품종 사용 가능)와는 다르다.

VDN과 VDL : VDN(Vin Doux Naturels : 천연 단맛 와인)은 Mutage(포도 과즙 발효 중에 알코올을 첨가하여 발효를 정지)에 의해 과즙의 천연 당분을 남긴 단맛 와인. VDL(Vins de Liqueurs : 리큐어 와인)은 발효 전의 포도 과즙에 알코올을 첨가하여 숙성시킨다.

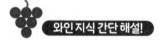 와인 지식 간단 해설!

●크뤼 뒤 랑그도크(Crus du Languedoc)와 그랑 뱅 뒤 랑그도크(Grands Vins du Languedoc)

랑그도크 지방에서는 최근 AOC의 계층화에 나섰다. 2007년에 AOC 코트 뒤 랑그도크를 AOC 랑그도크로 명칭을 변경하고, 그 하나 위의 계층에 그랑 뱅 뒤 랑그도크를 두어 산지의 개성과 품종의 다양성을 반영한 AOC를 분류하고 있다. 최고 단계인 크뤼 뒤 랑그도크는 포도 수량 등의 생산 조건이 엄격하고 복잡하며 깊이 있는 와인을 생산하는 AOC가 속해 있다.

▌ 랑그도크 지방 ▌

♣ 랑그도크 지방의 주요 AOC

랑그도크 (Languedoc, RrB)	랑그도크와 루시용 전역에서 인정받는 레지오날 AOC. AOC 뒤에 15개의 꼬뮌명을 부기할 수 있다.
미네르부아 (Minervois, Rr)	숙성 능력을 가진 레드와인이 단연 우수하다. 미네르부아와 라브니르(레드뿐)는 1999년에 AOC 인정을 받았다.
마르페르 (Malepère, RrB)	레드는 메를로를 50% 이상 사용하고 카베르네 프랑 등을 아상블라주해 강력함과 부드러움을 갖췄다. 그 외에 리무(레드, 화이트)의 레드 메를로를 50% 이상 사용
코르비에르 (Corbières, RrB)	랑그도크의 AOC에서 가장 규모가 크고 AOC 랑그도크보다 와인 총생산량이 많다.
피투 (Fitou, R)	코르비에르의 남쪽 산지. 연안부와 30km 떨어진 내륙부 2개소로 나뉜 드문 AOC. 카리냥과 그르나슈가 주체. 감칠맛 있는 드라이한 와인을 생산한다.

♣ 크뤼 뒤 랑그도크

AOC	타입	지구
라 클라프(La Clape)	RB	몽펠리에
포제르(Faugères)	RrB	베지에
생 시니앙 베루(Saint-Chinian Berlou)	R	
생 시니앙 로크브랭(Saint-Chinian Roquèbrun)	R	
미네르부아와 라브니르(Minervois La Livinière)	R	
코르비에르(Corbières Boutenac)	R	나르본

그랑 뱅 뒤 랑그도크

AOC	타입	지구
랑그도크(Languedoc)+꼬뮌날명(총 12 AOC)	–	몽펠리에 주변
테라스 뒤 랑그도크(Terrasses du Languedoc)	R	
피시풀 드 피네(Picpoul-de-Pine)t	B	
클라레트 뒤 랑그도크(Clairette du Languedoc)	B	
머스캣 드 프론디냥(Muscat de Frontignan)	B(VDN)	
머스캣 드 루넬(Muscat de Lunel)	B(VDN)	

AOC	타입	지구
머스캣 드 미르발(Muscat de Mireval)	B(VDN)	
생 시니앙(Saint-Chinian)	RrB	베지에 주변
미네르부아(Minervois)	RrB	
머스캣 드 생 장 드 미네르부아 (Muscat de St Jean de Minervois)	B(VDN)	
카바르데스(Cabardès)	Rr	랑그도크· 카르카손느 주변
마르페르(Malpère)	Rr	
리무(Limoux)	RB	
블랑캣 드 리무(Blanquette de Limoux)	스파클링B	
크레망 드 리무(Cremant de Limoux)	스파클링B	
리무 메토드 안세스트랄 (Limoux methode ancestrale) 블랑캣 메토드 안세스트랄 Blanquette methode ancestrale)	스파클링B	
코르비에르(Corbières)	RrB	나르본느 주변
피투(Fitou)	R	

▍루시용 지방 ▍

루시용 지방은 프랑스 최대의 VDN 산지이다. 랑그도크 지방 남쪽에 위치한다. 프랑스와 스페인을 사이에 둔 피레네 산맥에 접하며 스페인 문화의 영향이 짙게 남아 있다.

❧ 루시용 지방의 주요 스틸 와인 AOC

코트 뒤 루시용 (Côtes du Roussillon, RrB)	로제 생산량이 많다. 레드, 로제, 화이트 모두 2종 이상의 품종을 아상블라주해서 만든다.
콜리우르 (Collioure, RrB)	피레네 산맥 동쪽 끝. 스페인과 접한다. VDN의 AOC Banyulus와 동일 생산 지역이지만 만드는 와인의 타입에 따라서 AOC가 다르다.

❖ 루시용 지방의 주요 VDN의 AOC

바뉴루스 (Banyulus, VDN 레드·로제·화이트)	레드는 그르나슈를 50% 이상 사용. 동일 산지의 Banyulus Grand Cru(VDN 레드)는 그르나슈를 75% 이상 사용한다. Banyulus Rancio(VDN 레드, 로제, 화이트)는 와인을 담는 통을 태양에 노출해서 장기간 숙성시킨 타입으로 마데이라와 같은 독특한 색과 풍미를 갖고 있다.
리브잘트(Rivesaltes, VDN 레드·로제·화이트) 머스캣 드 리브잘트 (Muscat de Rivesaltes, VDN 화이트)	모두 거의 같은 지역의 AOC로 VDN의 산지 중에서 최대 지역. 스페인 국경에 접한다.

복습 **CHECK TEST**

No.	문제	O/X	해설
01	이 지방은 지중해 특유의 관목림(garrigue)이 펼쳐져 있다.	O	기후 구분은 지중해성 기후
02	내륙의 카르카손느는 일찍이 스페인과의 교통 요충지였다.	O	몽펠리에는 현재의 중심 도시
03	AOC 랑그도크의 범위는 루시용 지방을 제외한 랑그도크 지방의 전역이다.	X	루시용을 포함한 전역
04	크뤼 뒤 랑그도크란 랑그도크 지방 AOC의 계층에서 최상위에 해당한다.	O	다음의 계층은 그랑 뱅 뒤 랑그도크
05	AOC 미네르부아는 크뤼 뒤 랑그도크로 분류된다.	X	그랑 뱅 뒤 랑그도크
06	AOC 리무의 레드는 메를로를 50% 이상 사용하지 않으면 안 된다.	O	AOC 마르페르(Malepère)의 레드도 마찬가지
07	메토드 안세스트랄이란 샤르마 방식이라고도 불린다.	X	샤르마 방식은 탱크 내 2차 발효

프랑스

남서 지방

보르도 지방의 남동쪽에 펼쳐진 프랑스 남서부는 푸아그라와 트러플 등 식재료의 산지로도 유명하다. 보르도 타입의 레드와인 외에 토착 품종부터 이 지방 고유의 개성적인 와인이 생산되고 있다.

중요 키워드

AOC 카오르 : 주요 키워드는 로트강의 계곡 지대, 가을에 오탕이 분다, 꼬(오세루아) 품종의 레드, 블랙와인

AOC 이룰레귀 : 스페인 국경과 접한 남서 지방에서 최서단의 산지이다.

🍇 화이트와인 품종

세미용(Sémillon) 뮈스카델(Muscadelle) 소비뇽 블랑(Sauvignon Blanc)	보르도 지방과 동일. 아상블라주한다.
모작 (Mauzac)	주로 가이약 지구에서 재배. 과실미가 풍부하고 진한 신맛의 와인과 스파클링 와인을 생산한다.
프티 망상(Petit Manseng) 그로 망상(Gros Manseng)	주로 피레네 지구의 쥐라송에서 재배되고 있다.

🍇 레드와인 품종

카베르네 소비뇽 (Cabernet Sauvignon Merlot)	보르도 지방과 동일. 아상블라주한다.
따나(Tannat)	마디랑 등 주로 피레네 지구에서 재배한다.
꼬(Côt) (오세루아(Auxerrois), 말벡(Malbec))	남서 지방의 가장 중요한 AOC인 로트 계곡 지대의 AOC 카오르를 중심으로 재배. 일찍이 블랙와인이라 불릴 정도로 색이 짙고 과실맛이 풍부한 와인을 생산한다.
네그레트(Négrette)	가론 지구의 AOC 프론톤의 주요 품종이다.

🍇 남서 지방의 AOC

지구	AOC	타입	주요 포도 품종
베르주락	페샤르망 (Pécharmant)	R	메를로(Merlot), 카베르네 소비뇽(Cabernet Sauvignon), 꼬(Côt)
	소시냑(Saussignac)	B 단맛	뮈스카델(Muscadell), 소비뇽 블랑(Sauvignon Blanc) *귀부 또는 과숙한 것
	몽바지악(Monbazillac)		
가론	프론톤(Fronton)	Rr	네그레트(Négrette) 50% 이상
툴루즈 아베이로네	가이악(Gaillac)	RrB 드라이한 맛	뒤라스(Duras), 브로콜(Braucol, (페르(Fer)), 모작(Mauzac)
	카오르(Cahors)	R	꼬(Côt) 70% 이상
피레네	마드리안(Madiran)	R	따나(Tannat) 40~80%
	쥐라송(Jurariçon)	B 단맛	프티 망상(Petit Manseng), 그로 망상(Gros Manseng)

남서 지방

프랑스

복습 CHECK TEST   남서 지방

01	레드와인 품종 네그레트는 AOC 프론톤의 주요 품종이다.	O	레드와인 품종은 따나, 꼬도 합쳐 외워두자.
02	레드와인 품종 말벡은 꼬 또는 오세루아라고도 불리며 카오르를 중심을 재배되고 있다.	O	말벡은 카오르 외에 아르헨티나의 주요 품종

보르도 지방

개략, 포도 품종, 주요 지구와 AOC, 등급

'물의 가장자리'라는 고어가 보르도의 어원. 프랑스의 AOC 산지 중에서 최대 면적을 자랑하며 AOC법의 제정을 주도한 산지이기도 하다.

중요 키워드

3개의 강 : 대서양을 따라 흐르는 지롱드강. 바다 쪽 지류 가론강과 내륙 쪽 지류 도르도뉴강이 각 지구의 토양과 기후에 영향을 미친다.

좌안과 우안 : 하구를 향해 좌측을 좌안. 우측을 우안이라고 부른다.

포도 재배 : 재배 면적의 98%를 레드와인 품종이 차지하고 있다. 보르도 지방에서 가장 재배 면적이 넓은 포도 품종은 메를로이다.

샤토(Château) : 성이라는 뜻. 실제로는 왕후귀족과 호상(豪商)의 궁전 등으로 쓰이며 크기는 다양하다. 부르고뉴 지방 등의 도멘(Domaine)과 마찬가지로 양조 설비와 포도원을 갖춘 생산자를 가리킨다. 보르도에서는 크뤼(Cru)도 같은 뜻이다.

메독의 등급 : 1855년 파리 만국박람회 때 나폴레옹 3세의 지시에 의해 생겨난 이름. 메독 지구의 60개 샤토와 그라브 지구의 샤토 오 브리옹, 총 61개 샤토의 레드와인을 1등급부터 5등급으로 분류했다. 등급이 변경된 예는 1973년에 샤토 무통 로쉴드가 2등급에서 1등급으로 승격한 것 단 1건뿐이다.

소테른 & 바르삭의 등급 : 메독의 등급과 같은 1855년에 제정. 소테른 바르삭 지구의 스위트화이트와인이 대상이다. 특별 제1등급, 1등급, 2등급의 3단계로 분류. 제정 후 등급이 변동된 예는 한 건도 없다.

그라브의 등급 : 1953년 제정. 1959년에 개정. 메독과 같은 등급 분류가 아니라 그라브 지구의 우수한 16개 샤토의 레드와인, 화이트와인을 선정한 것. 샤토 오 브리옹은 메독과 그라브 양쪽에서 이름 붙여져 있다.

생테밀리옹의 등급 : AOC 생테밀리옹 그랑 크뤼의 샤토를 대상으로 하며 1954년에 첫 공포. 생산자 주도로 등급을 매기고 대략 10년마다 재검토되고 있다. 현행 등급은 2012 빈티지부터 적용되고 있다.

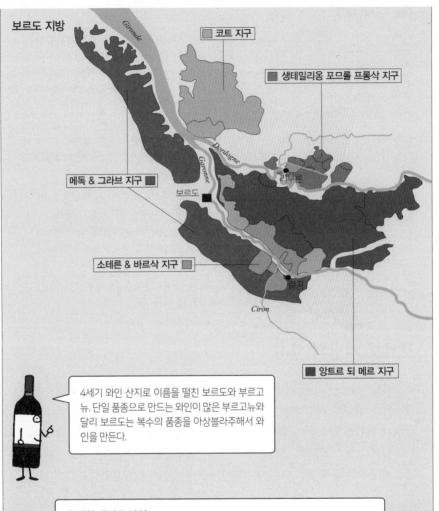

보르도 지방

□ 코트 지구

■ 생테밀리옹 포므롤 프롱삭 지구

메독 & 그라브 지구 ■

보르도

라부르

소테른 & 바르삭 지구 ▨

랑공

Ciron

■ 앙트르 되 메르 지구

Gironde
Dordogne
Garonne
Ciron

4세기 와인 산지로 이름을 떨친 보르도와 부르고뉴. 단일 품종으로 만드는 와인이 많은 부르고뉴와 달리 보르도는 복수의 품종을 아상블라주해서 와인을 만든다.

유명한 세컨드 와인

샤토 본래의 품질에 충족하지 않다고 판단된 와인에 주어지는 명칭이 세컨드 와인. 예를 들면,
 · 샤토 라투르 ⇒ 레 포르 드 라투르
 · 샤토 마고 ⇒ 파비용 루즈 뒤 샤토 마고
 · 샤토 라피트 로쉴드 ⇒ 카뤼아데 드 라피트 등이 유명

Bordeaux

주요 지구의 특징

메독 지구	지롱드강의 좌안. 가론강의 자갈, 도르도뉴강이 중앙 산괴지대로부터 가져오는 점토질 토양이 섞여 있다. 하류로 갈수록 메를로에 적합한 점토질 토양의 비율이 높기 때문에 AOC 메독에서는 상류의 AOC 오 메독보다 메를로의 재배 면적이 넓다. 와인은 카베르네 소비뇽과 메를로를 아상블라주해서 만든다. 모두 레드뿐인 AOC
그라브 지구	가론강의 좌안. 가론강이 피레네 산맥에서 운반해온 자갈질 토양은 배수가 잘 되고 낮 시간의 열을 축적할 수 있기 때문에 만숙에 따뜻한 토양을 좋아하는 카베르네 소비뇽을 널리 재배한다. 메를로와 블렌딩한다.
생테밀리옹&포므롤 지구 등	도르도뉴강의 우안. 점토질 토양이 퇴적되어 있다. 대륙성 기후의 영향도 있어 다소 조숙한 메를로가 많이 재배된다.
소테른 & 바르삭 지구	가론강과 수온이 낮은 시롱강이 합류하는 지점에 위치. 안개와 태양광이 귀부균(보트리티스 시네레아)의 증식을 촉진하기 때문에 양질의 귀부 와인을 만들 수 있다.
앙트르 되 메르 지구	'2개의 강의 사이'라는 뜻. 가론강과 도르도뉴강에 끼인 산지로 상쾌한 매운맛의 화이트와인을 생산한다.

보르도 지방의 역사

보르도의 와인은 12세기에 보르도를 포함한 아키텐 지방이 영국령이 되고 나서 발전했다. 당시의 레드와인은 조금 색이 옅고 클라레라 불렸다. 이후의 영국과 프랑스의 백년전쟁에서 아키텐이 프랑스로 돌아와 영국과의 거래량이 감소한다. 1780년의 프랑스혁명 시에 정부가 포도밭과 양조장을 몰수했지만 보르도의 와인 상인(네고시앙)들에 의해 다시 매입되어 부르고뉴와 같이 세분화되지 않게 됐다.

19세기 초반에는 유럽 시장을 개척하며 번영한 보르도. 하지만 3차례의 포도 병화에 의해 생산 규모가 절반으로 줄었다. 1970년대 재배에서는 수량의 컨트롤, 양조에서는 스테인리스 탱크 등 새로운 기술이 도입하면서 스틸 와인 명산지로서 지위를 공고히 다졌다.

보르도 지방의 포도 품종 · 지방 전역의 AOC

보르도에서는 복수 품종의 와인을 아상블라주한다. AOC의 최소 단위는 생 테스테프, 포이악, 생 줄리앙, 마고 등의 꼬뮈날로 부르고뉴의 그랑 크뤼와 같이 밭이름을 붙인 AOC는 없다.

🍇 포도 품종

레드와인 품종	주품종은 카베르네 소비뇽(Cabernet Sauvignon), 메를로(Merlot) 기타 카베르네 프랑 말벡(Cabernet Franc Malbec), 프티 베르도(Petit Verdot)
화이트와인 품종	주품종은 소비뇽 블랑(Sauvignon Blanc), 세미용(Sémillon) 기타 뮈스카델(Muscadelle)

🍇 보르도 전역의 레지오날 AOC

AOC	타입	비고
보르도 (Bordeaux)	Rr B 드라이한 맛	다양한 품종을 아상블라주. 만드는 사람과 생산 지역에 따라 와인의 개성이 다르다.
보르도 슈페리어 (Bordeaux Supérieur)	R B 중간 단맛	AOC 보르도보다 최저 알코올 도수 규정이 엄격하다. 화이트는 중간 단맛으로 완성된다.
보르도 클레레트 (Bordeaux Clairet)	r	AOC 보르도의 로제보다 양조 시간이 길다.
크레망 드 보르도 (Crémant de Bordeaux)	r B 드라이한 맛	샹파뉴 방식. 티라주 후 9개월 이상 숙성시킨다.

▌메독 지구▐ (Médoc)

메독 지구에는 하류의 메독(레드)과 상류의 오 메독(레드) 2가지 AOC가 있고 오 메독이 보다 상질의 와인을 만들어낸다. 메독의 등급 61개 샤토 중 AOC 페삭 레오냥의 샤토 오 브리옹을 제외한 60개 샤토는 모두 AOC 오 메독에 위치한다.

이 지역의 AOC는 모두 레드만 인정받고 있다. 소비뇽 블랑과 세미용에서 화이트와인을 만든 경우는 AOC 보르도의 명칭을 붙일 수 있다. AOC 오 메독 내의 꼬뮈날 AOC는 다음 페이지 표의 6개이므로 외워두자!

🍇 오 메독의 꼬뮈날 AOC

생테스테프	메독 지구의 6꼬뮌 중에서도 하류. 풍부한 맛의 와인
포이악	메독 1등급 5곳(5대 샤토라 불린다) 중 3곳이 있다. 탄닌이 풍부한 숙성용 와인이다.
생줄리앙	다소 부드럽고 풍만한 와인. 2등급부터 4등급에 11개 샤토가 선정됐으며 전체적으로 품질이 안정적이다.
마고	메독 지구 최대의 꼬뮌으로 가장 상류에 위치. 섬세하고 향이 풍부한(부드러운) 와인
물리스, 리스트락	지롱드강에서 조금 떨어진 대서양에 가까이에 위치

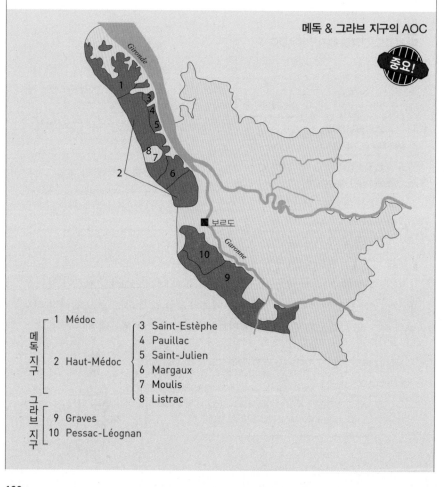

메독 & 그라브 지구의 AOC

메독 지구
1 Médoc
2 Haut-Médoc

3 Saint-Estèphe
4 Pauillac
5 Saint-Julien
6 Margaux
7 Moulis
8 Listrac

그라브 지구
9 Graves
10 Pessac-Léognan

▌그라브 지구 ▌ (Graves)

3개의 AOC를 가진 보르도시의 남쪽 지구이다. 그라브 지구에서 가장 우수한 와인을 생산하는 AOC 페삭 레오냥(Pessac-Léognan, 레드·드라이 화이트)은 매우 뛰어나고 1987년에 AOC 그라브(Graves)에서 독립했다. 그라브의 등급 16개 샤토의 AOC는 모두 페삭 레오냥(Pessac-Léognan)이다.

AOC 그라브(Graves, 레드·드라이 화이트)의 레드는 메를로를 베이스로 카베르네 소비뇽을 아상블라주한 부드러운 와인. AOC 그라브 슈페리어(Graves Supérieur, 데미 섹)는 당도 높은 포도로 만드는 데미 섹 타입이다.

*데미 섹(demi-sec, 적당히 단)

▌생테밀리옹 ▌ (Saint-Émilion)

세계유산으로 등재된 밭 생테밀리옹 주위에 AOC(모두 레드뿐)가 펼쳐지고 메를로를 주품종으로 한 향이 풍부한 와인을 생산한다. AOC 생테밀리옹(Saint-Émilion)의 북부에는 생테밀리옹 위성 지구로 불리는 생테밀리옹의 이름을 가진 4개의 AOC(생 조르주, 몽타뉴, 뤼삭, 퓌스겡)가 있다.

AOC 생테밀리옹 그랑 크뤼(Saint-Émilion Grand Cru, 레드)는 생테밀리옹(Saint-Émilion)과 같은 지정 재배 지역이지만 알코올 도수 등의 규정이 매우 엄격하여 분석·관능검사를 2차례 받아야 한다. 생테밀리옹 등급은 모두 AOC 생테밀리옹 그랑 크뤼(Saint-Émilion Grand Cru) 중에서 선정된다.

▌코트와 그라브 ▌

생테밀리옹의 등급 샤토가 집중해 있는 중심부는 토양의 조성에 따라 코트(언덕)와 그라브(자갈) 두 지역으로 나뉜다. 코트는 석회암의 대지를 둘러싼 높은 지대로, 샤토 오존이 있다. 그라브의 토양은 자갈과 점토질로 샤토 슈발 블랑이 있다.

※그라브 지구, 코트 지구와는 이름의 유래가 같다는 것 이외에 관련은 없다.

▍포므롤 지구 ▍ (Pomerol)

생테밀리옹의 북서부에 위치한 작은 산지, 포므롤은 레드와인만 인정받고 있다. 철의 산화물 등의 미네랄분을 포함한 크라스 드 페루라 불리는 토양에서 개성적이고 관능적인 와인이 생산된다. AOC Pomerol은 재배 면적은 약 800ha로 소규모 이지만 매우 높은 평가를 받고 있다. AOC Lalande-de-Pomerol(레드)은 다소 부드러운 와인을 생산한다.

보르도 지방의 산지 중에서는 주목을 받는 것이 비교적 늦고 메독, 그라브, 생테밀리옹과 같은 등급은 없지만 5대 샤토에 버금가는 레드와인을 생산하고 있다.

▍포므롤의 유명 샤토 ▍

Château Pétrus	Le pin	Château la Conseillante
Château l'Evangile	Château Torotanoy	Château Certan-de-May
Château de Sale	Château Gazin	Vieux Château Certan

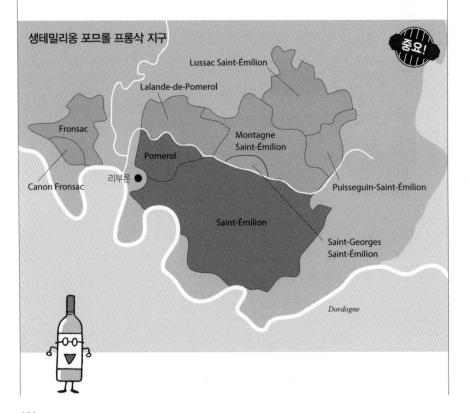

생테밀리옹 포므롤 프롱삭 지구 중요!

Lussac Saint-Émilion

Lalande-de-Pomerol

Fronsac

Montagne Saint-Émilion

Pomerol

Canon Fronsac   리부른

Puisseguin-Saint-Émilion

Saint-Émilion

Saint-Georges Saint-Émilion

Dordogne

▌ 코트 지구 ▌ (Côtes)

코트는 '언덕'이라는 뜻. 지롱드강 우안의 산지로 맞은편은 메독 지구이다. 매운 맛, 단맛의 화이트에서 레드와인까지 다양한 타입을 생산한다. 최대 AOC는 코트 드 보르도(Côtes de Bordeaux, 레드)다.

▌ 앙트르 되 메르 지구 ▌ (Entre-Deux-Mers)

앙트르 되 메르는 '두 바다의 사이'라는 뜻. 가론강과 도르도뉴강에 끼인 산지로 생산량의 대다수는 드라이 화이트이다. AOC 앙트르 되 메르(Entre-Deux-Mers)와 앙트르 되 메르 오 브노즈(Entre-Deux- Mers-Haut-Benauge) 2가지는 드라이 화이트와인만 인정받고 있다.

▌ 소테른 & 바르삭 지구 ▌ (Sauternes & Barsac)

수온이 낮은 시롱강이 가론강으로 합류하는 지점은 안개가 자주 발생하여 양질의 귀부 포도가 생산된다. 주요 AOC는 소테른과 바르삭.

AOC 소테른(Sauternes)은 이 지구에서는 표고가 높은 구릉에 펼쳐지며 정상에는 유명한 샤토 디켐이 있다. 한편 바르삭(Barsac)은 다소 표고가 낮고 기복이 적은 곳에 위치한다. 바르삭은 바르삭 또는 소테른 모두 AOC를 붙일 수 있다.

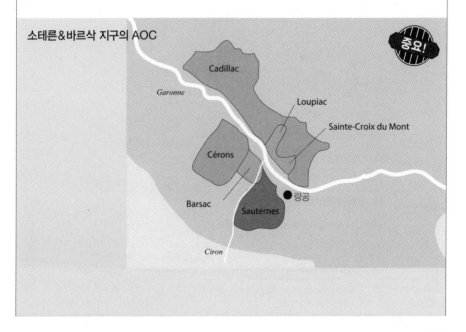

소테른&바르삭 지구의 AOC

보르도 와인 등급

▌ 메독 등급 ▌ (Grand Crus Classés du Médoc)

1855년에 메독 지구의 60개 샤토와 페삭 레오냥의 1개 샤토, 총 61건이 등급이 매겨졌다. 샤토 와인 본래의 품질에 충족하지 않다고 판단되면 세컨드 와인(세컨드 라벨)이라고 해서 별도의 와인명을 붙인다. 등급의 변경은 1973년의 샤토 무통 로쉴드(2등급에서 1등급) 1건뿐. 샤토, 등급, AOC를 세트로 외워두자.

1급 Premiers Grands Crus (4+1)	AOC
샤토 라피트 로쉴드(Château Lafite-Rothschild)	포이약(Pauillac)
샤토 라투르(Château Latour)	
샤토 무통 로쉴드(Château Mouton-Rothschild)	
샤토 마고(Château Margaux)	마고(Margaux)
샤토 오 브리옹(Château Haut-Brion)	페삭 레오냥(Pessac Léognan)

2급 Deuxièmes Grands Crus (14)	AOC
샤토 코스 데스투르넬(Château Cos d'Estournel)	생테스테프 (Saint-Estèphe)
샤토 몽트로즈(Château Montrose)	
샤토 피숑-롱그빌 바롱(Château Pichon-Longueville Baron)	포이약 (Pauillac)
샤토 피숑-롱그빌 콩테스 드 랄랑드 (Château Pichon-Longueville Comtesse de Lalande)	
샤토 레오빌-라스 카즈(Château Léoville-Las Cases)	생 줄리앙 (Saint-Julien)
샤토 뒤크뤼 보카이유(Château Ducru-Beaucaillou)	
샤토 그뤼오 라로스(Château Gruaud-Larose)	
샤토 레오빌 바르통(Château Léoville-Barton)	
샤토 레오빌 프와페레(Château Léoville-Poyferré)	
샤토 라콩브(Château Lascombes)	마고 (Margaux)
샤토 로장 가씨(Château Rauzan-Gassies)	
샤토 로장-세글라(Château Rauzan-Ségla)	
샤토 브란 캉트낙(Château Brane-Cantenac)	
샤토 뒤포르 비방(Château Durfort-Vivens)	

3급 Troisièmes Grands Crus (14)	AOC
샤토 칼롱-세귀르(Château Calon-Ségur)	생테스테프(Saint-Estèphe)
샤토 라그랑쥬(Château Lagrange)	생 줄리앙 (Saint-Julien)
샤토 랑고아 바르통(Château Langoa-Barton)	
샤토 끼르완(Château Kirwan)	마고 (Margaux)
샤토 디쌍(Château d'Issan)	
샤토 지스쿠르(Château Giscours)	
샤토 말레스코 셍텍쥐페리(Château Malescot Saint-Exupéry)	
샤토 보이드 깡트낙(Château Boyd-Cantenac)	
샤토 깡트낙 브라운(Château Cantenac-Brown)	
샤토 팔메르(Château Palmer)	
샤토 데스미레일(Château Desmirail)	
샤토 페리에르(Château Ferrière)	
샤토 마르퀴스 달렘므 베께르 (Château Marquis d'Alesme-Becker)	
샤토 라 라귄(Château La Lagune)	오 메독(Haut-Médoc)

4급 Quatrièmes Grands Crus (10)	AOC
샤토 라퐁 로쉐(Château Lafon-Rochet)	생테스테프(Saint-Estèphe)
샤토 뒤아르 밀롱 로쉴드(Château Duhart-Milon-Rothschild)	포이약(Pauillac)
샤토 생 피에르(Château Saint-Pierre)	생 줄리앙 (Saint-Julien)
샤토 탈보(Château Talbot)	
샤토 브라네르 뒤크뤼(Château Branaire-Ducru)	
샤토 베이슈빌(Château Beychevelle)	
샤토 뿌제(Château Pouget)	마고 (Margaux)
샤토 프리웨레 리쉰(Château Prieuré-Lichine)	
샤토 마르키 드 테름(Château Marquis de Terme)	
샤토 라 뚜르 까네(Château La Tour-Carnet)	오 메독(Haut-Médoc)

5급 Cinquièmes Grands Crus　　　　　(18)	AOC
샤토 코스 라보리(Château Cos-Labory)	생테스테프(Saint-Estèphe)
샤토 퐁테-카네(Château Pontet-Canet)	포이악 (Pauillac)
샤토 바따이(Château Batailley)	
샤토 오 바따이(Château Haut-Batailley)	
샤토 그랑-퓌-라코스트(Château Grand-Puy-Lacoste)	
샤토 그랑 뿌이 뒤까쓰(Château Grand-Puy-Ducasse)	
샤토 랭쉬 바쥬(Château Lynch-Bages)	
샤토 랭쉬 무싸스(Château Lynch-Moussas)	
샤토 다마이약(Château d'Armailhac, 1989년부터 명칭 변경)	
샤토 오 바쥬 리베랄(Château Haut-Bages-Libéral)	
샤토 페데스끌로(Château Pédesclaux)	
샤토 끌레르 밀롱(Château Clerc-Milon)	
샤토 끄로아제 바쥬(Château Croizet-Bages)	
샤토 도작(Château Dauzac)	마고 (Margaux)
샤토 뒤 떼르트르(Château du Tertre)	
샤토 벨그라브(Château Belgrave)	오 메독 (Haut-Médoc)
샤토 드 까망싹(Château de Camensac)	
샤토 깡트메를르(Château Cantemerle)	

▌그라브 등급 ▌　(Crus Classés de Graves)

1953년 제정되었고 1959년에 수정된 그라브 지구 등급은 메독 지구와 같은 급으로 구분되는 것이 아니라 그룹 지구의 우수한 샤토의 화이트와인과 레드와인을 인정한 것이다. 샤토 오 브리옹은 메독과 그라브 양쪽 지역의 등급에 선정되어 있다. 한편 16개 샤토의 AOC는 모두 페삭 레오냥이다.

> 등급 샤토의 타입을 외워두자. '화이트뿐'인 샤토 3개, '레드뿐'인 샤토 7개를 외우고 그 이외는 '레드·화이트'라고 정리하면 이해하기 쉽다.

샤토명	타입	비고
샤토 쿠앵(Château Couhins)	B	모두 AOC 페삭 레오냥 (Peassac-Léognan)
샤토 쿠앵 뤼르통(Château Couhins-Lurton)	B	
샤토 라빌 오 브리옹(Château Laville Haut-Brion)	B	
샤토 오 브리옹(Château Haut-Brion)	R	
샤토 드 피으잘(Château de Fieuzal)	R	
샤토 오 바이(Château Haut-Bailly)	R	
샤토 라 미숑 오 브리옹(Château La Mission-Haut-Brion)	R	
샤토 라 투르 오 브리옹(Château La Tour-Haut-Brion)	R	
샤토 파쁘 끌레망(Château Pape Clément)	R	
토 스미스 오 라피드(Château Smith-Haut-Lafitte)	R	
샤토 부스코(Château Bouscaut)	RB	
샤토 까르보니외(Château Carbonnieux)	RB	
도멘 드 슈발리에(Domaine de Chevalier)	RB	
샤토 라뚜르 마르띠약(Chateau Latour Martillac)	RB	
샤토 말라르티크 라그라비에르(Château Malartic-Lagravière)	RB	
샤토 올리비에(Château Olivier)	RB	

▌생테밀리옹 등급 ▌

AOC 생테밀리옹 그랑 크뤼를 대상으로 1954년에 제정됐다. 등급은 프리미에 그랑 클라세(A, B)와 그랑 크뤼 클라세 2단계로 구분되어 있다. 약 10년에 한 번 재검토되고 새로운 등급은 2012 빈티지부터 적용되고 있다.

> 최고 등급인 프리미에 그랑 크뤼 클라세(A)의 4개 샤토를 외워두자.

20112 빈티지부터 프리미에 그랑 크뤼 클라세(A)로 승격한 샤토	샤토 안젤뤼스(Château Angélus) 샤토 파비(Château Pavie)
2011 빈티지 이전부터 프리미에 그랑 크뤼 클라세(A)가 된 샤토	샤토 오존(Château Ausone) 샤토 슈발 블랑(Château Cheval Blanc)

▌소테른 & 바르삭 등급 ▌ (Crus de Sauternes et de Barsac)

메독의 등급과 마찬가지로 1855년에 제정된 이후 변동 사항은 없다. 소테른과 바르삭의 27개 샤토의 귀부 와인을 프리미에 크뤼 슈페리어, 프리미에 크뤼, 두지엠 크뤼 3단계로 나누고 있다.

Premier Cru Supérieur (1)	꼬뮌(AOC)
샤토 디켐(Château d'Yquem)	소테른(Sauternes)
Premièrs Crus (11)	
샤토 라 투르 블랑쉬(Château La Tour Blanche)	봄(Bommes) (소테른(Sauternes))
샤토 라포리 페라게(Château Lafaurie-Peyraguey)	
샤토 클로 오페라게(Château Clos-Haut-Peyraguey)	
샤토 드 렌 비뇨(Château de Rayne Vigneau)	
샤토 라보 프로미(Château Rabaud-Promis)	
샤토 시갈라 라보(Château Sigalas Rabaud)	
샤토 꾸떼(Château Coutet)	바르삭 (Barsac)
샤토 클리망(Château Climens)	
샤토 쉬드로(Château Suduiraut)	프레냑(Preignac, 소테른(Sauternes))
샤토 기로(Château Guiraud)	소테른(Sauternes)
샤토 리외세(Château Rieussec)	파르그(Fargues, 소테른(Sauternes))
Deuxièmes Crus (15)	
샤토 드와지-뒤브로카(Château Doisy-Dubroca)	바르삭 (Barsac)
샤토 브루스테(Château Broustet)	
샤토 네락(Château Nairac)	
샤토 드 미라(Château de Myrat)	바르삭(Barsac) (수테른(Sauternes))
샤토 드와지 다앤(Château Doisy Daëne)	
샤토 드와지 베드린(Château Doisy-Védrines)	
샤토 카이유(Château Caillou)	
샤토 쉬오(Château Suau)	
샤토 드 말르(Château de Malle)	프리냑(Preignac, 소테른(Sauternes))
샤토 다르쉬(Château d'Arche)	소테른 (Sauternes)
샤토 필로(Château Filhot)	
샤토 라 모스(Château Lamothe)	
샤토 라모트 기냐르(Château Lamothe-Guignard)	
샤토 로메르 뒤 아요(Château Romer du Hayot)	파르그(Fargues, 소테른(Sauternes))
샤토 로메르(Château Romer)	

보르도 지방의 등급은 한 번에 정리해서 외울 것이 아니라 다른 파트 학습과 병행해서 조금씩 정리하자.
생테밀리옹, 그라브, 소테른 & 바르삭, 메독의 순으로 외울 것을 추천한다. 단어 카드를 만들어도 좋다.

01	보르도 지방에서는 일반적으로 복수의 포도 품종을 아상블라주해서 와인을 만든다.	O	부르고뉴는 단일 품종으로 만드는 일이 많다.
02	보르도 지방은 프랑스의 AOC 와인 산지 중에서 최대 면적을 자랑한다.	O	보르도에서 만드는 와인의 대부분이 AOC 와인
03	12세기경, 보르도의 레드와인은 클라레라 불렸다.	O	현재보다 색이 옅었다.
04	보르도 지방에서 가장 재배 면적이 큰 포도 품종은 카베르네 소비뇽이다.	X	메를로. 메를로는 프랑스 전체에서도 최대이다.
05	메독 지구에는 메독과 오 메독 2개의 AOC가 있고 오 메독은 메독보다 하류에 위치한다.	X	메독이 하류, 오 메독이 상류
06	AOC 마고는 오 메독 내 6개 꼬뮌 중에서 가장 상류에 위치한다.	O	가장 하류는 생테스테프
07	앙트르 되 메르란 '두 바다의 사이'라는 뜻. 가론강과 도르도뉴강 사이에 위치한 산지이다.	O	주로 상쾌하고 드라이한 맛의 화이트와인을 생산한다.
08	소테른 & 바르삭은 가론강과 시롱강의 영향으로 안개가 자주 발생하여 귀부 와인을 만들 수 있다.	O	귀부 포도에 적합한 환경이다.
09	메독 등급은 1855년에 제정된 이래 등급 변경은 전혀 없었다.	X	1973년에 샤토 무통 로쉴드가 1급으로 격상됐다.
10	생테밀리옹의 새로운 등급은 2012 빈티지부터 적용되고 있다.	O	샤토 안젤뤼스, 샤토 파비가 A등급으로 승격

프랑스

루아르 계곡 지방

개략, 포도 품종, 4지구의 특징과 주요 AOC

프랑스에서 가장 긴 총 길이 1,000km에 이르는 루아르강 유역은 100개가 넘는 성이 지어져 있고 프랑스의 정원이라고도 불리는 곳답게 풍광이 빼어나다. 화이트와인이 54%로 많고 AOC 와인 산지로는 프랑스 3위의 면적이다.

중요 키워드

쉬르 리 : '찌꺼기 위에서(Sur Lie)'라는 뜻. 신맛을 살린 경쾌한 화이트와인을 만드는 양조법. 양조 중에 침전한 찌꺼기를 그대로 남겨 와인과 함께 가장 짧아도 수확 다음해 3월 1일까지 보존한다. 페이 낭테 지구의 뮈스카데를 이름 붙인 4AOC에 부기가 인정되고 있다.

시노님(품종의 별명) : 믈롱 드 부르고뉴(Melon de Bourgogne)(=뮈스카데(Musucadet))
슈냉(Chenin)(=피노 드 라 르와르(Pineau de la Loire))
카베르네 프랑(Cabernet Franc)(=브르통(Breton))
소비뇽 블랑(Sauvignon Blanc)(=블랑 퓌메(Blanc Fumé))

루아르 계곡 지방 4지구의 특징

페이 낭테 지구	루아르강 하구 가까이의 낭트 시를 중심으로 한 화이트와인 대산지. 뮈스카데가 유명하다.
앙주&소뮈르 지구	앙주시 주변에서 상류의 소뮈르시까지 펼쳐진 산지. 로제 당주, 슈냉으로 만드는 사브니에르, 코트 뒤 레이용 등의 단맛 와인 등 다양한 타입의 와인을 생산한다.
투렌 지구	투르시를 중심으로 소뮈르의 동쪽에서 오를레앙까지 펼쳐진다. 카베르네 프랑(브르통)으로 만든 레드와인 시논과 부르게이의 품질이 높다.
상트르 니베르네 지구	4지구 중에서 루아르강의 가장 상류에 위치한다. 대륙성 기후. 루아르 우안의 상세르와 우안의 푸이 퓌메에서 생산하는 소비뇽 블랑의 화이트와인이 유명하다.

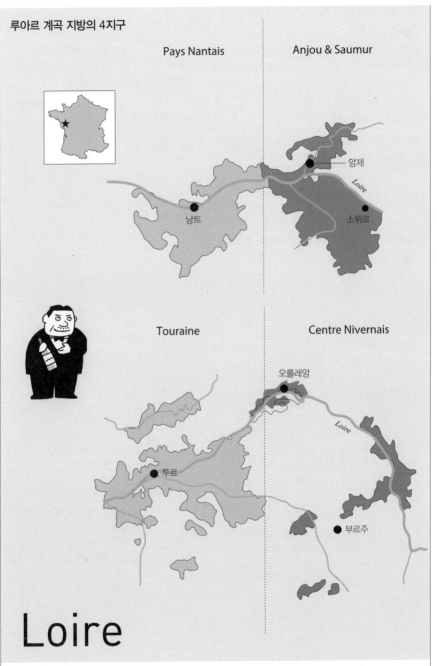

루아르 계곡 지방의 4지구

Pays Nantais

Anjou & Saumur

앙제

낭트

소뮈르

Loire

Touraine

Centre Nivernais

오를레앙

투르

Loire

부르주

Loire

※AOC 보르도와 같은 루아르 계곡 지방의 전역을 커버하는 레지오날 AOC는 없다. 전역을 커버하는 것은 IGP 발드 루아르

▌페이 낭테 지구 ▌ (Pay Nantais)

♣ 주요 AOC

AOC	타입	비고
뮈스카데(Muscadet)	B	낭트시 주변의 중심부에 펼쳐진다.
뮈스카데 드 세브르 에 멘 (Muscadet-de Sèvre et Maine)	B	최대 면적. AOC 뒤에 클리송, 고르주, 르 팔레의 표기 부기 가능
뮈스카데 코토 드 라 루아르 (Muscadet-Coteaux de la Loire)	B	4개 AOC 중에서 가장 표고가 높다.
뮈스카데 코토 드 그랑리유 (Muscadet-Coteaux de Grandlieu)	B	1994년에 AOC의 인정을 받았다. 4개 AOC 중에서 가장 새롭다.

▌앙주 & 소뮈르 지구 ▌ (Anjou & Saumer)

♣ 주요 AOC

AOC	타입	비고
앙주 (Anjou)	RB	앙주 일대의 AOC. +Villages 경우는 레드만
카베르네 당주(Cabernet d'Anjou) 로제 당주(Rosé d'Anjou) 로제 드 루아르(Rosé de Loire) 카베르네 드 소뮈르(Carbenet de Saumer)	r	앙주&소뮈르 지구 내에서 로제만인 AOC는 이 4개뿐
코트 뒤 레이용(Coteaux du Layon) 코트 드 레이용 프리미에 크뤼 숌 (Coteaux de Layon premier cru Chaume) 꺄르 데 숌(Quarts de Chaume) 본즈조(Bonnezeaux)	B (단맛만)	꺄르 데 숌(Quarts de Chaume)는 2011년부터 Grand Cru의 표기를 인정받았다.
사브니에르(Savnières) 사브니에르 쿨레 드 세랑 (Savnières Coulée-de-Serrant) 사브니에르 로슈 오 무아네 (Savennières Roche-aux-Moines)	B (단맛~ 드라이한 맛)	남동향으로 햇볕이 잘 드는 밭이 펼쳐진다. 잘 숙성된 슈냉으로 매운맛~단맛까지 다양한 타입의 화이트와인이 생산된다.
크레망 드 루아르 (Crémant de Loire)	rB (스파클링)	앙주&소뮈르, 투렌 지구 내의 AOC. 대다수는 소뮈르에서 만든다.

▌투렌 지구 ▌ (Touraine)

🍇 주요 AOC

AOC	타입	비고
투렌 (Touraine)	RrB (스파클링)	투렌 지구 일대를 커버. 가메 100%의 경우 투렌 가메가 된다.
부르게이(Bourgueil) 생 니콜라스 드 부르게이 (Saint-Nicolas-de-Bourgueil)	Rr	루아르강 우안. 대다수가 카베르네 프랑(브르통)의 레드
시농 (Chinon)	RrB	루아르강 우안. 카베르네 프랑의 레드 외에 슈냉의 화이트를 소량 생산
부브레 (Vouvray)	단맛~ 드라이한 맛 B (스파클링)	슈냉 100%의 화이트만을 만든다. 드라이한 맛 외에 수확년도에 따라서 단맛과 적당히 단맛도 만들기 때문에 편의상 색(Sec)과 데미 색(Demi Sec)으로 표기하기도 한다.

투렌 지구

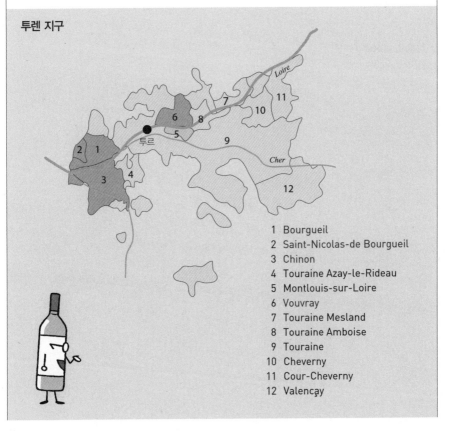

1 Bourgueil
2 Saint-Nicolas-de Bourgueil
3 Chinon
4 Touraine Azay-le-Rideau
5 Montlouis-sur-Loire
6 Vouvray
7 Touraine Mesland
8 Touraine Amboise
9 Touraine
10 Cheverny
11 Cour-Cheverny
12 Valençay

▌상트르 니베르네 지구 ▌ (Centre Nivernais)

🍇 주요 AOC

AOC	타입	비고
상세르 (Sancerre)	RrB	루아르강 우안. 대다수가 소비뇽 블랑 100%의 화이트. 레드와 로제는 피노 누아만으로 만든다.
푸이 퓌메 (Pouilly-Fumé)	B	루아르강 우안. 소비뇽 블랑 100%의 화이트. Silex(규산질의 역암) 토양에서는 독특한 화타석 향이 난다.
푸이 쉬르 루아르 (Pouilly sur Loire)	B	푸이 퓌메와 동일 생산지로 샤슬리로 만든 경우에 이름을 붙일 수 있는 AOC
샤토메이양 (Châteaumeillant)	Rgris	수확 후의 가메를 압착해서 만드는, 색이 연한 로제(그리)로 알려진 상트르 니베르네 지구에서 가장 새로운 AOC

※gris(그리) : 색이 연한 로제

상트르 니베르네 지구

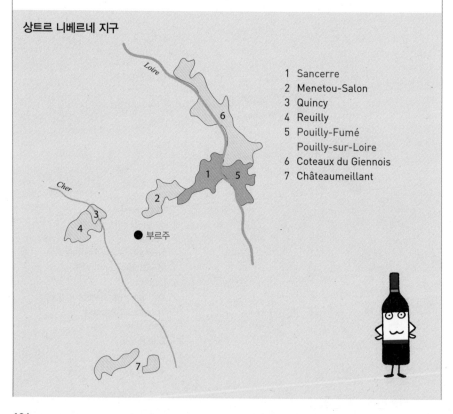

1 Sancerre
2 Menetou-Salon
3 Quincy
4 Reuilly
5 Pouilly-Fumé
   Pouilly-sur-Loire
6 Coteaux du Giennois
7 Châteaumeillant

● 부르주

프랑스의 주요 VDN과 VDL

VDN은 발효 도중의 포도 과즙에 알코올을 첨가하여 발효를 정지시키는 천연 단맛 와인, VDL은 발효 전의 포도 과즙에 알코올을 첨가하는 리큐르 와인이다.

다음을 외워두자.
VDN … 머스캣 봄 드 브니스(Muscat de Beaumes de Venise, VDN 레드·로제·화이트) : 코트 뒤 론
VDL … 피노 데 샤랑트(Pineau des Charentes, VDL 레드·로제·화이트) : 코냑
플록 드 가스코뉴(Froc de Gascogne, VDL 로제·화이트) : 아르마냑

복습 CHECK TEST 　　　　　**루아르 계곡 지방**

01	프랑스의 정원이라고도 불리는 루아르 지방을 흐르는 루아르강은 총 길이 1,000km 이상의 프랑스 최장 하천이다.	O	프랑스의 AOC 와인 산지 중에서 3위의 면적
02	믈롱 드 부르고뉴는 뮈스카데, 카베르네 프랑은 브르통이라고도 부른다.	O	슈냉은 피노 드 라 루아르. 혼동하지 않도록 한다.
03	페이 낭테 지구 최대 AOC는 뮈스카데 드 세부르 에 맨이다.	O	뮈스카데 4개 AOC는 쉬르 리의 표기가 인정받고 있다.
04	투렌 지구는 투르시를 중심으로 소뮈르의 동쪽에서 오를레앙까지 펼쳐지는 산지	O	페이 낭테, 앙주&소뮈르, 투렌, 상트르 니베르네 4지구의 키워드를 세트로 외워두자.
05	슈냉과 부르게이에서는 카베르네 프랑의 레드만 인정받고 있다.	X	시농은 RrB, 부르게이는 Rr. 각 AOC의 타입은 중요!
06	상트르 니베르네 지구의 푸이 퓌메는 샤슬리 100%로 만든다.	X	소비뇽 블랑 100%. 상세르의 화이트도 마찬가지다.
07	플록 드 가스코뉴는 아르마냑의 VDL이다.	O	피노 데 샤랑트는 코냑의 VDL

이탈리아

개요, 역사, 지리, 와인법, 주요 DOP 와인

이탈리아는 프랑스, 스페인과 함께 세계 3대 와인 생산국이다.

중요 키워드

지리와 역사 : 이탈리아반도 중앙을 아펜니노산맥이 관통한다. 반도 동쪽은 아드리아해, 서쪽은 티레니아해. 와인 제조는 기원전 2000년 이상 전. 본격적인 포도 재배 기술을 전수한 것은 그리스인과 에트루리아인. 1716년에 토스카나 대공 코지모 3세가 키안티, 포미노, 카르미냐노 등의 생산지를 구획화한 것이 원산지 명칭 제도의 최초의 예. 1963년에 최초의 원산지 명칭법을 공포했다.

포도 재배 : 정부 공인 포도 품종 가운데 화이트와인 품종은 카타라토, 레드와인 품종은 산지오베제(Sangiovese)가 최대 재배 면적. 북이탈리아의 네비올로는 스판나, 키아벤나스카라고 부른다.

와인 생산량 순위 : 1위 베네토주, 2위 에밀리아로마냐주
DOP 와인 생산량 순위 : 1위 프로세코(베네토주), 2위 아스티(피에몬테주)

와인 지식 간단 해설!

● 아파시멘토(Apassimento)와 파시토(Passito)

수확 후의 포도를 음지에서 말려 건조(아파시멘토)시킨 당도가 높은 포도로 만드는 와인(비노 파시토)이 많다. 스위트에서 드라이한 와인에 알코올 도수가 다소 높은 와인까지 다양하다. 파시토는 베네토주에서는 레치오토, 롬바르디아주에서는 스포르자토라고도 불린다.

● 클라시코(Classico)

토스카나주의 키안티와 베네토주의 소아베 등 인기 상승과 더불어 생산지가 확대한 산지로 오래전부터 있던 특정 중심부의 지구에 붙이는 표시. 와인법에 의해 마음대로 이름을 붙일 수 없다.

개략 · 역사

이탈리아에서 원시적인 와인 제조가 시작된 것은 약 4,000년 전, 기원전 2000년 이상 전으로 거슬러 올라간다. 포도 재배에 적합한 환경으로 고대 그리스인은 '와인의 땅(Enotria Tellus)'이라고 칭송했다. 기원전 8세기경이 되자 그리스인이 이탈리아 남부를 식민지화하고 그레코, 알리아니코 등 현재도 재배되고 있는 포도 품종과 재배 방법, 와인의 양조 기술을 전수했다.

중세 들어 수도원에 의해 서서히 품질이 높은 와인을 제조하게 된다. 그리고 근세에는 로마 교황의 와인을 담당하며 소믈리에의 선구자라고도 불리는 산테란체리오(Sante Lancerio)가 몬테풀치아노의 와인을 칭송하는 기록을 남기기도 했다. 1870년경 이탈리아 통일운동의 리더였던 베티노 리카솔리 남작이 지금의 키안티의 베이스가 되는 포뮬라(산지오베제 70%, 카나이올로 20%, 말바지아 델 키안티 10%의 품종 구성)를 정했다.

19세기 유럽에 번진 필록세라 병충해 (p.34)는 20세기 들어 이탈리아에서도 맹위를 떨쳤다.

필록셀라 병충해와 제1차 세계대전으로 많은 고유 품종과 전통적인 와인 제조 방법을 잃었지만 20세기 후반에는 토스카나주를 필두로 와인 제조가 근대화됐다.
이때의 '이탈리아 와인 르네상스'가 이탈리아 와인의 이미지를 높이는 계기가 됐다.

기후 · 지리

이탈리아의 수도 로마의 위도는 북위 42°이지만 북대서양 난류의 영향으로 기후는 온난하다.

이탈리아반도는 동쪽은 아드리아해, 서쪽은 티레니아해가 펼쳐진다. 반도 중앙을 아펜니노산맥이 관통하고 있어 산악지와 구릉지가 많고 평야는 23% 정도다. 바다에 둘러싸여 기복이 넘치는 지형으로 토지에 따라서 기후가 다양하고 와인의 개성도 풍부하다.

와인의 법률과 분류

1716년 토스카나 대공 코지모 3세가 우수한 와인을 생산하던 키안티, 카르미냐노 등을 구획화하고 그 이외 지역에서 이들 와인의 명칭 사용을 금지한 것이 원산지 명칭 제도의 시초이다. 이후 1963년에 이탈리아 정부에 의해서 원산지 명칭법이 제정. 2008년의 신 EU 와인 규칙 공포를 반영하여 2010년 5월에 이탈리아의 신 와인법이 시행됐다.

이탈리아의 새로운 품질 분류

EU의 새로운 품질 분류

EU의 새로운 품질 분류에서는 이탈리아 와인의 등급은 'DOP : 보호 원산지 명칭 와인', 'IGP : 보호 지리 표시 와인', 'Vino : 지리적 표시가 없는 와인' 3개로 분류된다. 또한 이탈리아의 와인법에서 DOP는 DOCG(Denominazione di Origine Controllata e Garantita : 통제 보증 원산지 명칭)과 DOC(Denominazione di Origine Controllata : 통제 원산지 명칭) 2단계로 분류되며 DOCG는 가장 제약이 엄격한 명명이다.

IGP은 구 와인법의 IGT 표기도 인정되고 있다. 그러나 모두 와인의 85% 이상이 그 토지에서 만들어진 것이어야 한다.

개별 규정

비노 프리잔테 (Vino Frizzante)	이탈리아의 약발포성 와인(비노 프리잔테)의 가스압은 20℃에서 1~2.5bar. 알코올 도수는 7% 이상
비노 노빌레 (Vino Novello)	이탈리아산 신주를 말한다. 양조 기간은 10일 이내, MC법(탄산가스 침적법)으로 만든 와인을 40% 이상 포함할 것. 포도 수확년도의 12 월 31일까지 병에 담을 것. 수확년도를 표시하도록 정해져 있다(10월 30일 영시 1분 이후에 제공. 프랑스의 뱅 누보보다 일찍 즐길 수 있다).

신주(新酒)란 어떤 술인가?

일반적으로 와인은 빨라도 반년부터 1년간에 걸쳐 만들 수 있
지만 신주는 그 해의 포도의 완성도를 확인하거나 축제 등에
제공하기 위해 수확 후 1~2개월 정도에 병에 담는다.
이탈리아 이외에서는 보졸레 누보로 대표되는 프랑스의 뱅 누
보(뱅 드 프리뫼르), 오스트리아의 호이리게, 독일의 데어 노이
에 등의 유명하다.

특수 와인 등

베르무트 디 토리노 (Vermut di Torino)	피에몬테주에서 만드는 베르무트. 약쑥 등의 약초, 향초 등을 침적해 서 만드는 혼성 와인. 스위트와 드라이 와인
리몬첼로 (Limoncello)	캄파니아주 소렌토 반도 주변에서 만드는 레몬의 껍질을 원료로 한 리큐르
그라파 (Grappa)	포도의 압착 찌꺼기에 물을 첨가하여 재발효한 후 증류해서 만드는 증류주. 통숙성시키지 않은 것부터 통숙성시키는 것까지 다양하고 그 라파(grappa) 뒤에 포도 품종과 DOP를 같이 표기하는 것도 있어 보 다 개성을 즐길 수 있다.

이탈리아의 와인 학습 포인트

주요 DOCG의 특징(생산하는 주, 품종, 타입)을 알아두자. 우선
20주의 위치와 각주의 키워드를 외우는 것부터 시작하자.

이탈리아 20주

중요!

알프스산맥

베네치아

아드리아해

티레니아해

밀라노

피렌체

로마

나폴리

1 발레다오스타주
2 피에몬테주
3 리그리아주
4 롬바르디아주
5 트렌티노알토아디제
6 베네토주
7 프리울리베네치아줄리아주
8 에밀리아로마냐주
9 토스카나주
10 움브리아주
11 마르케주
12 라치오주
13 아브루초주
14 몰리세주
15 캄파니아주
16 풀리아주
17 바실리카타주
18 칼라브리아주
19 시칠리아주
20 사르데냐주

'이탈리아의 지구'는 이것만은 꼭 외워두자!
처음에 중요한 주명과 지도상의 위치를 파악하고 다음으로 아래 주의 주요
DOP을 세트로 외우자.

【북부】피에몬테주, 롬바르디아주, 베네토주
【중부】토스카나주, 마르케주, 라치오주
【남부】캄파니아주, 풀리아주, 칼라브리아주, 시칠리아주

예를 들면 키안티 클라시코를 생산하는 주는 '9번(토스카나주)'이라고 대답
할 수 있도록 반복하자.

Italy

북부 이탈리아

▌ 발레다오스타주 ▌　(Valle d'Aosta)

발레다오스타란 '아오스타 계곡'이라는 뜻. 이탈리아 북서부에 위치해 북쪽으로는 스위스, 서쪽으로는 프랑스와 국경을 접한다. 깨끗하고 품질이 높은 DOC 발레다오스타는 생산량이 적어 주 외에서는 입수가 곤란하다.

▌ 피에몬테주 ▌　(Piemonte)

피에몬테란 '산기슭'이라는 의미. 시칠리아 주 다음으로 크다. 일찍이 사르데냐주와 함께 프랑스 사보이아가의 지배하에 놓였다가 1861년 이탈리아 왕국의 성립을 주도했다.

생산량의 약 83%를 DOP 와인이 차지하고 레드와인의 생산량은 63%. 토스카나주와 나란히 고급 레드와인 산지이다. 특히 네비올로종으로 만드는 레드와인, 바롤로와 바르바레스코 등은 세계적인 명성을 자랑한다. 단일 품종으로 만드는 와인이 많고 품종명을 표기하는 브랜드도 있다.

🍇 주요 레드와인 품종

네비올로 (Nebbiolo)	고귀한 레드와인 품종. 롬바르디아주, 사르데냐주에서도 재배된다. 안토시아닌은 적지만 탄닌이 풍부한 레드와인을 만들어낸다. 수확기가 늦어 만추에 포도밭에 내리는 서리(Nebbia)에서 이름이 유래했다. 북피에몬테의 겜메와 가티나라에서는 스판나(Spanna), 롬바르디아주 발텔리나에서는 키아벤나스카(Chiavennasca)라고 불린다.
바르베라 (Barbera)	이탈리아에서 인기가 높고 생산량이 많다. 과실미가 풍부하고 신맛이 강하며 탄닌은 적은 편. DOC 바르베라 달바(Barbera d'Alba), DOC 바르베라 다스티(Barbera d'Asti)의 주요 품종
돌체토(Dolcetto)	과실맛이 풍부하고 신맛이 적으며 탄닌이 많다.
브라케토 (Brachetto)	미발포성의 단맛 레드와인. DOCG 브라케토 다퀴(Brachetto d'Aqui)의 주요 품종

🍇 주요 화이트와인 품종

코르테스(Cortese)	피에몬테 전체에서 재배. DOCG 가비(Gavi)의 주요 품종
아르네이스(Arneis)	식용 포도로도 선호된다. DOCG 로에로(Roero, 화이트)의 주요 품종
모스카토 비앙코 (Moscato Bianco)	향이 높은 화이트와인 품종. DOCG 아스티(Asti) 등 단맛의 스파클링 와인에 적합하다.

피에몬테

베르바노쿠시오오솔라

비엘라

노바라

토리노

베르첼리

알레산드리아

아스티

쿠네오

피에몬테주의 주요 DOCG

피에몬테주는 북부 이탈리아 중에서 가장 중요하다.
우선 아래의 주요 DOCG의 명칭과 생산 가능한 타입을 정리하고 각각의 주요 포
도 품종을 세트로 기억하자!

【쿠네오】바르바레스코(레드), 바롤로(레드), 로에로(화이트·레드)
【아스티 외 2도】아스티(화이트)
【알레산드리아】가비(레드)
【노바라】겜메(레드)
【베르첼리】가티나라(레드)

예를 들면 [피에몬테주에서 화이트와 레드를 만드는 것이 인정되어 있는 DOCG
를 하나 선택하세요]라고 물으면 [로에로]라고 대답할 수 있도록 한다. [화이트는
아르네이스, 레드는 네비올로가 주품종]도 세트로 외워두자.

▍피에몬테주 북부 ▍　(노바라, 베르첼리의 주요 DOP)

DOCG	가티나라(Gattinara) : 스판나(=네비올로) 90% 이상으로 만드는 레드뿐. 북부 피에몬테에서는 가장 유명하다.
	겜메(Gemme) : 스판나(네비올로) 85% 이상으로 만드는 레드뿐. 서쪽의 가티나라보다 다소 부드러운 와인

▌피에몬테주 중남부 ▌　(쿠네오의 주요 DOP)

DOCG	바르바레스코(Barbaresco) : 네비올로로 만드는 레드뿐. 동쪽의 바롤로와 함께 북이탈리아를 대표하는 레드와인 중 하나로 바롤로보다 생산량이 적고 섬세하고 부드러운 주질
	바롤로(Barolo) : 네비올로로 만드는 레드뿐. '와인의 왕, 왕의 와인'이라고 칭해진다. 바르바레스코보다 주질이 힘 있다.
	로에로(Roero) : 네비올로 품종의 레드와 아르네이스 품종의 화이트. 레드는 바르바레스코와 바롤로보다 부드럽다. 화이트는 신맛이 적고 부드러운 맛이 특징이다.
DOC	네비올로 달바(Nebbiolo d'Alba) : 레드뿐. 바롤로, 바르바레스코보다 합리적인 가격에 네비올로의 매력을 즐길 수 있다.
	바르베라 달바(Barbera d'Alba) : 레드뿐. 이탈리아 내외에서 지명도가 높고 유통량도 많다. 바르바레 다스티보다 신맛이 적고 탄닌이 많다.
	돌체토 달바(Dolcetto d'Alba) : 레드뿐. 바르베라 달바를 능가하는 인기가 있다. 바르베라보다 신맛이 적고 탄닌이 많다.
	랑게(Langhe) : 네비올로, 프레이자, 돌체토 품종의 레드와 아르네이스, 파보리타 품종의 화이트가 있다. DOCG 로에로보다 친숙한 맛이다.

이탈리아

바롤로와 바르바레스코

DOCG 바롤로와 DOCG 바르바레스코의 생산 지역은 각각 몇 개의 마을을 포함하고 있다. 마을별로 주질이 다르지만 그중에서도 '바롤로 마을에서 만드는 바롤로'와 '바르바레스코 마을에서 만드는 바르바레스코'는 균형 잡힌 뛰어난 와인으로 평가받는다. 만드는 사람의 차이에 따른 개성을 맛볼 수 있는 것도 와인의 즐거움이라고 할 수 있다.

DOCG	아스티(Asti) : 모스카토비앙코로 만드는 미발포의 화이트, 벤데미아 타르디바(늦게 따는 포도로 만드는 단맛 화이트), 스푸만테(단맛으로 알코올 도수가 낮은 화이트)가 있다. 스푸만테는 대부분이 샤르마 방식으로 만든다.
	가비(Gavi) : 코르테제로 만드는 화이트뿐. 신맛과 미네랄감이 넘치는 맛이 특징이다.
	브라케토 다퀴(Brachetto d'Acqui) : 브라케토로 만드는 미발포성 단맛 레드, 스틸 와인인 레드와 파시토가 있다.

>>>라벨 표기에 적힌 'Riserva'는 무엇인가?

이탈리아 와인의 에티켓에서 때때로 보이는 리제르바(Riserva). 리제르바는 이탈리아어로 저장을 의미한다. 같은 DOP의 경우 이 표기가 없는 와인보다 저장, 숙성 기간이 길고 일반적인 와인보다 거래 가격이 비싸다. 리제르바를 표기하기 위해서는 각각의 DOP 규정을 충족해야 하며 아래와 같이 브랜드별로 법정 숙성 기간이 정해져 있다.

바롤로 리제르바(Barolo Riserva)
최저 5년의 숙성 기간이 필요. 노멀한 바롤로보다 법정 숙성 기간이 2년 길다.

바르바레스코 리제르바(Barbaresco Riserva)
최저 4년의 숙성 기간이 필요. 노멀한 바르바레스코보다 법정 숙성 기간이 2년 길다.

키안티 클라시코 리제르바(Chianti Classico Riserva)
최저 2년의 숙성 기간이 필요

타우라시 리제르바(Taurasi Riserva)
최저 4년의 숙성 기간이 필요

한편 스페인의 Reserva와 Gran Reserva 등의 표기는 Cava를 제외한 모든 원산지 명칭 와인에 대해 동일한 숙성 기간이 적용되고 있다.

▌ 롬바르디아주 ▌ (Lombardia)

일찍이 이 땅에 왕국을 구축한 랑고바르드족이 이름의 유래이다. 많은 산업의 중심지인 밀라노가 주도이고 이탈리아에서 가장 풍요로운 주이다.

이탈리아의 고급 스파클링 와인인 프란차코르타, 키아벤나스카(네비올로)로 만드는 향긋하고 순수한 발텔리나 외에 그늘에서 말린 포도로 만드는 스포르자토 디 발텔리나, 단맛의 레드와인 DOCG 모스카토 디 스칸초 등 종류가 다채롭다.

🍇 주요 레드와인 품종

키아벤나스카(Chiavennasca) (=네비올로(Nebbiolo))	DOCG 발텔리나 슈페리어(Valtellina Superiore), DOCG 스포르자토 디 발텔리나(Sforzato di Valtellina), DOC 발텔리나(Valtellina)의 주요 품종
피노네로(Pinot Nero) (=피노 누아(Pinot Noir))	DOCG 올트레포 파베제 클라시코(Oltrepò Pavese Metodo Classico), DOCG 프란치아코르타(Franciacorta)의 주요 품종
모스카토 디 스칸초 (Moscato di Scanzo)	DOCG 모스카토 디 스칸초(Moscato di Scanzo)의 주요 품종

🍇 주요 화이트와인 품종

샤르도네(Chardonnay)	DOCG 프란치아코르타(Franciacorta)의 주요 품종
리즐링(Riesling)	DOCG 올트레포 파베제(Oltrepò Pavese)의 주요 품종

🍇 롬바르디아주의 주요 DOP

DOCG	프란치아코르타(Franciacorta) : 롬바르디아주 중앙부에서 만드는 이탈리아를 대표하는 화이트와 로제의 스푸만테. 주요 품종은 샤르도네, 피노 네로, 피노 비앙코. 메토드 클라시코(병내 2차 발효) 방식
	발텔리나 슈페리어(Valtellina Superiore) : 키아벤나스카 주체의 레드. 최저 숙성 기간은 24개월(그중 12개월은 오크통숙성)
	올트레포 파베제 클라시코(Oltrepò Pavese Metodo Classico) : 피노 네로 주체의 화이트와 로제의 스파클링 와인. 메토드 클라시코 방식
	스포르자토 디 발텔리나(Sforzato di Valtellina) : 레드뿐. 스포르자토란 그늘에서 말린 포도로 만드는 롬바르디아주의 매운맛 와인
	모스카토 디 스칸초(Moscato di Scanzo) : 그늘에서 말린 모스카토 디 스칸초로 만드는 신비한 단맛의 레드. 생산량은 매우 적다.
DOC	로쏘 디 발텔리나(Rosso di Valtellina) : 키아벤나스카로 만드는 레드
	올트레포 파베제(Oltrepò Pavese) : 바르베라, 크로아티나, 리즐링이 주품종. 화이트, 레드, 로제, 스푸만테 등 다채로운 와인을 생산한다.

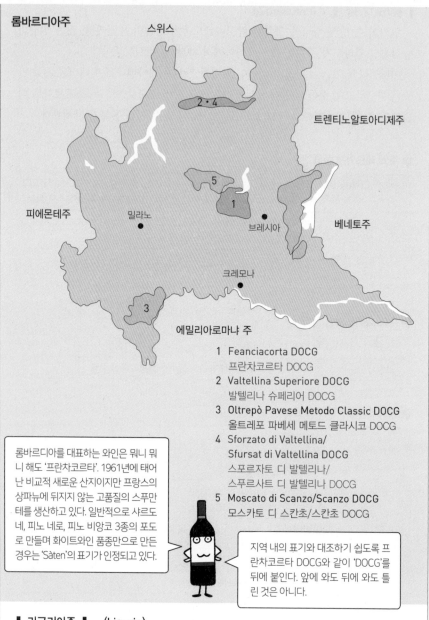

롬바르디아주

스위스

2 · 4

트렌티노알토아디제주

5

1

피에몬테주

밀라노

브레시아

베네토주

크레모나

에밀리아로마냐 주

1 Feanciacorta DOCG
  프란차코르타 DOCG
2 Valtellina Superiore DOCG
  발텔리나 슈페리어 DOCG
3 Oltrepò Pavese Metodo Classic DOCG
  올트레포 파베세 메토드 클라시코 DOCG
4 Sforzato di Valtellina/
  Sfursat di Valtellina DOCG
  스포르자토 디 발텔리나/
  스푸르사트 디 발텔리나 DOCG
5 Moscato di Scanzo/Scanzo DOCG
  모스카토 디 스칸초/스칸초 DOCG

롬바르디아를 대표하는 와인은 뭐니 뭐니 해도 '프란차코르타'. 1961년에 태어난 비교적 새로운 산지이지만 프랑스의 상파뉴에 뒤지지 않는 고품질의 스푸만테를 생산하고 있다. 일반적으로 샤르도네, 피노 네로, 피노 비앙코 3종의 포도로 만들며 화이트와인 품종만으로 만든 경우는 'Sàten'의 표기가 인정되고 있다.

지역 내의 표기와 대조하기 쉽도록 프란차코르타 DOCG와 같이 'DOCG'를 뒤에 붙인다. 앞에 와도 뒤에 와도 틀린 것은 아니다.

▌ 리구리아주 ▌ (Liguria)

이탈리아 북서부. 발레다오스타, 몰리세에 이은 작은 주로 서쪽은 프랑스, 동쪽은 토스카나에 접하고 있다. 주도는 이탈리아 최대의 항구 도시 제노바. 와인 생산량은 적고 대부분은 주내에서 소비되고 있다.

▎ 트렌티노알토아디제주 ▎ (Trentino−Alto Adige)

이탈리아에서 가장 북쪽에 위치하며 북쪽은 오스트리아와 스위스, 서쪽은 롬바르디아주에 접하고 있다. 상쾌한 신맛의 화이트와인이 주류이다.

▎ 베네토주 ▎ (Veneto)

이탈리아 북동부에 위치하며 주도는 물의 도시 베네치아다. 비교적 평야부가 많고 와인 생산량은 20주 중 1위. 이탈리아 와인의 수도라고도 불리는 주 동부의 베로나에서는 빈이태리(Vinitaly, 세계 3대 와인 페어)가 열린다. 이탈리아의 DOP 와인 생산량 1위인 프로세코를 비롯해 화이트인 소아베, 레드인 바르포리체라와 바르도리노 등 우리와도 친숙한 와인이 많으며 화이트와인의 생산량이 약 76%를 차지하고 있다.

비첸차의 바사노델그라파는 포도의 압축 찌꺼기에서 만드는 증류주, 그라파로 알려져 있다.

♣ 주요 화이트와인 품종

가르가네가 (Garnanega)	베네토주를 대표하는 그리스계 화이트와인 품종. DOC 소아베(Soave)의 주요 품종
트레비아노 디 소아베 (Trebbiano si Soave)	신맛이 풍부하다. 트레비아노는 이탈리아에서 가장 널리 재배되는 화이트와인 품종이다.
글레라(Glera)	일찍이 프로세코(Prosecco)라 불렸다. 약한 쓴맛이 특징이다.

♣ 주요 레드와인 품종

코르비나 (Corvina)	베네토에서는 일반적으로 코르비나 베로네제라 불리는 베네토주를 대표하는 레드와인 품종이다.

▎ 베네토주 서부 ▎ (베로나주)

베로나주는 롬바르디아주와의 주 경계에 있는 가르다호에서 부는 온난한 바람과 북부의 산에서 부는 차가운 바람에 의해 일교차가 커 신맛이 풍부하고 향기로운 아로마를 가진 포도가 재배된다.

♣ 주요 DOP

DOCG	바르돌리노 슈페리어(Bardolino Superiore) : 코르비나 베로네제 주체의 가벼운 레드
	소아베 슈페리어(Soave Superiore) : DOC 소아베(Soave)보다 알코올 도수 지정이 엄격하다. 대다수의 생산자는 이쪽보다 DOC 소아베(Soave)를 즐겨 사용한다.

DOCG	레초토 디 소아베(Recioto di Soave) : 소아베의 단맛. 베네토주에서는 파시토를 레초토라고 부른다.
	아마로네 델라 발폴리첼라(Amarone della Valpolicella) : 와인명은 이탈리아어인 'Amaro(쓴맛)'에서 유래한다. Apassimento(그늘에서 말린)에 의해 당도를 높인 포도로 만드는 드라이한 맛에 다소 알코올이 강한 레드와인. 주요 원료 포도는 코르비나 베로네제, 론디넬라, 몰리나라
DOC	발폴리첼라 리파소(Valpolicella Ripasso) : DOC 발폴리첼라의 와인에 아마로네 델라 발폴리첼 등의 포도 압착 찌꺼기를 첨가해 리파소(재발효)시켜 만드는 레드와인

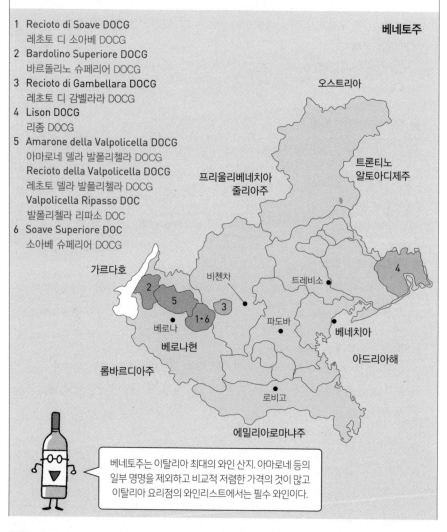

1 Recioto di Soave DOCG
   레초토 디 소아베 DOCG
2 Bardolino Superiore DOCG
   바르돌리노 슈페리어 DOCG
3 Recioto di Gambellara DOCG
   레초토 디 감벨라라 DOCG
4 Lison DOCG
   리종 DOCG
5 Amarone della Valpolicella DOCG
   아마로네 델라 발폴리첼라 DOCG
   Recioto della Valpolicella DOCG
   레초토 델라 발폴리첼라 DOCG
   Valpolicella Ripasso DOC
   발폴리첼라 리파소 DOC
6 Soave Superiore DOC
   소아베 슈페리어 DOCG

베네토주

오스트리아

트론티노
알토아디제주

프리울리베네치아
줄리아주

가르다호

비첸차

트레비소

2
5
1·6
3
베로나
베로나현
파도바
베네치아

롬바르디아주
아드리아해

4

로비고

에밀리아로마냐주

베네토주는 이탈리아 최대의 와인 산지. 아마로네 등의 일부 명명을 제외하고 비교적 저렴한 가격의 것이 많고 이탈리아 요리점의 와인리스트에서는 필수 와인이다.

▌ 프리울리베네치아줄리아주 ▌ (Friuli-Venezia Giulia)

이탈리아 북동부. 북쪽은 오스트리아, 동쪽은 슬로베니아와 국경을 접하고 남쪽으로는 아드리아해가 펼쳐진다. 화이트와인의 생산량이 70%를 차지한다.

❧ 주요 DOP

DOCG	콜리 오리엔탈리 델 프리울리 피콜리트(Colli Orientali del Friuli Picolit) : 피콜리트종을 그늘에서 말려서 만드는 단맛의 화이트와인. 피콜리트는 작황이 나빠 한 송이에 몇 개밖에 열리지 않아 생산량은 매우 적다.
	라만돌로(Ramandolo) : 베르두초 프리울라노종을 수확 후에 그늘에 말리고 나서 발효, 통숙성시켜 만드는 단맛의 화이트와인

▌ 에밀리아로마냐주 ▌ (Emilia Romagna)

이탈리아 북동부에 위치하는 에밀리아로마냐주는 남쪽으로는 토스카나주, 마르케주와 접하고 동쪽으로는 아드리아해가 펼쳐진다. 주도는 볼로냐이다.

와인은 산지오베제와 트레비아노에서 만드는 DOC 로마냐와 미발포성 레드와인 람브루스코가 유명하다. 또한 치즈의 왕 파르미지아노 레지아노와 파르마의 생햄, 식초 등으로도 알려져 있다.

중부 이탈리아

▌ 토스카나주 ▌ (Toscana)

라치오주의 북쪽에 위치한 중요 와인 산지로 주도는 피렌체. 1865년부터 1870년은 이탈리아 왕국의 수도였다. 와인 생산량은 많지 않지만 DOP 와인 비율은 62%, 레드와인의 생산량이 85%로 두드러지며 고품질의 와인을 생산한다.

일찍이 이 땅을 다스리던 코지모 3세가 1716년에 구획화한 키안티를 비롯해 키안티 클라시코, 브루넬로 디 몬탈치노, 비노 노빌레 디 몬테풀치아노 등 세계적으로 유명한 DOCG 와인이 만들어지고 있다.

키안티 클라시코 지구의 생산자들은 1970년대에 시작한 이탈리아 와인 르네상스를 견인했다. 와인법의 DOCG, DOC에서 인정받지 못한 품종을 사용하거나 규정 블렌딩 비율 등에 고집하지 않는 근대적인 방법으로 와인을 제조한다. 그 결과 매우 평가가 높은 '슈퍼 투스칸'이라고 불리는 와인을 생산했다. 토스카나 서부의 볼게리 및 볼게리 사시카이아는 그 후 DOC로 승격했다.

🍇 주요 레드와인 품종

산지오베제 (Sangiovese)	토스카나, 에밀리아로마냐 등 중부 이탈리아를 대표하는 포도 품종. 산과 탄닌이 풍부. 토스카나산 레드와인의 주요 품종. 산지오베제 그로소, 남부의 몬탈치노 마을 주변에서는 브루넬로라고도 불린다.
카나이올로 네로 (Canaiolo Nero)	와인에 부드러움을 주는 보조 품종. 산지오베제가 대두하기 전에는 토스카나의 중요 품종이었다. 현재는 산지오베제와 블렌딩하는 일이 많다.
메를로 (Merlot)	주로 산지오베제와 블렌딩하여 와인의 맛에 부드러움과 감칠맛을 부여한다.
카베르네 소비뇽 (Cabernet Sauvignon)	이탈리아에서 널리 재배되고 있다. DOC 볼게리 사시카이아(Bolgheri Sassicaia)에서는 메를로와 블렌딩한다.

🍇 주요 화이트와인 품종

베르나차 (Vernaccia)	주로 토스카나주와 사르데냐주에서 재배. 비교적 산이 풍부하다. DOCG 베르나차 디 산지미냐뇨(Vernaccia di San Gimignano)의 주요 품종
트레비아노 토스카노 (Trebbiano Toscano)	이탈리아에서 널리 재배. 토스카나 이외에 로마뇰로, 다브루초 등이 있으며 이들 트레비아노 각종을 합하면 이탈리아의 화이트와인 생산량 1위이다.
말바지아 비앙카 (Malvasia Bianca)	키안티 지구를 중심으로 재배. 주로 빈 산토(Vin Santo)에 사용

토스카나주

중요!

에밀리아로마냐주

리구리아주

피렌체

마르케주

②

⑦

③

④

리보루노
산지미냐노

③

⑤

티레니아해 8·8a

시에나

③

①

⑥

움브리아주

몬탈치노

Elba

스칸사노

⑨

몬테풀치아노

라치오주

1 **Brunello di Montalcino DOCG**
   브루넬로 디 몬테풀치아노 DOCG
2 **Carmignano DOCG**
   카르미냐노 DOCG
3 **Chianti DOCG**
   키안티 DOCG
4 **Chianti Classico DOCG**
   키안티 클라시코 DOCG
5 **Vernaccia di San Gimignano DOCG**
   베르나차 디 산지미냐노 DOCG
6 **Vino Nobile di Montepuliciano DOCG**
   비노 노빌레 디 몬테풀치아노 DOCG
7 **Pomino DOC**
   포미노 DOC
8 **Bolgheri DOC**
   볼게리 DOC
8a **Bolgheri Sassiccia DOC**
   볼게리 사시카이아 DOC
9 **Morellino di Scansano DOCG**
   모렐리노 디 스칸사노 DOCG

토스카나주는 중부 이탈리아를 대표하는 와인 산지로 세계적으로 유명한 DOP를 많이 산출하고 있다. 주요 DOCG에 관한 내용은 숙지하자. 특히 아래의 항목은 꼭 외워두자.

- 키안티 소토조나(Chianti Sottozona)
  (키안티의 특별 지역)에 대해
- 키안티 클라시코(Chianti Classico)
  피렌체와 시에나 사이에 펼쳐진다.
- 베르나차 디 산지미냐노(Vernaccia di San Gimignano)
  토스카나주 유일의 화이트와인뿐인 DOCG
- 모렐리노 디 스칸사노(Morellino di Scansano)
  토스카나주 최남단에 위치한 DOP
- 브루넬로 디 몬테풀치아노(Brunello di Montalcino)
  산지오베제(브루넬로) 100%

♣ 주요 DOP

DOCG	키안티(Chianti) : 이탈리아에서 가장 유명한 레드와인 중 하나. 산지오베제가 주품종. 5개 지역에 걸친 광대한 범위를 일컫는 명칭으로 소토조나(Sottozona, 특정 지역)으로서 콜리 세네시(Colli Senesi)와 루피나(Rufina), 몬탈바노(Montalbano) 등 7지역의 표기가 인정받고 있다. 이탈리아 DOP 와인 생산량 3위. 생산자별 품질 차이가 크다.
	키안티 클라시코(Chianti Classico) : 피렌체와 시에나 사이에 펼쳐진 구릉지대. 키안티 지방에 명칭이 인정된 '키안티'는 인기가 높아짐에 따라 생산이 주변으로 확산되어 일시적으로 품질이 저하했다. 때문에 주위의 DOCG 키안티에서 독립하여 DOCG 키안티 클라시코(Chianti Classico)의 명칭을 받았다.
	브루넬로 디 몬테풀치아노(Brunello di Montalcino) : 시에나 남쪽, 몬탈치노 마을을 중심으로 만드는 레드와인. 산지오베제(브루넬로) 100%. 판매까지는 50개월 이상의 숙성이 필요하다. 이탈리아 국내에서도 인기가 있는 고급 와인. 원조는 비온디 산티
	베르나차 디 산지미냐노(Vernaccia di San Gimignano) : 베르나차 품종. 세계 유산인 '탑의 마을' 산지미냐노 주변에서 만든다. 토스카나주에서 유일한 화이트와인뿐인 DOCG
	카르미냐노(Carmignano) : 토스카나 대공 코지모 3세에 의해 지정된 레드와인. 현재 생산하는 양은 적다. 산지오베제에 카베르네 소비뇽 등을 블렌딩한다. 키안티 클라시코보다 부드러운 맛
	비노 노빌레 디 몬테풀치아노(Vino Nobile di Montepulciano) : 토스카나 남동부의 몬테풀치아노 주변에서 산지오베제 품종으로 만드는 역사 있는 레드와인. '고귀한 와인'의 이름을 붙인다. 품질은 높지만 키안티 클라시코와 브루넬로 디 몬탈치노에는 떨어진다.
	모렐리노 디 스칸사노(Morellino di Scansano) : 토스카나주 DOP로 최남단에 위치. 산지오베제 품종으로 만드는 레드뿐. 주질은 다소 부드럽다.
DOC	빈 산토 델 키안티(Vin Santo del Chianti) : '성스러운(성인의) 와인'. 키안티 클라시코와 몬테풀치아노에서도 만든다. 포도를 그늘에서 말려⇒당도를 높이고 나서 발효한 후⇒오크통에서 장기간 산화 숙성한다. 현지에서는 칸투치(딱딱한 비스킷)를 찍어 즐긴다.
	볼게리 사시카이아(Bolgheri Sassicaia) : 20세기 중반경에 보르도에서 반입한 카베르네 소비뇽이 성공하여 1983년에 DOC로 승격한 슈퍼 투스칸의 선구자이다.
	포미노(Pomino) : 코지모 3세에 의해 구획화된 역사 있는 명칭. 현재는 소량밖에 생산하지 않는다.

▎움브리아주 ▎ (Umbria)

움브리아주는 이탈리아반도 중부에 위치하며 바다에 접하고 있지 않다. 주 전체의 70%를 차지하는 아름답고 광대한 구릉지대로 '이탈리아의 녹색 심장'이라고도 불린다. 주도는 페루자이다.

🍇 주요 DOP

DOCG	몬테팔코 사그란티노(Montefalco Sagrantino) : 사그란티노 주체의 색이 짙고 탄닌이 많은 레드 외에 파시토 방식의 옅은 단맛(Abboccato)도 만든다.
	토르지아노 로소 리세르바(Torgiano Rosso Riserva) : 산지오베제 품종. 부드럽고 (향이 진한) 깊이 있는 복잡한 레드와인
DOC	오르비에토(Orvieto) : 옛날부터 교황청 납품처이기도 했던, 움브리아에서 가장 유명한 화이트와인. 주요 품종은 그레케토, 트레비아노 토스카노 등

▎마르케주 ▎ (Marche)

마르케주는 이탈리아반도 중부에 있으며 북쪽으로는 에밀리아로마냐주에 접하고 동쪽으로는 아드리아해가 펼쳐진다. 화이트와인과 레드와인이 만들어지고 있다.

암포라형 보틀로 유명한 베르디키오종의 화이트와인 DOC 베르디키오 데이 카스텔리 디 예지(Verdicchio dei Castelli di Jesi)를 만들고 있는 것은 주도인 안코나 주변. 몬테풀치아노 품종의 레드와인 코네로(Conero)는 고대 로마 시대에 '아드리아해 연안에서 가장 우수한 레드와인'으로 알려져 있다.

▎라치오주 ▎ (Lazio)

라치오주는 동쪽의 아펜니노산맥과 서쪽의 티레니아해에 낀 길고 좁은 주이다. 이탈리아 공화국의 수도인 로마는 주 중앙에 위치한다. 화이트와인이 전체의 72%를 차지한다.

이탈리아의 수도원 발상지로도 알려져 있으며 수도사들에 의해서 포도밭과 와인 제조가 지켜졌다.

🍇 주요 DOP

DOCG	체사네제 델 필리오(Cesanese del Piglio) : 체사네제 주체의 와인레드. 라치오주에서 최초(2008년)로 DOCG로 승격
	프라스카티 슈페리어(Frascati Superiore) : 말바지아 비앙카 디 칸디아 품종의 화이트와인. DOC 프라스카티보다 알코올 도수 규정이 엄격하다.
DOC	프라스카티(Frascati) : 말바지아 비앙카 디 칸디아 주체의 화이트와인. 드라이에서 농축 과즙을 첨가한 스위트까지 타입은 다양하다. 시인 괴테도 사랑한 와인
	에스트! 에스트!! 에스트!!! 디 몬테피아스콘(Est! Est!! Est!!! di Montefiascone) : 트레비아노 토스카 품종의 화이트와인. 드라이에서 스위트와인까지 만든다. '있다! 있다!! 있다!!!'라는 독특한 이름은 중세의 전설에서 유래한다.

▌아브루초주 ▌ (Abruzzo)

아브루초주는 산악지대와 구릉지대가 펼쳐지며 평야가 적은 지형으로 서쪽으로는 티레니아해, 동쪽으로는 아드리아해가 보인다.

유명한 와인은 DOC 몬테풀치아노 다브루초(Montepulciano d'Abruzzo, 레드)와 DOC 트레비아노 다브루초(Trebbiano d'Abruzzo, 화이트).

▌몰리세주 ▌ (Molise)

아브루초주의 남쪽, 서쪽은 라치오주, 남쪽은 캄파니아주와 풀리아주에 둘러싸여 있는 몰리세주는 이탈리아 20주 중에서 두 번째로 작은 주로 조금 동쪽으로 아드리아해에 면하고 있다.

이탈리아 학습 포인트
지리 문제와 각 주의 주요 DOCG 관련 내용을 중심으로 학습하자.
북부, 중부, 남부를 골고루 학습하되, 유명한 DOC, DOCG와 타입별 주요 품종도 외워두자.

남부 이탈리아

▌캄파니아주 ▌ (Campania)

캄파니아주는 라치오주의 남쪽에 있으며 동쪽은 아펜니노산맥, 서쪽은 티레니아해를 마주하고 있다. 주도 나폴리는 이탈리아 굴지의 관광지 중 하나이다. DOCG Taurasi는 남이탈리아를 대표하는 레드와인이다.

♣ 주요 레드와인 품종

알리아니코 (Aglianico)	그리스에 기원은 둔 캄파니아주를 대표하는 레드와인 품종. DOCG 타우라시(Taurasi)의 주요 품종

♣ 주요 화이트와인 품종

그레코 (Greco)	그리스가 원산인 화이트와인 품종. DOCG 그레코 디 투포(Greco di Tufo)의 주요 품종. 신맛이 강하고 숙성에 적합한 와인을 생산한다.
피아노 (Fiano)	원산지 그리스에서 '밀봉'이라고 불린 화이트와인 품종. DOCG 피아노 디 아벨리노(Fiano di Avellino)의 주요 품종

♣ 주요 DOP

DOCG	타우라시(Taurasi) : 이탈리아 남부에서 가장 유명한 DOCG 알리아니코 품종으로 10년 이상의 숙성에 견디는 와인. 최저 숙성 기간은 3년.
	그레코 디 투포(Greco di Tufo) : 투포라 불리는 응회암 토양에서 자란 그레코를 주체로 만드는 드라이한 맛의 화이트와 스푸만테
	피아노 디 아벨리노(Fiano di Avellino) : 이탈리아 남부 주변에서 가장 오래된 역사를 가진 피아노종으로 만든다. 짙은 색을 띤 드라이한 화이트와 스푸만테

▌풀리아주 ▌ (Puglia)

북쪽은 몰리세주, 동쪽으로는 아드리아해, 남쪽으로는 이오니아해가 펼쳐지는 이탈리아에서 가장 동쪽에 위치하는 주이다. 와인 생산량은 베네토주와 1, 2위를 다투지만 최근에는 양보다 질을 추구하는 경향이다. 프리미티보종과 네그로 아마로종 등의 레드와인 생산량이 전체의 56%를 차지한다.

♣ 주요 레드와인 품종

프리미티보 (Primitivo)	그리스 원산. 주로 풀리아주에서 알코올 도수가 높은 와인을 생산한다. 진판델과 동일 품종

🍀 주요 DOP

DOC	카스텔 델 몬테(Castel del Monte) : 풀리아주에서 가장 유명한 와인으로 아름다운 색조의 로제는 특히 인기가 높다. 팜파누토 품종으로 만든 화이트와 레드와인 품종 우바 디 트로이아 품종으로 만든 레드와인과 로제
	프리미티보 디 만두리아(Primitivo di Manduria) : 프리미티보 품종으로 만든 드라이 레드와인. 긴 역사가 있으며 고대부터 명주로 즐겼다.

▌바실리카타주 ▌ (Basilicata)

바실리카타주는 북쪽은 캄파니아주와 풀리아주, 남쪽은 칼라브리아주에 접해 있다. 와인 생산량은 많지 않다.

🍀 주요 DOP

알리아니코 델 불투레 슈페리어 (Aglianico del Vulture Superiore)	캄파니아주의 타우라시와 나란히 오래전부터 남부 이탈리아를 대표하는 와인으로 알려져 있다.

▌칼라브리아주 ▌ (Calabria)

칼라브리아주는 이탈리아반도의 '부츠의 끝'에 위치하며 북쪽의 볼리노 산기슭에 의해서 바실리카타주와 나뉜다. 일찍이 그리스인이 가장 사랑한 토지라고 한다.

🍀 주요 레드와인 품종

갈리오토 (Gaglioppo)	그리스가 원산인 레드와인 품종. DOC 치로(Ciro, 레드) 등으로 탄닌이 풍부한 와인을 생산한다.

🍀 주요 화이트와인 품종

그레코 비앙코 (Greco Bianco)	그리스 원산. 그레코와 동 계통의 화이트와인 품종. 일찍이 지중해 연안 지방에서 가장 널리 재배되었다고 한다. DOC 치로(Ciro, 화이트)의 주요 품종

🍀 주요 DOP

DOC	치로(Cirò) : 칼라브리아주의 대표적인 와인. 화이트는 그레코 비앙코, 레드와 로제는 갈리오포 품종으로 만든다. 레드와인이 더 유명하다.

▌ 시칠리아주 ▌　(Sicilia)

시칠리아주는 칼라브리아주의 끝에 위치한 지중해 최대의 섬이자 이탈리아 최대의 주이다. 섬의 상징은 동쪽 끝의 에트나 화산. 섬 내 도처에 그리스, 로마 시대의 건축물 잔해가 많이 남아 있다. 레드와인 품종인 칼라브레제(네로다볼라), 프라파토 등으로 만든 레드와인과 화이트와인 품종인 지빕보(모스카토), 안소니카(인졸리아), 시칠리아에서 가장 널리 재배되고 있는 화이트와인 품종인 카타라토 등으로 만든 화인트와인 외에도 섬의 서쪽 끝에서 만드는 유럽 4대 주정강화 와인 중 하나인 마르살라가 유명하다.

시칠리아 남쪽의 지중해에 떠있는 작은 섬, 판텔레리아섬은 '지중해의 흑진주'로 칭송받으며 전통적으로 스위트와인을 만들고 있다.

♣ 주요 DOP

DOCG	체라수올로 디 비토리아(Cerasuolo di Vittoria) : 칼라브레제 주체의 레드와인. 타 지역에서는 '체라수올로'라고 하면 일반적으로 로제와인을 가리킨다.
DOC	마르살라(Marsala) : 이탈리아를 대표하는 주정강화 와인. 칼라브레제, 카타라토, 그릴로 등을 이용한다. 영국인 John Wodehouse가 1773년에 만들었다.
	에트나(Etna) : 동부의 에트나 화산 주변에서 만드는 레드, 로제, 화이트와인

▌ 사르데냐주 ▌　(Sardegna)

티레니아해에 떠있는 코르스의 남쪽 섬. 이탈리아의 20주 중 세 번째로 큰 사르데냐주는 스메랄다 해안 등의 리조트지가 있어 유럽 각지에서 많은 사람이 휴양 목적으로 방문한다. 코르크의 산지로도 유명하며 숭어알로 만드는 보타르가도 유명하다.

♣ 주요 DOP

DOCG	베르멘티노 디 갈루라(Vermentino di Gallura) : 사르데냐주 유일의 DOCG 와인. 스페인 원산인 베르멘티노로 만드는 진한 색조의 화이트와인
DOC	베르나차 디 오리스타노(Vernaccia di Oristano) : 사르데냐 서부 오리스타노 마을의 성녀 유스티나의 눈물에서 생겼다는 전설이 있다. 알코올 도수가 높고 상당히 진한 색조의 독특한 풍미를 가진 와인

CHECK TEST

01	이탈리아반도 중앙을 아펜니노산맥이 관통하고 반도 동쪽에 아드리아해, 서쪽에 티레니아해가 펼쳐진다.	O	이탈리아는 평야가 적고 기복이 심한 산지
02	이탈리아에서 가장 재배 면적이 큰 레드와인 품종은 산지오베제이다.	O	화이트와인 품종 최대는 카타라토 코무네
03	1716년에 앙리 4세가 키안티, 포미노, 카르미냐노 등의 산지를 구획화했다.	X	코지모 3세. 이탈리아 원산지 보호의 최초 예
04	DOCG 바롤로와 바르바레스코는 피에몬테주의 쿠네오에서 네비올로를 주품종으로 만든다.	O	네비올로는 북피에몬테에서는 스판나라고 불린다.
05	DOCG 가비는 화이트는 아르네이스, 레드는 네비올로가 주품종이다.	X	코르테제의 화이트뿐
06	DOCG 프란차코르타는 모스카토 비앙코 품종을 샤르마 방식으로 스파클링 와인으로 만든다.	X	샤르도네, 피노 네로 등. 메토드 클라시코
07	롬바르디아주의 발텔리나에서는 네비올로를 키아벤나스카라고도 불린다.	O	DOCG 발텔리나 슈페리어는 키아벤나스카 품종의 레드뿐
08	아마로네 델라 발폴리첼라와 레초토 디 소아베는 베네토주 베로나의 DOCG이다.	O	베로나는 가르다호의 영향을 받아 포도 재배에 적합한 기후
09	DOC 키안티는 카베르네 소비뇽와 메를로의 블렌딩으로 만든다.	X	산지오베제 품종. 카베르네 소비뇽은 볼게리
10	토스카나주의 DOCG 브루넬로 디 몬탈치노는 베르나차 품종으로 만드는 화이트와인이다.	X	산지오베제 100%의 레드와인

158

스페인

개요, 역사, 지리, 와인법, 주요 와인

포도 재배 면적은 세계 1위. 2015년의 와인 생산량에서 이탈리아, 프랑스에 이어 3위인 스페인은 화이트와인의 생산량이 약 49%. 돈키호테로 알려진 라만차 지방은 세계 최대의 와인 산지이다.

중요 키워드

아이렌(Airen) : 화이트와인 품종 재배 면적 최대. 라만차에서 증류주의 원료로 대량으로 사용된다.

템플라니요(Tempranillo) : 레드와인 품종 재배 면적 최대. 리베라 델 두에로에서는 'Tinto Fino', 라만차에서는 'Cencibel'이라 불리며 스페인 각지에서 재배되고 있다.

DOCa : 현재 리오하와 프리오라토의 2지구만 인정

리오하(Rioja) : DOCa 인정 산지. 19세기 후반에 필록세라의 피해로 밭을 잃은 보르도 등의 프랑스인이 리오하로 유입하면서 프랑스의 와인 제조 기술이 스페인에 전해졌다.

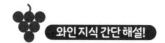 와인 지식 간단 해설!

●카바(Cava)
어원은 동굴. 병내 2차 발효* 방식으로 만드는 스페인을 대표하는 스파클링 와인의 명칭. 페네데스를 중심으로 하는 카탈루냐주에서 95%를 생산. 주요 품종은 마카베오, 빠레야다, 샤렐로 3종의 화이트와인 품종.

●셰리(Sherry) (Vino de Jerez)
스페인 남부 안달루시아주 명산의 주정강화 와인. 젊은 와인을 조금씩 오래된 와인이 든 통으로 옮겨 가는 '솔레라 시스템'이라 불리는 독특한 숙성으로 드라이에서 스위트까지 다양한 타입을 만든다. 포트 와인, 마데이라와 함께 세계 3대 주정강화 와인으로 불린다.

*병내 2차 발효 : 2차 발효를 병내에서 수행하는 것. 주발효(1차 발효)로 만든 여러 종의 베이스 와인을 블렌딩해서 병에 담고 효모와 자당을 첨가해서 밀폐. 알코올 발효의 부산물인 탄산가스를 가둬 둔다.

개략 · 역사

이베리아반도에 위치한 스페인에 포도 재배가 전파된 것은 기원전 1100년경. 페니키아인이 주로 안달루시아 등의 지중해 연안 지방에서 와인을 제조했다.

8세기 초반부터 무어인(무슬림)의 지배를 받게 되어 와인 생산은 정체됐다.

이후 1492년에 그리스도교도가 스페인의 국토를 회복한 이래 수도원 등에서 활발히 와인이 만들어지게 되고 대항해 시대에는 많은 와인이 배에 실렸다.

19세기 후반에는 프랑스의 필록세라(p.34)에 의해 많은 프랑스인이 리오하 등의 스페인 북부로 이주했다. 이때 새로운 기술을 들여와 스페인 와인의 품질이 향상됐다. 필록세라는 이후 피레네산맥을 넘어 스페인에도 전해진다. 20세기는 전쟁과 정치적 불안으로 인해 이른바 와인의 암흑시대가 된다. 프랑코 정권의 종언, EC 가맹에 의해서 많은 자본이 모여 와인의 품질은 급격하게 높아지고 현재에 이른다.

와인 생산량이 가장 많은 것은 전체의 48%를 차지하는 내륙부 지방인 카스티야라만차주. 스페인 전토가 포도 재배에 적합한 기후로 현재 17의 자치주 모두에서 포도가 재배되고 있다. 스페인 고유의 토착 품종도 많아 다양한 와인을 생산한다.

기후 · 지리

위도가 낮고 일반적으로 일조 시간이 긴 스페인은 대서양 지방의 갈리시아 지방을 제외하고 강우량은 적은 편이다. 연안부는 온화하고 온난한 기후, 내륙부는 메세타라 불리는 건조한 대지가 펼쳐진다. 표고가 높은 지역은 기온의 일교차가 크기 때문에 포도를 성숙시켜 딱 좋은 신맛을 만들어낸다.

주요 포도 품종

재배 면적 최대는 화이트와인 품종는 아이렌(Airén), 레드와인 품종은 템플라니요(Tempranillo)이다.

🍇 주요 레드와인 품종

템플라니요(Tempranillo) =틴토 피노(Tinto Fino) 등	스페인에서 널리 재배되고 있는 대표 품종. 레드와인 품종 재배 면적의 41%를 차지한다. 산지에 따라 명칭이 바뀐다.
보발 (Bobal)	레드와인 품종 재배 면적 2위. 주로 지중해 연안의 발렌시아주에서 재배되며 최근에는 보다 양질의 와인을 만들고 있다.
가르나차 틴타(Garnacha Tinta) =그르나슈 누아(Grenache Noir)	스페인의 아라곤 지방이 원산지. 프랑스에서는 그르나슈라고 불린다.
멘시아 (Mencia)	최근 주목을 받고 있는 품종. DO 비에르소로 우수한 레드와인을 생산한다.

🍇 주요 화이트와인 품종

아이렌 (Airén)	스페인 최대의 재배 면적. 주로 라만차에서 증류주의 원료로 사용된다. 최근에는 스틸 와인의 생산량도 늘고 있다.
마카베오(Macabeo) =비우라(Viura)	과일 맛이 나는 상쾌한 맛. 빠레야다, 샤렐로와 함께 Cave의 주요 품종
팔로미노 피노(Palomino Fino)	셰리의 주요 품종
페드로 히메네스 (Pedro Ximénez)	동명의 단맛 셰리의 원료 포도. 수확 후에는 천일 건조를 해서 건포도 상태로 해서 저장한다.
알비리뇨 (Albarino)	대서양에 면한. 갈리시아 지방의 리아스 바이사스의 주요 품종. 신맛이 풍부하고 상쾌한 맛이 난다.
베르데호 (Verdejo)	내륙 지방 루에다의 주요 품종. 동명의 부드러운 화이트와인을 생산한다.

와인 법률과 분류

스페인에서 셰리 등은 오래전부터 영국과 교역이 활발했으며 18세기경에는 와인의 품질을 유지하기 위한 입법이 공포됐다. 1926년에는 리오하에서 스페인 최초의 원산지 통제 위원회(Consejo Regulador)를 설립하고 1932년에 와인법을 제정했다. 현재의 원산지 명칭제도(Denominacion de Origen : DO)는 이를 토대로 정비됐다.

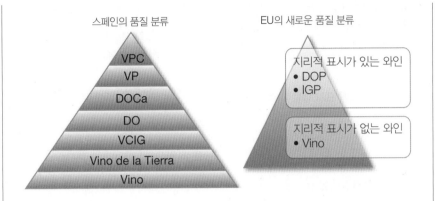

스페인의 품질 분류

- VPC
- VP
- DOCa
- DO
- VCIG
- Vino de la Tierra
- Vino

EU의 새로운 품질 분류

지리적 표시가 있는 와인
- DOP
- IGP

지리적 표시가 없는 와인
- Vino

2003년 와인법이 대폭 개정되어 와인 카테고리는 7개로 세분화됐다. 상위 2카테고리(VPC, VP)는 아직 인정 받이 적고 실제로 DO 인정을 받은 약 70개 지역이 스페인 와인의 핵심이다.

🍇 DOP : 원산지 명칭 보호

Vino de Pago Calificado(VPC) 특선 단일 밭 고급 와인	DOCa 인정 산지인 리오하, 프리오라토에서만 인정되고 있다. 2017년 현재 하나도 인정을 받지 못하고 있다.
Vino de Pago(VP) 단일 밭 고급 와인	특정 마을 등에서 다른 것과 특별한 차이를 가진 밭의 포도로 만드는 개성적이고 고품질의 와인. DOCa와 DO 인정 산지 이외에도 단독으로 인정받는 명칭
Denominación de Origen Calificada(DOCa) 특선 원산지 명칭 와인	DO 중에서 엄격한 심사를 거쳐 승격한 와인으로 현재는 2개뿐. 1991년에 리오하, 2009년에 프리오라트가 인정을 받았다.
Denominación de Origen(DO) 원산지 명칭 와인	원산지 명칭 위원회가 설치된 지역으로 인가 품종을 사용해서 만드는 고품질 와인. 현재 약 70개 지구가 인정을 받고 있다.
Vino de Calidad con Indicacion Geografica(VCIG) 지역명이 붙은 고급 와인	VPC, VP 모두 2003년에 신설. 특정 지역, 지구 등의 포도를 사용해서 만든 와인

🌸 IGP : 지리적 표시 보호

비노데라 티에라(Vino de la Tierra) 지방 와인	프랑스의 뱅 드 페이와 마찬가지로 지역명에서 이름 딴 와인. DOP 와인보다 넓은 지역을 커버하는 명칭이 많다.

🌸 Vino : 지리적 표시 없음

비노(Vino) 스페인 국산 와인	지방명, 지역명 등은 사용할 수 없다. DOP, IGP 이외의 모든 스페인 와인

▌스페인 독자의 숙성 규정 ▌

스페인에서는 독자의 숙성 규정을 두고 와인의 품질을 구분하고 있다. 셰리와 카바 이외의 DOP 와인은 330ℓ 이하의 오크통을 사용한 것에 한정되며 아래의 3가지 표기가 인정되고 있다.

크리안자 (Crianza)	레드와인은 최저 24개월 숙성. 그중 6개월은 통숙성 (화이트, 로제는 최저 18개월 숙성. 그중 6개월은 통숙성)
리세르바 (Reserva)	레드와인은 최저 36개월 숙성. 그중 12개월은 통숙성 (화이트, 로제는 최저 24개월 숙성. 그중 6개월은 통숙성)
그란 리세르바 (Gran Reserve)	레드와인은 최저 60개월 숙성. 그중 18개월은 통숙성 (화이트, 로제는 최저 48개월 숙성. 그중 6개월은 통숙성)

※상기보다 긴 숙성 기간이 설정된 DOP도 있다.

한편 아래의 3가지 숙성 표기는 현재도 일부 산지에서 사용되고 있다. 숙성용 통의 용량 상한은 600ℓ로 규정되어 있다.

노블레(Noble)	오크통 또는 병내에서 최소 18개월 숙성
아네호(Anejo)	오크통 또는 병내에서 최소 24개월 숙성
비에호 (Viejo)	최소 36개월 숙성. 태양광이나 산소, 열의 작용에 의해 와인에 산화 숙성이 현저한 것

> **>>> 와인숍에 가보자!**
>
> 이 책도 드디어 후반부로 접어들었다. 여기까지 읽었다면 조금은 와인 에티켓을 이해할 수 있다. 와인숍이나 술집 등에서 실제로 여러 가지 와인을 접해보자. 스페인 와인이라면 'Rioja' 등의 산지명과 'Crianza' 등의 숙성 표기를 찾을 수 있을 것이다.

DO Cava에 대해

카바란 동굴이라는 의미이다. 지정 산지 내에서 규정의 포도 품종을 원료로 만드는 트래디셔널 방식의 스파클링 와인이다. 상파뉴 방식으로 1872년부터 만들어지고 있다. 2차 발효부터 찌꺼기 제거까지 최소 9개월간의 숙성이 의무화되어 있다. 일반적인 DOCa나 DO와 달리 카바의 지정 산지는 스페인 각지에 분산되어 있다.

카바 생산량의 95%는 페네데스를 중심으로 하는 카탈루냐주에 집중해 있고 그중 85%는 산 사루르니 드 노야에서 생산된다.

▌주요 포도 품종 ▌

화이트와인 품종인 마카베오(비우라), 빠레야다, 샤렐로 3종이 주품종이다. 이 외에 소량의 말바지아와 샤르도네 등을 사용. 로제에는 모나스트렐, 가르나차, 피노 누아 등을 사용하고 있다. 피노 누아는 화이트 카바에도 사용이 인정되고 있지만 레드와인 품종인 트레팟은 로제의 카바만 사용이 인정된다.

♣ 카바 독자의 숙성 규정

리세르바(Reserva)	티라주부터 찌꺼기 제거까지 15개월 이상 거친 카바에 인정된다.
그란 리세르바 (Gran Reserva)	브뤼 나뚜레(Brut Nature), 엑스트라 브뤼(Extra Brut), 브뤼(Brut) 중 병입부터 찌꺼기 제거까지 30개월 이상 경과하고 병 교체를 하지 않은 카바에만 인정된다.

최근에는 샤렐로 100%의 프레시 타입 생산량이 늘고 있다. 또한 2008년부터는 피노 누아를 100% 사용한 블랑 드 누아의 생산이 새로이 인정받았다.

스페인의 5개 지방

대서양 지방

프랑스

북부 지방　지중해 지방

바르셀로나

내륙부 지방

포르투갈

마드리드

지중해

발렌시아

남부 지방

세비야

발레아레스 제도

카나리아 제도

Spain

스페인은 국토의 평균 표고가 약 650m로 의외로 높고, 특히 내륙부 지방에는 메세타(중앙 고원)가 펼쳐진다. 이 지방의 주요 와인 산지의 밭은 표고 750~850m에 위치하며 리베라 델 두에로에는 900m를 넘는 곳도 있다. 고지의 와인 산지의 특징은 뭐니 뭐니 해도 한난의 차이가 크다는 점이다.

스페인의 주요 와인 산지

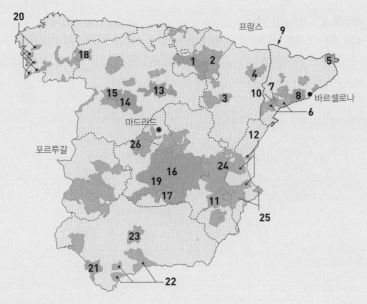

1 Rioja 리오하	15 Toro 토로
2 Navarra 나바라	16 La Mancha 라만차
3 Cariñena 카리녜나	17 Valdepeñas 발데페네스
4 Somontano 소몬타노	18 Bierzo 비에르소
5 Empordà 엠포르다	19 Pago Florentino 파고 플로렌티노
6 Tarragona 타라고나	20 Rias Baixas 리아스 바이샤스
7 Priorato 프리오라토	21 Jerez-Xérès-Sherry &
8 Penedés 페네데스	Manzanilla-Sanlúcar de Barrameda
9 Cataluña 카탈루냐	헤레즈/셰리 & 만자니야 산루카 데 바라메다
10 Montsant 몬트산트	22 Málaga & Sierras de Málaga
11 Jumilla 후미야	말라가 & 시에라스 드 말라가
12 Valencia 발렌시아	23 Montilla-Moriles 몬티야 모릴레스
13 Ribera del Duero	24 Utiel-Ruquena 우띠엘 레께나
리베라 델 두에로	25 Alicante 알리칸테
14 Rueda 루에다	26 Dominio de Valdepusa 도미니오 데 발테푸사

스페인의 DOP는 전부 약 90개 있으며 DOCa와 DOC가 그중 약 70%를 차지한다. 산지 구획은 상당히 세세하기 때문에 지도 상의 위치는 크게 중요하지 않다. 키워드와 산지를 연결하는 식으로 학습하자. 지도는 학습 시에 참고하자.

북부 지방

▌ 리오하 ▌ (Rioja) ※DOCa

리오하는 스페인 북부, 표고 300~700m에 위치하는 스페인을 대표하는 와인 산지 중 하나로 1991년에 DOCa로 인정됐다. 이름의 유래가 된 리오하는 서쪽에서 동쪽으로 흐르는 대하 에브로강 지류인 오하강이다.

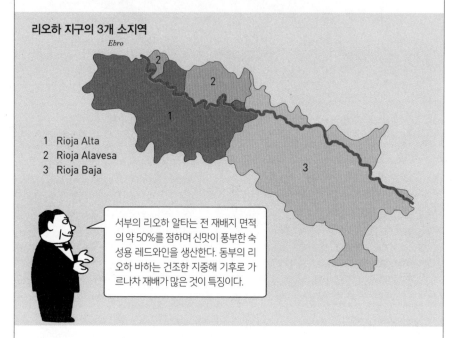

리오하 지구의 3개 소지역

Ebro

1 Rioja Alta
2 Rioja Alavesa
3 Rioja Baja

서부의 리오하 알타는 전 재배지 면적의 약 50%를 점하며 신맛이 풍부한 숙성용 레드와인을 생산한다. 동부의 리오하 바하는 건조한 지중해 기후로 가르나차 재배가 많은 것이 특징이다.

▌ 나바라 ▌ (Navarra)

피레네산맥 인근의 표고 600m에 위치하는 나바라는 재배 면적의 95%가 레드와인 품종이다. 이 가운데 3분의 1 이상은 템프라니요, 가르나차가 약 3분의 1을 차지한다.

▌ 소몬타노 ▌ (Somontano)

소몬타노의 의미는 '산기슭'. 근대적인 양조장을 건설하고 고도의 기상 관측 기술을 이용하여 모던한 스타일의 수출용 와인을 개발하고 있다.

▌ 캄포 데 보르하 ▌　(Campo de Borja)

재배 면적의 70% 가까이를 가르나차가 차지하기 때문에 '가라나차 왕국'이라고도 불린다. 레드와인의 생산량이 많고 화이트는 5% 정도밖에 만들지 않는다.

▌ 차콜리 데 비스카야 ▌　(Chacoli de Bizkaia)

바스크주 빌바오 주변에 펼쳐진 와인 산지. 전통적으로 레드와인 산지였지만 현재는 Hondarrabi Zuri종 등의 화이트와인 생산량이 90% 가까이를 차지한다.

지중해 지방

▌ 프리오라토 ▌　(Priorato) ※DOCa

프리오라토는 전통적인 와인 산지이지만 포도 재배가 곤란한 지형에 있어 최근까지 주목받지 못했다. 1980년대 4인조라 불리는 신진 기예의 양조가들이 이 땅의 가능성에 주목하고 지역 품종인 카리네나(=카리냥), 가르나차(=그르나슈), 시라 등의 외래 품종을 이용하여 최신 기술을 구사한 와인 제조에 나서 고품질의 브랜드를 선보이고 있다.

> 프리오라토의 주요 토양은 슬레이트(점판암 토양). 내륙의 산간부에 위치하고 한난의 차이가 큰 것이 기후의 특징이다. 2009년에 DOCa에 인정받았다.

▌ 페네데스 ▌　(Panedés)

페네데스는 카바의 주요 산지이다. 지중해에 면해 있고 페니키아인과 그리스인에 의해 포도 재배가 전해졌다고 한다.

▌ 몬트산트 ▌　(Montsant)

몬트산트는 팔세트(성스러운 산 '몬트산트'를 우러르는 와인 산지, '프리오라토'의 입구 마을) 주변의 산지가 독립한 DO로 원래는 DO 타라고나의 서브 존(소지구)의 하나. 농후한 레드와인이 중심이다.

▌ 타라고나 ▌　(Taragona)

타라고나는 로마 시대부터 양질의 와인을 생산하고 있는 역사 깊은 산지이다. 드라이에서 스위트까지 화이트와인의 평가가 높다.

내륙부 지방

▌ 리베라 델 두에로 ▌ (Ribera del Duero)

리베라 델 두에로는 강 연안에 자리한 좁고 긴 산지로 와인 제조 역사는 약 2000년에 달한다. 스페인을 대표하는 제조자 베가 시실리아를 비롯해 페스케라와 아바디아 레투에르타, 아르수아가 등 우수한 와인을 생산하는 보데가(양조장)가 인접해 있다.

레드와 로제와인만 인정되고 있으며 레드의 주요 품종은 틴토 피노(템프라니요).

마드리드 북부 지구 카스티야이레온주

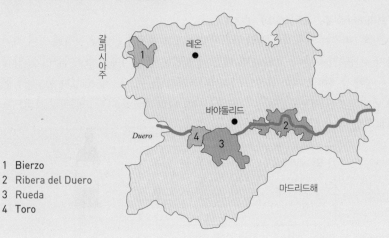

레온

갈리시아주

바야돌리드

Duero

마드리드해

1 Bierzo
2 Ribera del Duero
3 Rueda
4 Toro

▌ 루에다 ▌ (Rueda)

루에다는 카스티야이레온주의 주도인 바야돌리드의 남쪽 산지이다. 베르데호에서 만드는 화이트와인이 유명하다.

▌ 토로 ▌ (Toro)

토로는 한난의 차가 커서 틴타 데 토로(템프라니요)로 상당히 진한 레드와인이 만들어지고 있다.

▌ VP 도미니오 데 발데푸사 ▌ (VP Dominio de Valdepusa)

2003년에 스페인에서 처음으로 비노 데 파고로 인정된 산지이다. 저명한 양조 컨설턴트와 계약을 맺고 품질 향상에 노력하고 있다.

▌비에르소 ▌ (Bierzo)

북쪽으로 갈리시아주와 접한 비에르소는 멘시아를 주체로 한 레드와인의 평가
가 높은 산지이다.

▌라만차 ▌ (La Mancha)

라만차는 세계 최대 와인 산지이다. 화이트와인 품종 아이렌을 원료로 한 전통
적인 증류주 산지였지만 최근에는 양질의 스틸 와인도 주목을 받고 있다. 라만차
근교에서는 템프라니요는 센시벨이라고 불린다.

▌발데페네스 ▌ (Valdepeñas)

주위의 대부분이 라만차에 둘러싸여 있는 작은 산지이다. 와인 제조 역사가 길
고 화이트는 아이렌, 레드는 센시벨로 다소 가벼운 와인을 만들어낸다.

대서양 지방

▌리아스 바이사스 ▌ (Rías Baixas)

리아스 바이사스는 갈리시아주의 주요 산지이다. 연간 강수량은 1,600mm로 스
페인 중에서는 강우량이 많고 재배 포도의 약 96%가 알바리뇨종이다.

> 리아스식 해안. 영어로도 그대로 리아스 코스트라고 부르며 '리아스'는 스페인어
> 인 'ria=입강'에서 유래한다. DO리아스 바이사스가 위치하는 북서부의 갈리시아
> 주는 대서양에 면한 입강이 많은 것으로 알려져 있다. 이 땅에서 획득하는 어개
> 류와 알바리뇨의 화이트와인이 잘 어울린다.

스페인

남부 지방

▌말라가 ▌ (Málaga)

피카소의 출신지로도 유명한 지중해 연안의 리조트지 말라가 주변의 산지이다.
말라가의 와인은 일찍이 영국에서 '마운틴'이라고 불렸다.

현재는 페드로 히메네스와 모나스트렐에서 다양한 타입의 스틸 와인, 주정강화
와인이 만들어진다.

▌몬티야 모릴레스 ▌   (Montilla−Moriles)

몬티야 모릴레스는 안달루시아주 중앙부의 산지이다. 당도가 높은 페드로 히메네스를 주체로 알코올 도수가 높은 스틸 와인을 제조하고 주정강화를 하지 않고 솔레라 시스템으로 숙성시킨다. 셰리와 마찬가지로 여러 타입의 와인을 만든다.

▌셰리&몬티야 ▌   (Jerez−Xérès−Sherry & Manzanilla Sanlúcar de Barrameda)

셰리는 안달루시아주 카디스 헤레스 데 라 프론테라 주변에서 만드는 주정강화 와인이다. 솔레라 시스템이라는 독특한 숙성 방법으로 다양한 타입의 와인을 만들 수 있다. 셰리는 영어명이고 스페인어로는 Vino de Jeres라고 한다.

특히 우수한 셰리를 낳는 것이 헤레스 데 라 프론테라, 산루카르 데바라메다, 엘 푸에르토 데 산타마리아를 연결하는 삼각 지대이다. 알바리사라 불리는 석회분을 많이 함유한 새하얀 토양이 펼쳐진다.

>>> 셰리의 역사와 솔레라 시스템

8세기 초반에 무슬림의 이베리아반도 지배가 시작한 무렵 헤레스는 '셰리시(Sherish)'라 불렸으며, 이것이 셰리의 어원이 됐다. 콜럼버스의 신대륙 발견에 열광하던 무렵 카디스에 근거를 둔 제노바의 상인들이 마젤란의 범선에 대량의 셰리를 실었고, 셰리는 그들과 함께 전 세계를 돌아다녔다. 사실 이 당시의 셰리는 단순한 주정강화 와인에 불과했다. 레콘키스타(재정복 운동) 완료 후에 대영 수출이 급증했지만 18세기의 영국−스페인 전쟁의 영향으로 수출량이 단숨에 3분의 1로 격감했고 이어지는 오스트리아 계승 전쟁의 발발로 다시 절반 가까이 감소한다. 팔 곳이 없어져 과잉 재고가 된 셰리는 통에 든 채 창고 안에 점점 쌓였고 가장 오래되어 먼저 팔아야 할 셰리가 가장 꺼내기 어려운 하부에 적재되었다. 이러한 배경에서 '통의 이동이 아니라 속의 와인을 이동한다'는 방법에 착안하여 '솔레라 시스템'이라는 독특한 숙성 방법이 생겨났다고 한다. 솔레라 시스템에 의해 균일하고 고품질의 올드 셰리가 만들어지게 되어 현재도 우리를 즐겁게 해준다.

셰리의 주요 타입

피노 (Fino)	가벼워서 주로 식전주로 제공된다. 헤레스나 산타 마리아에서 숙성. 산막 효모가 활동할 수 있는 범위 내로 알코올 강화를 억제하여 효모가 와인 표면에 만드는 플로르(flor, 효모 막)에 의해서 산소와 차단되어 안정되게 숙성된다. 알코올 도수는 15~18도
만지니야 (Manzanilla)	피노와 같은 타입. 숙성지는 해변 마을 산루카르데바라메다에 한정되며 독자의 DO가 주어져 있다. 브랜드명에 따라서는 미묘하게 소금기를 느끼는 것도 있다.
아몬티야도 (Amontillado)	피노와 올로로소의 중간 풍미. 시작은 피노와 마찬가지로 플로르하에서 숙성. 플로가 소실된 후 올로로소와 같이 산화 숙성을 시켜 호박색에 너츠의 풍미를 가진 셰리가 된다. 알코올 도수 16~22도
올로로소 (Oloroso)	최초에 17%까지 수행하는 주정강화가 산막 효모에 의한 플로의 형성을 저해한다. 장기간의 산화 숙성으로 마호가니색이 강한 향을 가진 셰리가 된다. 알코올 도수 17~22도
팔로 코르타도 (Palo Cortado)	아몬티야도의 향과 올로로소의 보디를 겸비한 희소 타입. 피노의 숙성 과정 초기에 특별한 풍미를 가진 와인을 선정하고 재차 17%까지 주정강화하여 오로로소와 같이 산화 숙성시킨다. 알코올 도수 17~22도

이외에 아주 단맛의 '페드로 히메네스', '모스카텔'과 페드로 히메네스와 아몬티야도를 블렌딩한 '미디엄', 페드로 히메네스와 올로로소를 블렌딩한 '크림' 등이 있다.

🍇 포도 품종(인가 품종은 화이트와인 품종 3종)

팔로미노	95%를 차지하는 셰리의 주요 품종
페드로 히메네스	맑은 날 건조(솔레오)하고 나서 동명의 단맛 셰리를 만든다.
모스카텔	맑은 날 건조(솔레오)하고 나서 동명의 단맛 셰리를 만든다.

▌ 숙성 기간 인정 셰리 ▌

20년 숙성한 셰리에는 VOS, 30년 숙성한 셰리에는 VORS라고 표시하는 것이 인정된다. 대상이 되는 것은 아몬티야도, 올로로소, 팔로 코르타도, 페드로 히메네스 4종뿐이다.

>>> 솔레라 시스템

젊은 와인을 조금씩 오래된 와인이 든 통으로 옮겨담는 제법이 솔레라(Solera) 시스템이다.

우선 '솔레라'라고 불리는 최하층의 가장 숙성이 진행한 통의 와인을 일정량 남기고 따라내어 탱크에 모아 풍미를 균일화한 후에 병에 담는다. 덜어낸 만큼의 와인을 '제1크리아데라'에서 보충, '제1크리아데라'에서 덜어낸 분을 '제2크리아데라'에서 보충한다.

이 과정을 반복하여 '소브레타브라(Sobretabla)'에 들어 있는 가장 최근 와인을 최상단의 크리아데라 통에 보충하고 숙성 기간과 품질을 균일화한다. 크리아데라의 계층은 각 보데가(양조장)에 따라 다르다. 이러한 독특한 숙성 방법으로 만들기 때문에 세리에는 포도 수확년도가 표기되지 않는다.

크리아데라(Criadera)
※자란다는 의미의 크리아에서 온 단어로 육성소의 의미

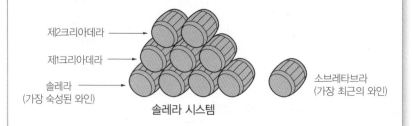

제2크리아데라
제1크리아데라
솔레라
(가장 숙성된 와인)

솔레라 시스템

소브레타브라
(가장 최근의 와인)

¡Salud!(살루, 건배!)

01	스페인에서 가장 재배 면적이 큰 레드와인 품종은 템프라니요이다.	O	레드 · 화이트와인 품종 합쳐 가장 재배 면적이 큰 품종은 아이렌
02	크리안자, 리세르바, 그란 리세르바의 명칭은 용량 330ℓ 이하의 오크통을 사용한 것에 한정된다.	O	노블레, 아네호, 비에호의 경우는 600ℓ가 상한
03	스페인 카바 생산량의 95%는 산 사두르니 드노야에서 만든다.	X	페네데스를 중심으로 하는 카탈루냐주에서 95%
04	카바의 숙성 표기 리세르바는 병에 담고 나서 찌꺼기를 제거할 때까지 15개월 이상 지난 것에 표기가 인정된다.	O	그란 리세르바는 30개월 이상
05	스페인의 DOCa 인정 산지는 리오하와 프리오라토 뿐이다.	O	1991년에 리오하, 2009년에 프리오라토가 인정을 받았다.
06	리오하의 3지구 중 리오하 알타는 산이 풍부하여 숙성용 레드와인을 만들어낸다.	O	일찍이 프랑스인이 와인 제조 기술을 들여왔다.
07	리베라 델 두에로의 레드와인은 가르나차를 100% 사용하지 않으면 안 된다.	X	틴토 피노가 주품종. 틴토 피노는 템프라니요의 지방명
08	내륙부 지방인 루에다에서는 주로 멘시아의 레드와인을 만든다.	X	베르데호의 화이트와인. 멘시아는 비에르소의 주요 품종
09	강우량이 많은 갈리시아주 리아스 바이사스에서는 재배 포도의 약 96%가 알바리뇨종이다.	O	연간 강수량은 1,600mm. 스페인 중에서 가장 많다.
10	아몬티라도는 피노와 올로로소의 중간 풍미를 가진 셰리이다.	O	호박색에 너츠 풍미를 가진 타입

스페인

포르투갈

스페인의 서쪽에 위치한 포르투갈은 포티파이드 와인의 명양지로 알려져 있다. 포트 와인과 마데이라는 스페인의 셰리와 나란히 '세계 3대 주정강화 와인'으로 불린다.

중요 키워드

원산지 관리법 : 1754년에 도우로가 와인 산지로 인정받았다. 1756년, 세계 최초로 포트 와인의 원산지 관리법을 제정. 1907년 전통적인 산지를 DOC(데노미나시온 데 오리헨)로 인정했다.

세계 3대 주정강화 와인 : 스페인의 셰리, 포르투갈의 포트 와인과 마데이라

포트 와인(Port Wine) : 발효 중인 와인에 알코올 도수 77%인 브랜디를 첨가해 발효를 멈추면 발효되지 않은 당분이 잔류하여 단맛의 와인이 된다. 발효 시간이 길면 드라이한 맛이 강하다(라이트 드라이 화이트 포트 등). 알코올 도수 19~22도 (라이트 드라이 화이트 포트만 최저 16.5도까지 가능)

마데이라(Madeira) : 알코올 도수 96도의 증류주로 주정강화한 와인을 칸테이로와 에스투파 등에서 가열 숙성시켜 독특한 풍미를 부여한 와인. 3년 이상의 통숙성이 의무이다. 드라이한 맛에서 단맛까지 다양하다. 알코올 도수 17~22도

아라고네스(Aragonez = Tinta Roriz) : 스페인 템프라니요의 별명

🍇 주요 DOP(DOC)

비뉴 베르데 (Vinho Verde)	'녹색 와인'이라는 의미. 북부 미뉴 지방 산지. 포르투갈 스틸 와인의 DOP에서 가장 생산량이 많다.
도우루 (Douro)	DOP 포르투(포트 와인의 원산지 명칭)와 포도 재배 지역은 같지만 포트 와인보다 많은 포도 품종의 사용이 인정받고 있다.
다우 (Dão)	포르투갈 중북부의 내륙 산지. 생산량의 80%가 레드와인. 토리가 나시오날 품종의 색이 진하고 탄닌이 많은 레드와인의 생산량이 많다.

주요 포도 품종

🍇 주요 레드와인 품종

틴타 호리즈(Tinta Roriz) =템프라니요(Tempranilo) =아라고네스(Aragonez)	스페인의 템프라니요와 같다. 일반적으로 토리가 나시오날보다 다소 부드러운 주질의 레드와인을 만들어낸다.
토리가 나시오날 (Touriga Nacional)	도우로, 다우의 주요 품종. 색이 짙고 탄닌이 풍부한 레드와인을 만들어낸다.
바가 (Baga)	포르투갈에서 단일로 사용되는 가장 대표적인 품종. 수렴성이 강한 농밀한 레드와인을 만들어낸다. 원산지는 바이라다 지방

🍇 주요 화이트와인 품종

알바리뇨 (Alvarinho)	스페인 갈리시아주의 알바리뇨와 같다. 포르투갈 북부, 미뉴 지방의 비뉴 베르데(화이트)의 주요 품종
페르나오 피에스(Fernao Pires) =마리아 고메즈(Maria Gomez)	포르투갈의 화이트 품종에서 가장 많이 생산된다. 감귤계의 프레시한 화이트와인과 스파클링 와인 외에 늦게 딴 단맛 와인도 만든다.
엔크루자두 (Encruzado)	포르투갈의 화이트 품종 중에서 특히 오크 향과 잘 어울린다. 주로 다웅 지방에서 재배된다.

와인의 법률과 분류

포르투갈 와인의 품질 분류

원산지 명칭 보호
DOP 표기도 인정받고 있다.
알코올 도수의 조건 등을 충족한 경우
전통적으로 Reserva 표기가 인정되고 있다.

DOP

지리적 표시 보호
Vinho Regional의 표기도 인정되고 있다.

IGP

지리적 표시가 없는 와인

Vinho

포르투갈의 와인 제조 역사는 기원전 600년경부터. 12세기에 스페인에서 독립한 이래 독자의 와인 문화를 육성해왔다. 1986년에 EU에 가맹하고 와인법을 일신했고, 그 후 2008년의 EU 와인법 개정에 맞춰 현행법이 정비됐다.

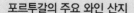

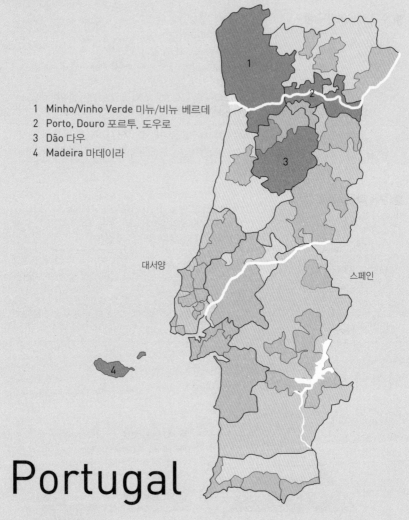

1 Minho/Vinho Verde 미뉴/비뉴 베르데
2 Porto, Douro 포르투, 도우로
3 Dão 다우
4 Madeira 마데이라

대서양

스페인

Portugal

포르투갈은 포트 와인과 마데이라가 유명하지만 북부 미뉴 지방의 비뉴 베르데의 화이트와인도 추천한다. 비뉴 베르데는 포르투갈어로 '녹색 와인'. 아주 조금 탄산가스를 남겨 병에 담는다. 프레시하고 신맛이 나는 상쾌한 맛이 특징이다.

포트 와인(DOP Port)

포트 와인의 종류는 레드와인 품종으로 만드는 레드 포트, 화이트와인 품종으로 만드는 화이트 포트 2종류로 나뉜다. 또한 레드 포트는 루비 타입과 토니 타입으로 나뉜다. 최근 프루티한 맛이 특징인 로제 포트도 인정받았다.

♣ 루비 타입

빈티지 포트 (Vintage Port)	포도의 작황이 특히 좋은 해에만 만든다. 찌꺼기를 제거하지 않고 농색 병에 담기 때문에 디켄팅이 필요하다.
레이트 보틀드(Late Bottled) 빈티지 포트(Vintage Port)	빈티지 포트의 품질에는 못 미치지만 그에 가까운 작황의 포도로 만든다. 수확년도, 병에 담는 해를 표기한다.

가장 일반적인 젊은 와인인 포트 와인. 약 3년간의 통숙성 후에 병에 담는다. 특별한 타입으로 빈티지 포트와 레이트 보틀드 빈티지 포트가 있다.

♣ 토니 타입

Tawny with an Indication of Age	숙성 연수 표기 토니 포트. 장기간의 오크통숙성을 거쳐 색소가 침전한 토니 포트. 10, 20, 30, 40년산이 있으며 모두 찌꺼기를 제거한 후에 병에 담는다.
Colheita	단일 해의 포도로 만드는 수확년도 표시 포트. 병입은 7년 후부터. 수확년도와 함께 병입 연도를 표기한다.

오크통숙성에 의해 와인이 산화하여 토니(황갈색)가 된 것이다. 특별한 타입으로는 숙성 연수 표기 토니 포트와 포도 수확년도를 표기하는 콜레이타가 있다.

♣ 화이트 타입

라이트 드라이 화이트 포트 (Light Dry White Port)	다른 포트 와인보다 알코올 도수가 낮아 드라이하고 깔끔한 타입

마데이라(DOP Madeira)

리스본 남서쪽 대서양 위에 떠있는 마데이라섬은 엔히크 항해왕이 개발한 섬. 이곳에서 만드는 주정강화 와인이 마데이라이다.

주로 화이트와인 품종을 원료로 하고 스위트에서 드라이까지 다양한 타입의 와인을 만든다. 마데이라는 3년 이상의 통숙성이 필요하며 숙성 방법이 독특하다.

3년 숙성하는 스탠더드 타입은 에스투파(Cuba de Calor)라 불리는 인공적인 가열 방식으로 숙성하고, 빈티지 및 숙성 기간 표기 타입 등은 천연 태양열을 이용하는 칸테이로에서 가열 숙성을 한다.

🍇 마데이라의 타입

화이트와인 품종	세르시알(Sercial) : 드라이 타입
	베르델료(Verdelho) : 세미드라이 타입
	보알(Boal) : 세미스위트 타입
	말바지아(Malvasia) : 스위트 타입
레드와인 품종	틴타 네그라 몰레(Tinta Negra Mole) : 3년 숙성 타입 또는 타 품종 블렌드품

※품종명을 표시한 마데이라는 표시 품종을 85% 이상 사용. 빈티지 타입은 100% 사용해야 한다고 규정되어 있다.

마데이라의 숙성 방법

칸테이로

에스투파(= Cuba de Calor)

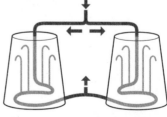

●칸테이로

창고의 유리창이 있는 지붕 뒤 방이나 지붕이 얇은 전용 창고에 통을 나열하고
천연 태양열을 창고 내로 도입하여 실내를 고온으로 만들어 와인을 숙성시킨다.

창고 안은 여름에는 50℃ 가까이 달하는 일도 있다.
지붕에 가까운 것이 고온으로 숙성이 빠르고 바닥에
가까이 두는 것이 시원해서 천천히 숙성한다. 겨울에
도 기온이 15℃를 밑도는 일이 없는 마데이라섬이
기에 가능한 숙성 방법이다.

●에스투파

3년 숙성하는 스탠더드 타입에 사용되며, 탱크의 내부 또는 외주를 통과한 관
안에 뜨거운 물을 순환시켜 탱크 안의 와인을 데우는 방법이다. 50℃ 전후에서 최
저 3개월간 가열시킨다.

 복습 **CHECK TEST** 　　　포르투갈

01	세계 최초의 포트 와인 원산지 관리법은 1756년에 제정됐다.	O	전통적인 산지를 DO로 인정한 것은 1907년
02	레드와인 품종인 토리가 나시오날은 스페인에서는 템프라니요라 불린다.	X	토리가 나시오날이 아니라 틴타 호리즈
03	미뉴 지방의 비뉴 베르데는 포르투갈 스틸 와인의 DOP에서 가장 생산량이 많다.	O	비뉴 베르데는 녹색의 와인을 의미한다.
04	빈티지 포트는 찌꺼기를 제거하지 않고 병에 담기 때문에 마시기 전에 디켄팅이 필요하다.	O	레이트 보틀드 빈티지는 일반적으로 찌꺼기를 제거한 후에 병에 담는다.
05	베르델료는 스위트 타입의 마데이라이다.	X	베르델료는 세미드라이

독일

개요, 역사, 지리, 와인법, 주요 특정 재배 지역

포도밭은 북위 47~52도로 사할린과 대략 같은 위도에 위치해 있다. 화이트와인 품종 재배 면적이 60% 이상을 차지하며 그중에서도 리즐링의 재배 면적은 세계 최대. 최근에는 드라이와 세미드라이 와인 수요가 증가해 총 생산량의 3분의 2를 넘는다.

 키워드

재배 면적 세계 1위 품종 : 리즐링
최대의 포도 재비 : 라인헤센
재배 면적의 40%가 30도 이상인 사면밭 : 모젤
레드와인의 생산 비율이 매우 높은 산지 : 아르

가장 북쪽에 위치한 산지 : 잘레 운스투르트(북위 51도 부근)
가장 동쪽에 위치한 산지 : 작센
구 서독에서 가장 동쪽에 위치한 산지 : 프랑켄
가장 남쪽에 위치한 산지 : 바덴

과즙의 당도를 조사하는 비중계로 나타내는 수치 : 욐슬레
착즙한 포도 과즙을 미발효인 채 보존한 것 : 쥐스레제르베

 와인 지식 간단 해설!

●여러 가지 와인

데어 노이에 (Der Neue)	포도 수확년도 중에 제공되는 란트바인(지리적 표시가 있는 와인으로 가장 규정이 까다롭지 않은 카테고리). 11월 1일 판매 개시. 수확년도 표시 의무가 있으며 조건부 포도 품종 표시가 가능하다.
VDP Die 프레디카츠바인구터 (Prädikatsweingüter)	200생산자가 가맹한 프레디카츠바인 양조장 연맹. 독일 판매 금액의 약 12%를 차지하며 독일 와인의 국제적인 이미지 향상에 기여하고 있다.
리프라우밀히(Liebfraumilch)	라인강 연안의 마일드한 화이트와인. 세미스위트
페를바인(Perlwein)	독일의 약발포성 와인. 20℃에서 1~2.5기압
로틀링(Rotling)	혼양법으로 만드는 로제와인 ⇔ 쎄니에법(p.36)

*혼양법 : 레드와인 품종과 화이트와인 품종의 머스트(must)를 섞어 발효시키는 방법

개략·역사

로마인이 모젤강 유역의 트리아 근교에 어프링 등을 식수한 것이 1~2세기경. 2세기에는 처음으로 포도밭이 만들어졌다. 3세기에는 와인 황제 프로부스(로마 황제)가, 9세기에는 카를 대제가 와인 제조를 장려했다. 15세기 후반부터 16세기 전반에 걸쳐 연간 평균 기온의 상승으로 인해 포도 재배 면적은 현재의 약 3.5배까지 확대했다. 1775년에 요하네스베르크성에서 늦게 딴 포도로 최초의 Spatlese를 만들었고 1783년에는 Auslese가 개발됐다.

주요 포도 품종

🍇 주요 화이트와인 품종

리즐링 (Riesling)	독일의 포도 품종 생산량 1위. 독일에서 전 세계 생산량의 약 60%를 차지한다(참고 : 2위 미국, 3위 호주).
뮐러 트루가우(Müller–Thurgau) =리바너(Rivaner)	Riesling과 Madeleine Royale의 교배 품종. 헤르만 뮐러 박사가 교배에 성공. 1990년대 이전에는 독일에서 가장 재배량이 많았지만 매년 감소하고 있다. Rivaner라고 표기되어 있는 경우는 드라이한 맛이 많다.
실바너 (Silvaner)	19세기경 독일로 확산되기 시작한 품종. 프랑켄과 라인헤센에서 신맛이 안정된 와인을 생산한다.
그라우부르군더(Grauburgunder) =룰렌더(Ruländer)	피노 그리라고도 부른다. 14세기경에 부르고뉴에서 들여왔다. 슈페트부르군더의 아종
바이스부르군더(Weißburgunder) =피노 블랑(Pinot Blanc)	부르고뉴 유래. 바덴, 팔츠, 라인헤센 등에서 생산량이 증가하고 있다.
케르너(Kerner)	Trollinger×Riesling의 교배 품종. 팔츠의 주요 품종

🍇 주요 레드와인 품종

슈페드부르군더(Spätburgunder) =피노 누아(Pinot Noir)	독일의 레드와인 품종 생산량 1위. 독일에서는 1,000년 이상 전부터 재배되고 있다.
돈펠더 (Dornfelder)	Helfensteiner×Heroldrebe의 교배 품종. 1955년에 탄생한 이래 독일에서 큰 성공을 거뒀다.
포르트기저 (Portugieser)	주로 팔츠와 라인헤센에서 바이스헤릅스트(단일 품종의 로제 와인)가 만들어진다.

와인의 품질 분류

최초의 와인법이 성립한 것은 1892년, 1901년의 개정으로 천연 포도 과즙만을 양조한 와인 '나투르바인(Naturwein)'이 정의되고 보호받게 됐다. 2008년 EU의 새로운 와인법 도입으로 독일 와인법도 개정됐지만 카비네트(Kabinett), 스패트레제(Spätlese) 등 전통적으로 사용되어 온 표기는 유지되고 있다.

▌지리적 표시가 없는 와인 ▌

● 도이처바인(Deutscherwein)

독일 국내산 포도를 100% 사용한 독일 국산 와인. 포도 품종(Riesling, Spätburgunder 등의 주요 품종은 제외)과 수확년도의 표시가 가능하다.

> 독일의 와인법에서는 '지리적 표시가 있는 와인'을 란트바인, 크발리테츠바인, 프레디카츠바인 3가지로 나눈다. 또한 '지리적 표시가 없는 와인'은 구 와인법의 타펠바인에서 도이처바인으로 표기가 바뀌었다.

▌지리적 표시가 있는 와인 ▌

● 란트바인(Landwein)

26개 지정 지역의 포도를 85% 이상 사용. 지리적 표시가 있는 와인의 카테고리에서 가장 생산 규정이 완화되어 있다.

● QbA(Qualitätswein bestimmter Anbaugebiete)

13개 특정 재배 지역 중 하나의 지역에서 수확된 포도로 만든 와인. 바티스 비니훼라계 품종을 사용하고 최저 알코올 도수는 7도이다.

● 프레디카츠바인(Prädikatswein)

프레디카츠바인은 QbA보다 당도가 높은 독일의 최고급 와인 카테고리이다. 발효 전 포도 과즙의 당도에 의해 다시 6개로 등급이 구분되어 있다.

등급(프레디카츠)	특징	알코올
카비네트(Kabinett)	과즙의 당도 규정이 가장 낮다.	7도 이상
스패트레제(Spätlese)	통상보다 적어도 1주일 후에 수확	
아우스레제(Auslese)	충분히 숙성한 포도를 엄선	
베렌아우스레제(Beerenauslese)	귀부 또는 과숙 포도로 만든다.	5.5도 이상
아이스바인(Eiswein)	자연스럽게 나무 위에서 빙결한 포도로 만든다.	
트로켄베렌아우스레제(Trockenbeerenauslese)	귀부 포도로 만드는 귀부 와인	

▌ A.P.Nr. : 공적 검사 합격 번호 ▌

Amtliche Prufungsnummer(암트리셰 프류풍스눔머)의 약자이다. QbA 이상인 와인의 경우 생산자는 독일 농무성 관장의 검사기관(로컬 컨트롤 센터)에 출하 전에 와인 몇 개를 제출하여 공적 검사 합격 번호를 취득하고 에티켓에 기재하도록 의무화되어 있다. 병입자 등록번호는 편의상 각 생산자에 할당된 것, 병에 담는 번호는 각 생산자의 출하 와인 통과 번호이다.

로컬 컨트롤 센터 번호
   생산 지역 마을 번호
     양조장 등록 번호
      로트(lot) 번호
       검사 연도

1   234   567   001   14

▌ 독일 와인의 구획 구분 ▌

독일의 지리적 표시가 있는 와인의 구획은 우선 란트바인의 생산이 인정되고 있는 26의 지정 재배 지역, QbA 이상의 생산이 인정되고 있는 13의 특정 재배 지역으로 나뉜다. 각 지역은 다시 베라이히(재배 지구)라 불리는 41지구로 세분화되고, 각 지구는 몇 개의 그로스라게(집합밭)로 나뉘며 다시 단일 밭으로 세분화된다.

에티켓에 밭명을 표기하는 경우, 예를 들면 모젤의 '베른카스텔 닥터(베른카스트리 마을의 의사)'와 같이 '마을명(게마인드)er + 밭명'의 형태가 일반적이지만 오르츠타일라게라 불리는 5개의 특별 단일 밭에는 마을명을 표기하지 않고 밭명만 기재하도록 돼 있다. 한편 베라이히와 밭명을 병기하는 것은 금지되어 있다.

란트바인(Landwein)	26 : 란트바인 재배 지역
안바우게비트(Anbaugebiete)	13 : 특정 재배 지역(구 서독 11+구 동독 2)
베라리히(Bereiche)	41 : 각 지역을 41지구로 세분화한 것
그로스라게(Grosslage)	163 : 통합 밭
아인젤라게(Einzellage)	2,657 : 단일 밭(최소로 5ha)
오르츠타일라게 (Ortsteillage)	5 : 특별 단일 밭. 모젤의 샤츠호프베르크, 라인가우의 슈타인베르크, 슐로스 요하니스베르크 등

포도밭의 등급

독일의 포도밭 등급 구분을 추진하고 있는 것은 VDP Die Prädikatsweingüter (독일우수와인 양조협회). 소규모이지만 와인 제조에 정평이 있는 저명한 생산자가 많아 영향력이 크다.

현재의 등급은 1868년 프로이센 정부가 작성한 포도밭 등급 지구를 토대로 2012년에 정비한 것으로 VDP Große Lage, VDP Erste Lage, VDP Ortswein, VDP Gutswein 4단계로 분류되어 있다.

VDP 품질 기준 ※2012 빈티지부터

- Große Lage
- Erste Lage
- Ortswein
- Gutswein

VDP의 로고

GG Großes Gewächs의 로고

Großes Lage는 부르고뉴의 그랑 크뤼에 상당하는 최상의 구획으로 전통적으로 재배되고 있는 품종을 사용, 수확 시의 과즙 당도는 Spätlese 이상, Großes Gewächs가 새겨진 병에 담아야 한다는 등의 규정이 있다. 한편 라벨 표기 시 마을명은 기재하지 않고 포도밭명, 포도 품종, 양조장명 등을 기재한다.

2번째 등급은 VDPErste Lage로 프리미에 크뤼에 상당하는 우수한 포도밭. 전통적으로 재배되고 있는 품종 외에 교배 품종과 국제 품종의 사용이 인정되고 있다. 에어스테 라게는 포도밭명, 포도 품종, 양조장명 외에 마을명을 표기하는 것이 의무화되고 있다.

3번째 등급은 Orstwein. 마을명 표기 와인에 상당한다. 생산 지역의 주요 품종을 80% 이상 사용해서 만든다. 라벨에는 마을명, 포도 품종, 양조장명을 기재한다.

4번째 등급은 Gutswein. 엔트리 레벨의 와인으로 라벨에는 포도 품종과 양조장명을 기재한다.

비오와인

독일에서 비오와인을 만드는 생산자가 늘기 시작한 것은 1970년대 들어서다. 1991년에는 EU에서 비오 농법에 관한 규정을 정했다. 현재 독일의 유기농법 포도밭 비율은 총 면적의 10%가 조금 안 된다.

독일의 비오 농법 생산자 단체 중 가장 규모가 큰 것이 비오와인 중심지 라인헤센에 본거지를 둔 에코빈(ECOVIN). 와인 전용 인증 단체로 포도 재배법 외에 양조와 포장에 대해서도 자세하게 규정하고 있다. 바이오다이나믹스 단체에서는 데메테르(Demeter)가 유명하다.

독일의 주요 와인 산지

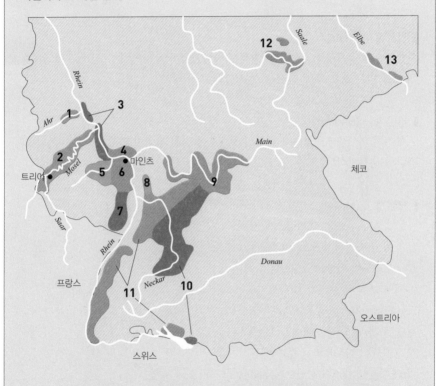

1 Ahr
2 Mosel
3 Mittelrhein
4 Rheingau
5 Nahe
6 Rheinhessen
7 Pfalz

8 Hessische Bergstraße
9 Franken
10 Württemberg
11 Baden
12 Saale-Unstrut
13 Sachsen

Germany

주요 특정 재배 지역(Bestimmte Anbaugebiete)와 특징

▌라인헤센 ▌ (Rheinhessen)

서쪽은 나에강, 북쪽과 남쪽은 라인강에 접한 라인헤센은 포도 재배 면적과 와인 생산량 모두에서 독일 최대이다. 화이트와인 품종인 실바너(Silvaner)의 재배 면적은 세계 최대이다.

▌팔츠 ▌ (Pfalz)

보름스에서 프랑스 국경 가까이의 슈바이겐에 이르는 광대한 산지로 라인헤센의 뒤를 잇는 포도 재배 면적을 갖고 있다.

▌바덴 ▌ (Baden)

북쪽의 하이델베르크에서 남쪽의 보덴호에 걸쳐 펼쳐진 좁고 긴 산지. 독일 최남단의 생산지이다.

▌모젤 ▌ (Mosel)

모젤강과 자르강, 루버강 2개 지류의 유역에 펼쳐진 모젤은 리즐링 생산량이 절반 이상을 차지한다.

재배 면적의 40%가 경사도 30도 이상을 차지하며 포도나무 수형을 모젤 방식으로 재배한다. 역사가 오래된 화이트와인 품종 엘블링(Elbling)도 재배하고 있으며 주로 젝트(Sekt, 발포성 와인)의 원료이다.

유명한 밭은 베른카스트리 마을의 도크토르(의사), 피스포트 마을의 골드크룁헨(황금의 물방울), 빌팅겐 마을의 샤츠호프베르게(샤츠호프의 산)이다.

모젤

1 Bereich Burg Cochem
2 Bereich Bernkastel
3 Bereich Ruwertal
4 Bereich Obermosel
5 Bereich Saar
6 Bereich Moseltor

▌ 프랑켄 ▌ (Franken)

프랑켄은 마인강과 그 지류인 양안의 사면에 펼쳐지며 구 서독에서 가장 동쪽에 위치한 산지이다.

> 화이트 품종이 80% 이상을 차지하며 뮐러 트루가우와 실바너의 드라이 화이트와인이 유명하다. 전통적인 스타일의 와인은 '복스보이텔'이라 불리는 편평한 병에 채우고 부르군더계의 와인은 부르고뉴형이므로 부르고뉴 지방과 마찬가지로 숄더 보틀에 채우는 것이 많다.

▌ 라인가우 ▌ (Rheingau)

라인가우는 독일의 와인 명산지로 유명하다. 화이트는 리즐링, 레드는 슈페트부르군더에서 고품질의 와인을 만들어내고 있다.

라인가우

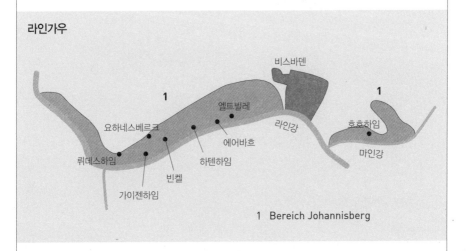

비스바덴

1

엘트빌레

요하네스베르크

라인강

호흐하임

1

에어바흐

마인강

뤼데스하임

하텐하임

빈켈

가이젠하임

1 Bereich Johannisberg

▌아르 ▌　(Ahr)

아르는 라인강 지류의 아르강을 따라 놓인 작은 산지이다. 레드와인의 생산 비율이 80% 이상으로 독일 중에서는 매우 높은 것이 특징으로 '레드와인의 낙원'이라고도 불린다. 주요 품종은 슈페트부르군더이다.

▌잘레 운스트르트 ▌　(Saale-Unstrut)

구 동독령, 엘베강의 지류, 잘레 계곡, 운스투르트강 유역에 위치한 잘레 운스투르트는 독일 최북단의 산지이다. 밀러 트루가우와 바이스부르군더에서 드라이한 맛의 와인이 만들어진다.

▌작센 ▌　(Sachsen)

구 동독령 작센은 엘강에 접한 독일 최동단의 산지이다. 드라이 화이트와인과 샤움바인(Schaumwein), 도이처 젝트(Deutscher Sekt, 모두 스파클링 와인)를 많이 생산하고 있다.

01	독일 최북단 산지는 잘레 운스투르트, 최남단 산지는 바덴이다.	O	독일 최동단은 작센. 구 서독 동단은 프랑켄
02	독일에서는 스위트와인의 생산 비율이 60% 이상을 차지하고 매년 증가하고 있다.	X	드라이와 세미드라이 와인의 생산량이 증가하고 있다.
03	독일에서 가장 재배 면적이 큰 포도 품종은 슈페트부르군더이다.	X	바르게는 리즐링. 레드와인 품종 1위는 슈페트부르군더이다.
04	프레디카츠바인의 등급에서 카비네트, 스패트레제, 아우스레제는 알코올 도수 7도 이상이 아니면 안된다.	O	베렌아우스레제, 아이스바인 등은 5.5도 이상
05	독일의 로틀링은 쎄니에법으로 만드는 로제와인이다.	X	화이트와인 품종과 레드와인 품종을 섞는 혼양법
06	독일 최대의 와인 생산지는 라인헤센이다.	O	실바너의 재배 면적이 세계 최대
07	모젤에서는 리즐링 재배 면적이 절반 이상을 차지한다. 재배 면적의 40%가 30도 이상의 사면 밭이다.	O	주로 모젤 방식이 채용되고 있다.
08	프랑켄에서는 전통적인 스타일의 와인은 '복스보이텔'이라 불리는 편평한 병에 담는다.	O	프랑켄은 구 서독 최동단에 위치한 산지
09	아르는 레드와인의 생산 비율이 매우 높은 산지이다.	O	슈페트부르군더가 60% 이상을 차지한다.
10	작센은 구 동독의 산지로 독일 최동단의 와인 산지이다.	O	산미 풍부한 드라이 화이트와 젝트가 많이 생산된다.

독일

191

오스트리아

개요, 포도 품종, 와인법, 주요 와인 산지

켈트인에 의해 처음으로 와인 제조가 시작됐다. 오가닉 대국답게 농지 면적의 20% 이상이 오가닉으로 유럽에서도 가장 높은 비율이다. 니더외스터라이히주와 부르겐란트주에서 전체 포도 재배지의 90%를 점하고 있다.

중요 키워드

니더외스터라이히주 : 산지 총 면적의 약 62%를 점한다.

그뤼너 벨트리네(Gruner Veltliner) : 가장 재배 면적이 큰 포도 품종. 바하우 등지에서 우수한 화이트와인을 생산한다.

블라우어 츠바이겔트(Blauer Zweigelt) : 츠바이겔트, 로트부르거라고도 불린다. 레드와인 품종 중에서 재배 면적이 최대이다.

리드(Ried)&베어그바인(Bergwein) : 리드(Ried)는 법적으로 규정된 단일 밭의 포도로 만든 와인. 밭명 앞에 표기한다. 베어그바인(Bergwein)은 품질 구분 이외의 전통적인 명칭으로 경사도가 26도를 넘는 밭의 포도를 원료로 한 와인에 표시할 수 있다.

호이리게(Heurige) : 오스트리아의 햇와인. 빈 주변에는 같은 이름의 주점이 많다.

와인 지식 간단 해설!

●바하우(Wachau)의 등급

니더외스터라이히주 바하우 지구에서는 품질이 높은 와인을 보호하기 위해 오스트리아의 와인법과는 별도로 매년 독자적으로 등급을 매긴다. 등급은 KMW의 수치에 따라 '스마락트(Smaragd), 페데슈필(Federspiel), 슈타인페더(Steinfeder)' 3등급으로 분류된다.

스마락트 (Smaragd)	세 등급 중 가장 KMW 당도가 높고 바하우에서 가장 우수한 와인에 주어진다. 이름의 유래는 '양지에서 잠시 조는 에메랄드빛 도마뱀'
페데슈필(Federspiel)	풍부한 과실미의 우아한 와인. '매사냥 도구'가 이름의 유래
슈타인페더(Steinfeder)	세 등급 중에서 가장 가벼운 타입의 화이트와인. 이름의 유래는 '화사한 들풀'

주요 포도 품종

🍇 주요 화이트와인 품종

그뤼너 벨트리너 (Gruner Veltliner)	오스트리아 원산. 오스트리아에서 재배 면적이 최대인 포도 품종. 일반적으로 라임과 백후추와 같은 향이 상쾌한 신맛의 와인을 생산한다.

🍇 주요 레드와인 품종

블라우어 츠바이겔트 (Blauer Zweigelt)	츠바이겔트, 로트부르거라고도 불린다. 오스트리아의 레드와인 품종 중에서 재배 면적이 최대. 주로 부르겐란트주에서 재배된다.
블라우프랭키쉬 (Blaufrankisch)	독일의 렘베르거와 동일 품종. 레드와인 품종에서는 츠바이겔트의 뒤를 이어 재배 면적이 크다. 중부 부르겐란트의 주요 품종

와인의 법률과 분류

프레디카츠바인, 카비네트, 크발리테츠바인이 원산지 명칭 보호 와인, 란트바인이 지리적 표시 보호 와인에 해당한다. 프레디카츠바인은 KMW(발효 전의 과즙 당도를 재는 단위)에 따라 7등급으로 분류된다. 카비네트는 크발리테츠바인보다 KMW 수치가 엄격하게 규정된다.

> 오스트리아에서는 2002 빈티지 이후 KMW에 의한 품질 분류에 추가해서 원산지에 의한 분류(한정적 생산 지역=DAC : Districtus Austriae Controllatus)를 추진하고 있다. 아직 인정 산지가 적지만 바하우, 캄프탈과 노이지들러호 등이 알려져 있다.

오스트리아의 품질 분류

Prädikatswein

Kabinett

Qualitätswein

Landwein

Weinmit Angabe von Sorte oderJahrgang

Wein

EU의 새로운 품질 분류

지리적 표시가 있는 와인
- gU : 원산지 호칭 보호 와인
- ggA : 지리적 표시 보호 와인

지리석 표시가 없는 와인

🍀 프레디카츠바인의 7등급

스패트레제(Spätlese)	늦게 딴 완숙 포도만으로 만든다.
아우스레제(Auslese)	완숙 및 귀부 포도를 사용한다.
베렌아우스레제(Beerenauslese)	과숙 및 귀부 포도를 사용한다.
아이스바인(Eiswein)	동결 포도를 사용한다.
스트로바인(Storhwein) (쉴프바인(Schilfwein))	완숙한 포도를 수확 후 짚이나 갈대 위 또는 끈으로 매달아서 3개월 이상 자연 건조시켜 당도가 응축한 포도로 만든다.
트로켄베렌아우스레제(Trockenbeerenauslese)	나무 위에서 자연 건조한 귀부 포도만 사용한다.
아우스브루흐 (Ausbruch)	노이지들러호 서안의 루스트에서 만드는 트로켄베렌아우스레제에만 주어지는 명칭

▌니더외스터라이히주 ▌ (Niederösterreich)

오스트리아의 3개 포도 재배 지방 바인란트, 슈타이러란트, 베르크란트 중에서 가장 중요한 바인란트에 속하며 국내 포도 재배 면적의 약 62%를 차지하는 최대 와인 산지이다.

🍀 주요 DAC

바하우	주로 그뤼너 벨트리너와 리즐링을 재배. 매년 생산자 주도의 등급 분류가 시행된다.
바인비에텔	최대·최초의 DAC로 최북단에 위치한다. 그뤼너 벨트리너가 전체의 50% 가까이를 점한다.
트라이젠탈	그뤼너 벨트리너의 재배 면적이 가장 커 55%를 점한다.

▌부르겐란트주 ▌ (Burgenlabd)

국내 레드와인 총 생산량의 약 절반을 산출하고 있다.

🍀 주요 DAC

노이지들러호	벨쉬 리즐링 등 귀부 와인의 산지로 알려져 있지만 최근에는 소비뇽 블랑, 장크트 라우렌트종 등이 성공하고 있다.
라이타베르크	스위트와인. 루스타 아우스부르크의 산지
미텔부르겐란트	브라우흐렌키시종으로 질 좋은 우수한 레드와인을 만들어낸다.
아이젠베르크	재배 면적 최소의 DAC. 블라우프랭키쉬의 레드, 벨쉬 리즐링의 드라이 화이트가 중심

▌슈타이어마르크주 ▌ (Steiermark = Styria)

슈타이어마르크주는 생산지 총 면적의 9%를 점하며 재배량의 약 75%가 화이트 와인 품종이다.

❧ 주요 DAC

슈타이어마르크	부센샹크라는 와인을 제조 판매하는 주점이 곳곳에 있다. 오스트리아에서 드물게 소비뇽 블랑이 주요 품종이다.

▌빈 ▌ (Wein)

호이리게라 불리는 와인 제조 주점이 많다.

❧ 주요 DAC

비너 게미스터 자츠	전통적인 와인 '게미스터 자츠'는 화이트와인 품종과 레드와인 품종이 혼식되어 있는 밭에서 포도를 수확하여 그대로 혼양하는 독특한 와인이다.

CHECK TEST

오스트리아

01	오스트리아에서 가장 재배 면적이 넓은 포도 품종은 그뤼너 벨트리너이다.	O	레드와인 품종에 한정하면 블라우어 츠바이겔트의 재배 면적이 최대이다.
02	오스트리아의 아우스부르크는 루이스트에서 만드는 트로켄베렌아우스레제에만 주어지는 명칭이다.	O	스트로바인과 혼동하기 쉬우므로 주의한다.
03	바하우의 등급에서 슈타인페더는 바하우에서 가장 우수한 화이트와인에 주어지는 명칭이다.	X	스마락트가 정답. 슈타인페더는 가장 가벼운 타입의 화이트
04	노이지들러호 DAC는 귀부균이 잘 생기는 환경에 있어 벨쉬 리즐링 등으로 귀부 와인을 만든다.	O	보트리티스 시네레아(귀부)균은 습기를 좋아한다.
05	빈에는 부센샹크라 불리는 주점이 많다.	X	호이리게. 부센샹크에서는 수프 등의 따뜻한 것을 내어서는 안 된다.

오
스
트
리
아

헝가리

포도 품종, 주요 산지, 토카이 와인

토카이 와인은 소테른, 트로켄베렌아우스레제와 함께 세계 3대 귀부 와인 중 하나다. EU에 가맹한 후 외자 유치를 통한 기술 혁신으로 품질이 비약적으로 향상했다.

중요 키워드

프루민트(Furmint) : 헝가리에서 가장 귀중한 화이트와인 품종. 토카이 와인의 주요 품종으로 일반적으로 소량의 하슬레벨루종을 아상블라주한다. 귀부 와인 외에 토카이 프루민트 드라이라는 드라이와인도 만든다.

케크프랑코쉬(Kékfrankos) : 북헝가리 지방의 에게르 지구에서 비카바(황소의 피)라는 이름의 세계적으로 유명한 와인을 만든다.

빌라니(Villany) : 판논 지방(구 남 트란스다누비아 지방)의 전통적인 레드와인 산지. 크로아티아 국경 가까이에 위치하는 헝가리 최남단의 와인 산지이다.

쿤샤그(Kunsag) : 도나우 지방(구 태평원 지방), 도나우강과 티서강 사이에 위치한 헝가리 최대의 와인 산지이다.

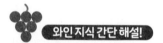

와인 지식 간단 해설!

●토카이 와인과 원산지 명칭

지형과 기후의 영향으로 가을의 낮과 밤의 한난차로 생기는 안개가 귀부균(보트리티스 시네레아균)을 발생시킨다. 이 귀부균이 부착한 귀부 포도로 만드는 토카이 와인은 일찍이 프랑스 왕 루이 14세가 '와인의 왕'으로 칭했고 16세기 이후는 표트르 왕제와 여제 에카테리나 등 많은 왕후 귀족에게 사랑받았다. 토카이(구 토카이 헤자리아)는 토지의 등급과 일조의 정도에 따라 세계에서 처음으로 포도밭 등급을 매겼다. 그 후 1716년에 이탈리아의 키안티, 1756년에 포르투갈의 포트 와인이 원산지 명칭 통제를 도입했다.

몇 개의 토카이 와인 중에서도 귀부 포도만으로 만드는 에센시아는 최고의 디저트 와인으로 사랑받고 있다.

【참고】 토카이 와인의 품질 분류

품질 구분	타입	잔당분	숙성 기간
사모로드니 (Szamorodni)	자라스(Száraz, 드라이)	9g/ℓ 이하	최저 2년 (통숙성 1년)
	에데스(Édes, 스위트)	45g/ℓ 이상	
아슈 (Aszú)	아슈(Aszú)	120g/ℓ 이상	통숙성 18개월
	에센시아(Esszencia)	450g/ℓ 이상	
기타	마슬라스(Máslás)	9g/ℓ 이하(드라이)	최저 2년 (통숙성 1년)
	포르디타스(Fordítás)	45g/ℓ 이상(스위트)	

※마슬라스(Máslás)는 아슈(Aszú)와 포르디타스(Fordítás)를 짜낸 찌꺼기에 머스트와 와인을 더해 재발효시킨 것.
포르디타스(Fordítás)는 아슈(Aszú)를 2번 압착한 과즙에 머스트를 첨가해 재발효시킨 것. 모두 드라이/스위트가
있다.

헝가리의 주요 와인 산지

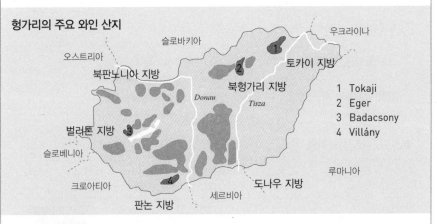

1 Tokaji
2 Eger
3 Badacsony
4 Villány

CHECK TEST   헝가리

01	헝가리 토카이 와인의 주요 품종은 프루민트이다.	**O**	스위트에서 드라이까지 다양한 타입을 만들 수 있다.
02	북헝가리 지방의 에게르에서는 비카바라는 이름의 와인을 만든다.	**O**	케크프랑코쉬종
03	헝가리 최대의 와인 산지는 빌라니이다.	**X**	쿤샤그

스위스

개요, 포도 품종, 주요 산지와 주요 와인

기원전 58년, 시저가 이끄는 로마군이 스위스에 포도 재배와 와인 제조를 확산시켰다. 생산량은 적지만 고품질의 와인을 생산하고 있다.

중요 키워드

피노 누아(Pinot Noir) : 전체에서 가장 재배 면적이 크다.

샤슬라(Chasselas) : 가장 재배 면적이 큰 화이트와인 품종. 구테델, 발레에서는 펜딩트, 제네바에서는 펠레랭이라고도 불린다.

돌(Dôle) : 발레주의 명산. 피노 누아와 가메를 85% 이상 사용

스위스 로망드 : 총 생산량의 약 73%를 산출하는 스위스 최대 지방

발레(Valais) : 총 생산량의 약 40%를 산출하는 스위스 최대 산지

●스위스 로망드 지방

발레 (Valais)	총 생산량의 약 40%를 점하는 최대 산지. Chamoson, Conthey, Leytron, Saillon 등 8개 산지가 그랑 크뤼에 지정되어 있다.
보 (Vaud)	샤슬리 생산량의 약 60%를 점하는 스위스 제2의 산지. 세계유산으로 인정받은 라보 지구 중에서 로잔시가 관리하는 데잘레이의 클로 데 무앙, 클로 데 아베이는 소량이지만 품격이 느껴지는 와인으로 알려져 있다. 보주의 와인 평가회 검사에서 최우수 와인으로 선정된 한 상품에는 'Lauriers de Platine'가 주어진다.
뇌샤텔 (Neuchâtel)	피노 누아에서 만드는 로제와인 오에이 드 페르드리(Oeil de Perdrix)의 발상지
제네바 (Genève)	국제 도시 제나바 교외에 확산된 산지. 망드망(Mandement) 지구에는 스위스 최대의 와인 꼬뮌 사티니(Satigny)가 있다.

●스위스 이탈리안 지방

티치노 (Ticino)	스위스에서 가장 남쪽에 위치하며 이탈리아와 접해 있다. 생산량은 스위스 전체의 5%이지만 메를로를 주품종으로 하는 양질의 레드와 로제를 생산한다.

주요 포도 품종

🍇 화이트와인 품종

샤슬라(Chasselas) =구테델(Gutedel)	스위스에서 가장 중요한 화이트와인 품종. 발레에서는 펜당트(Fendant)라고도 부른다.

🍇 레드와인 품종

피노 누아(Pinot Noir) =클레브네르(Clevner)	돌(Dôle)의 주요 품종. 스위스에서 가장 재배 면적이 큰 품종. 블라우 부르군더라고도 부른다.
가메(Gamay)	돌(Dôle)의 주요 품종. 피노 누아와 혼양한다.

스위스의 주요 와인 산지

 CHECK TEST 스위스

01	스위스에서 가장 재배 면적이 큰 포도 품종은 피노 누아로 블라우부르군더라고도 불린다.	O	화이트와인 품종 최대는 샤슬라. 펜당트, 구테델이고도 부른다.
02	발레주의 명산 레드와인 돌(Dôle)은 피노 누아와 가메를 85% 이상 사용해서 만든다.	O	화이트와인은 펜당트(샤슬라)가 명산
03	스위스 이탈리안 지방의 티치노에서는 가메를 사용한 레드와 로제와인의 품질이 높다.	X	생산량이 적지만 메를로를 사용한 레드와 로제의 품질이 뛰어나다.

기타 유럽 제국

그리스, 슬로베니아, 크로아티아, 루마니아, 불가리아는 요점을 짚고 넘어가자.

유럽의 주요 와인 생산 지역

▌그리스 ▌

● 그리스 와인 레치나(Retsina)

레치나는 원산지 명칭이 아니라 그리스 와인의 타입 중 하나다. 주로 Savatiano 종으로 만들며 와인 1hℓ에 대해 1kg 이하의 송지(松脂, 송진)를 첨가한 독특한 풍미를 가진 플레이버드 와인이다. 송지는 통상 와인 1ℓ 중에 1~5g 함유된다.

● 펠로폰네소스반도의 와인 산지 네메아(Nemea)

단독 품종으로 만드는 레드와인 산지로는 그리스 최대이다. 아기오르기티코 (Agiorgitiko(Nemea))로 만드는 와인이 유명하다.

● 사모스(Samos)의 스위트와인

동쪽 에게해 제도의 산지 사모스는 화이트 머스캣 품종으로 만드는 사모스 스위트 등 다양한 스위트와인을 만든다.

200

▌ 슬로베니아 ▌

슬로베니아의 와인 제조는 기원전 6세기경부터로 오랜 역사가 있지만 19세기 말의 필록세라화로 포도 재배 면적이 절반으로 줄었다. 제2차 세계대전 후에 유고슬라비아의 속국이 됐다가 1991년에 독립, 2004년에 EU에 가맹했다.

가장 온난하고 토착 품종의 보고(寶庫)로 알려진 서부의 프리모르스카, 북동부에 위치한 국내 최대의 산지 포드라비예, 남동부의 포사비예 3지역으로 나뉘며 다시 14개의 통제 보증 원산지로 세분화되어 있다.

▌ 크로아티아 ▌

와인 제조는 기원전 4세기경에 시작했고 1992년에 독립 국가로서 승인됐다. 대륙부와 연안부에서 총 생산량의 60%를 점하여 토착 품종에 추가해 최근에는 메를로와 카베르네 소비뇽 등 외래종의 재배도 늘고 있다. 재배 면적이 최대인 포도 품종은 그라세비나(Graševina, 벨쉬리즐링(Welschriesling))로 전체의 4분의 1을 점한다.

크로아티아 와인 생산의 뿌리라고도 할 수 있는 중앙 및 남부 달마티아 지역을 대표하는 포도 품종이 플라바츠 말리(Plavac Mali). 최근의 DNA 감정 결과 프리미티보와 진판델의 기원인 것으로 밝혀졌다.

▌ 루마니아 ▌

와인 제조 역사는 오래되어 6000년 전에 시작했지만 빛을 보게 된 것은 1989년 독재 정권이 붕괴된 이후다. 생산량의 약 90%는 국내에서 소비되지만 2007년 EU 가맹 후에는 국제박람회에서 수상하는 와인 품종도 늘고 있다.

❧ 주요 토착 포도 품종

화이트와인 품종	페테아스카 알바(Feteasca Alba) : 플로럴의 드라이와인~세미 드라이와인을 만든다. 소량이지만 디저트와인을 만들고 있다.
	크람포셰(Cramposie) : 고대부터 재배가 계속되어 2000년 이상의 역사가 있다.
레드와인 품종	페테아스카 네아그라(Fereasca Neagra) : 3000년 이상의 역사가 있고 루마니아의 토착 품종 중에서 가장 평가받고 있다.
	카다르카(Cadarca) : 17세기에 트란실바니아 지방에서 확인. 부드러운 와인을 만든다.

🍇 주요 와인 산지

몰도바 지방	Dealurile Moldovei는 루마니아에서 가장 넓고 역사 있는 산지이다.
트란실바니아 지방	페테아스카 알바 등으로 만드는 화이트와인이 많이 생산된다.

▐ 불가리아 ▐

발칸반도에 위치한 불가리아는 세계 최고(最古)의 와인 생산국 중 하나로 2007년 EU에 가맹했다. 다양한 타입의 병 와인, 벌크 와인 외에 라키아라고 불리는 포도 압착 찌꺼기 등으로 만드는 브랜디도 알려져 있다. 최근 카베르네 소비뇽과 메를로, 샤르도네 등의 외래종으로 만드는 와인의 평가가 높아지고 있다.

🍇 주요 토착 포도 품종

화이트와인 품종	레드 미스켓(Red Misket) : 미스켓, 미스케트 체르벤이라고도 부른다. 산도가 낮기 때문에 다른 품종과 블렌딩하는 일이 많다.
	디미아트(Dimiat) : 불가리아 전토에서 재배되고 있는 만숙 품종
레드와인 품종	파미드(Pamid) : 일찍이 불가리아에서 가장 많이 재배됐다. 가볍고 일찍 마시는 타입의 와인을 만들어낸다.
	감자(Gamza) : 다른 유럽 제국에서는 카다르카라는 명칭으로 불린다. 산도가 높고 탄닌이 적은 편
	마브루드(Mavrud) : 재배량은 전체의 2% 정도. 감칠맛 있는 숙성 적합용 와인을 만들어낸다.
	멜닉(Melnik) : 불가리아에서 가장 대중적인 품종. 남서부 스트루마 계곡 등에서 장기 숙성 와인을 만들어낸다.

🍇 주요 와인 산지

북부 : 도나우 평원	포도밭의 면적은 불가리아 전체의 약 30%를 점한다. 카베르네 소비뇽, 메를로, 샤르도네 등의 외래 품종. 토착 품종인 가무자의 재배 면적이 넓다.
남부 : 트라키아 발레	온화한 대륙성 기후. 카베르네 소비뇽 등 보르도계 품종의 레드와인으로 알려져 있다. 토착 품종 마브루드의 원산지

▐ 룩셈부르크 ▐

프랑스와 독일에 사이에 있는 면적이 작은 국가이다. 와인 제조 역사는 2000년 이상으로 길고 '프랑스의 질과 독일의 양을 겸비한 미식의 국가'로 알려져 있다. 와인 산지는 독일과의 국경을 흐르는 모젤강 좌안에 펼쳐져 있다. 화이트와인의 생산량이 많고 리바너가 약 4분의 1을 점하고 있다.

룩셈부르크는 국민 1인당 연간 와인 소비량 세계 1위로 알려져 있지만 이것은 인근 제국보다 부가가치세(소비세)율이 낮기 때문에 국경을 넘어 와인을 사러 오는 사람이 많은 데서 기인한다.

▮ 영국 ▮

잉글랜드, 웨일스, 스코틀랜드, 북아일랜드로 구성되어 있으며, 북부는 위도가 높기 때문에 주로 남부인 잉글랜드와 웨일스에서 와인이 만들어진다. 냉량한 기후와 지역에 따라서는 프랑스의 샹파뉴 지방과 비슷한 토양 덕분에 스파클링 와인의 생산량이 66%를 점하고 있다. 잉글랜드 포도 재배 면적 최대의 산지는 켄튼주, 가장 재배 면적이 넓은 포도 품종은 샤르도네, 레드와인 품종은 피노 누아가 최대이다. 최근에는 이들 포도를 주원료로 한 트래디셔널 방식의 스파클링 와인에 대한 평가가 높다.

▮ 몰디브 ▮

흑해 북서쪽에 위치한 1991년에 독립한 신생 국가. 주요 산업은 농업이고 그중에서도 포도 재배와 와인 생산은 기간산업으로 자리매김하고 있다. 와인 제조 역사는 5000년 전으로 거슬러 올라가며 가장 번영을 누렸던 시기는 15세기 후반의 몰디브공 때라고 한다. 주요 포도 품종은 비티스 비니페라계의 국제 품종이지만 현 루마니아의 일부를 포함한 구 몰디바공국이 원산인 화이트와인 품종 페테아스카 알바와 레드와인 품종 페테아스카 네아그라 등의 토착 품종도 재배되고 있다. 주요 와인 산지는 화이트와인 품종의 재배가 70%를 차지하는 중앙부의 코드루(61,200ha), 몰디브에서 토착 품종 라라 네아그라의 재배 면적이 가장 큰 스테판 보다(15,750ha), 생산량의 60%를 차지하는 레드와인 외에 디저트 와인도 유명한 발룰 루이 트라이안(43,230ha)이다.

▮ 조지아 ▮

흑해와 카스피해 사이에 위치한다. 기원전 6000년경 코카서스산맥에서 흑해에 걸친 지역에서 와인 제조가 시작됐으며, 현재도 크베브리라 불리는 황토 항아리에서 와인을 양조하는 전통적인 와인 제조를 고수하고 있다. 와인의 94%는 동부의 카헤티 지방에서 만들고 있다. 가장 재배 면적이 넓은 포도 품종은 화이트와인 품종인 므츠바네, 이어서 레드와인 품종인 사페라비이다.

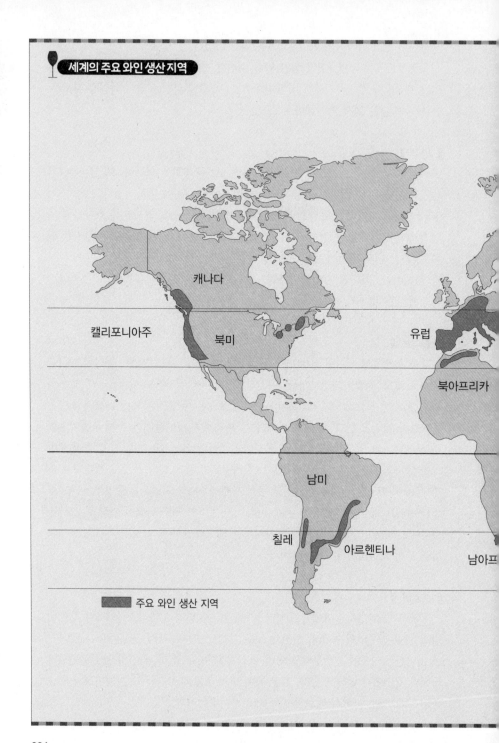

세계의 주요 와인 생산 지역

캐나다

캘리포니아주

북미

유럽

북아프리카

남미

칠레

아르헨티나

남아프

주요 와인 생산 지역

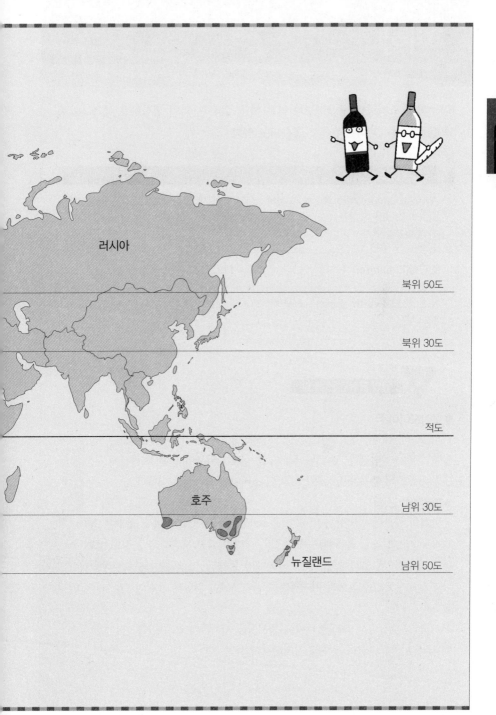

러시아

북위 50도

북위 30도

적도

호주

남위 30도

뉴질랜드

남위 50도

미국

개략, 주요 포도 품종, 주요 와인 산지와 특징

국내 와인 소비량이 생산량보다 많은 미국. 2015년 와인 생산량은 세계 4위로 약 85%는 캘리포니아주에서 생산되고 있다.

중요 키워드

AVA(American Viticultural Areas) : 정부 인정 재배 지역으로 210곳 이상 있다. 미국의 와인법은 1978년에 제정됐고 TTB(알코올, 담배, 과세 및 상업 거래국) 가 관리하고 있다.

진판델(Zinfandel) : 이탈리아 남부 풀리아주의 프리미티보와 동일 품종

노스 코스트(North coast) : 태평양안의 나파, 소노마, 멘도시노 등을 포함한 광역의 AVA

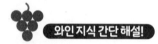

와인 지식 간단 해설!

● **캘리포니아주**

서해안에 위치한다. 18세기 후반 프란시스코 수도회가 미션(파이스)종을 들여와 와인 제조가 시작됐다. 1848년에 미국의 일부가 되고 다음해 1849년에 시작된 골드러시에 의해 인구가 급증하면서 와인 소비량이 단숨에 확대했다.

● **파리 테이스팅**

파리의 영국인 와인상이 미국 건국 200주년을 맞아 1976년에 개최한 프랑스와 캘리포니아의 와인 블라인드 테이스팅. 저명한 와인 평론가와 프랑스 요리 셰프 등이 심사위원으로 참가했다. 그 결과 화이트와인, 레드와인 모두 캘리포니아와 나파 밸리산 와인이 1위를 차지하면서 캘리포니아 와인의 품질이 전 세계에 알려졌다.

그 후 프랑스에서 와인 빈티지에 클레임을 제기하여 리턴매치가 있었지만 또다시 캘리포니아 와인이 상위를 차지하는 결과가 됐다.

개략·역사

콜럼버스가 1492년에 미국 대륙을 발견하고 나서 유럽 제국의 식민지화가 진행했고 이후 1776년의 독립선언으로 미국 합중국이 탄생했다.

19세기 후반에 소노마에서 필록세라가 발견되어 많은 포도밭이 심각한 피해를 입었지만 저항성 대목을 개발하여 대처한 결과 포도밭은 서서히 재건됐다. 1920년부터 1933년까지 시행된 금주법으로 와인 산업은 일시 쇠퇴했다. 금주법이 폐지된 후 캘리포니아에서 와인 생산자 조합이 설립한 와인 인스티튜트와 캘리포니아 대학 등의 연구개발에 의해 와인 산업은 발전한다. 20세기 후반 캘리포니아에서 발효 중 온도 관리가 가능한 스테인리스 탱크가 개발되어 세계 각지로 확산됐다.

포도 해충인 필록세라는 1873년에 소노마에서 발견됐다. 비티스 라브루스카종을 대목으로 해 피해를 억제했지만 1983년에 나파에서 발견된 필록세라의 타입 B에 대해서는 교배 대목(AXR1)의 효력이 없어 많은 포도나무를 다시 심을 수밖에 없었다.

주요 포도 품종

🍇 주요 레드와인 품종

카베르네 소비뇽 (Cabernet Sauvignon)	서부 태평양안을 중심으로 생산량이 증가했다.
진판델(Zinfandel)	남이탈리아의 프리미티보와 동일 품종. 특히 미국 내에서 인기가 높다.
메를로(Merlot)	최근 워싱턴주 등에서 우수한 와인이 만들어지고 있다.
피노 누아(Pinot Noir)	오리건주의 주요 품종

🍇 주요 화이트와인 품종

샤르도네(Chardonnay)	캘리포니아주에서 가장 재배 면적이 넓은 품종
소비뇽 블랑 (Sauvignon Blanc)	캘리포니아에서는 퓌메 블랑이라고도 부른다.

와인의 법률과 분류

라벨 표기에 관한 규정

주 명칭 표시	해당 주에서 수확한 포도를 75% 이상 사용. 다만 캘리포니아주는 100%, 오리건주는 모든 산지명에 대해 95% 이상 사용
카운티 표시	해당 카운티에서 수확한 포도를 75% 이상 사용
AVA 표시	해당 AVA 내에서 수확한 포도를 85% 이상 사용
포도 품종명 표시	해당 품종을 75% 이상 사용
수확년도 표시	AVA 이외의 원산지 표기 와인은 표시 연도의 포도를 85% 이상 사용. 단, AVA 표시 와인은 95% 이상 사용한다.

※캘리포니아주, 오리건주에서는 다른 주보다 엄격한 자체 규정을 두고 있다.
※Multi-State Appellation : 경계선으로 이어지는 3주까지 표시 가능. 표시한 주내의 포도를 100% 사용하고 각 주의 포도 사용 비율을 표시한다.
※Multi-County Appellation : 동일 주내의 경계선으로 이어지는 3카운티까지 표시 가능. 표시한 카운티 내의 포도를 100% 사용하고 각 카운티의 포도 사용 비율을 표시한다.
※Estate Bottled : 생산자에 의한 병입. 원료로 사용한 포도의 밭과 양조장, 병입한 와이너리가 동일 AVA 내에 위치하는 경우에 표시가 인정된다.

미국의 주요 와인 생산 주

America

주요 와인 산지와 특징

█ 캘리포니아주 █ (California)

미국 최대의 와인 산지인 캘리포니아주의 기후는 태평양과 시에라네바다주 산맥의 영향을 받아 해안가의 산지는 냉량하고 내륙 지방은 덥고 건조하다. 포도 생육기의 강우량이 적기 때문에 드립 이리게이션(관개) 등에 의해 수분을 조절함으로써 밀도 높은 와인이 탄생한다. 재배 포도는 레드와인용이 약 60%를 차지하고 카베르네 소비뇽과 샤르도네의 재배 면적이 압도적이다.

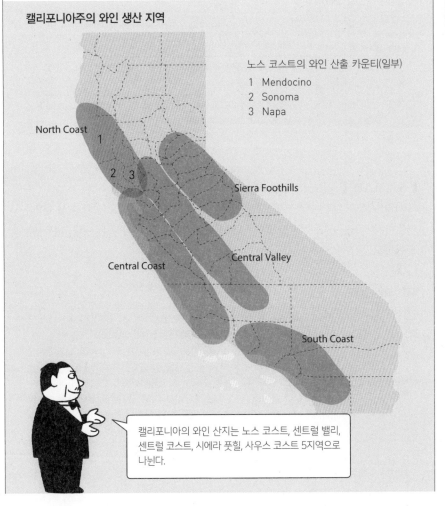

캘리포니아주의 와인 생산 지역

노스 코스트의 와인 산출 카운티(일부)
1 Mendocino
2 Sonoma
3 Napa

North Coast
1
2 3
Sierra Foothills
Central Coast
Central Valley
South Coast

캘리포니아의 와인 산지는 노스 코스트, 센트럴 밸리, 센트럴 코스트, 시에라 풋힐, 사우스 코스트 5지역으로 나뉜다.

미국

🍇 화이트와인 품종

샤르도네(Chardonnay)	캘리포니아주의 화이트와인 품종으로 재배 면적이 최대이다.
프렌치 콜롬바드 (French Colombard)	코냑 지방이 원산지. 테이블 와인용 화이트, 스파클링 와인이 생산된다.
소비뇽 블랑 (Sauvignon Blanc)	퓌메 블랑(Fumé Blanc)이라고도 불린다.

🍇 레드와인 품종

카베르네 소비뇽 (Cabernet Sauvignon)	캘리포니아주의 레드와인 품종으로 재배 면적이 최대이다.
진판델(Zinfandel)	이탈리아의 프리미티보와 동일 품종. 크로아티아가 기원
피노 누아(Pinot Noir)	태평양과 산파블로에 인접한 냉량한 산지를 중심으로 재배되고 있다.
프티 시라 (Petite Sirah)	일찍이 남프랑스의 뒤리프종과 혼종됐다. 색조가 짙고 탄닌이 풍부한 와인을 만든다.
미션 (Mission)	스페인의 리스탄 프리에토(Listán Prieto)가 기원. 칠레의 파이스(Pais), 아르헨티나의 크리올라 치카(Criolla Chica)와 동일 품종

▌ 노스 코스트 ▌　(North Coast)

나파, 소노마 등의 카운티를 포함한 캘리포니아주의 가장 중요한 와인 산지이다. 따뜻한 캘리포니아 해류와 시에라네바다산맥의 영향으로 바다 쪽은 냉량, 내륙부는 온난하고 건조한 기후이다.

주요 와인 산지

나파 카운티 (Napa County)	샤르도네와 카베르네 소비뇽 등으로 우수한 와인을 만들어내는 나파 밸리 AVA가 대다수의 면적을 차지한다. 동 AVA 내에서 최남단에 위치하며 서쪽 절반은 소노마 카운티로 이어지는 로스 카네로스(카네로스) AVA는 캘리포니아에서 가장 냉량한 와인 산지 중 하나로 샤르도네, 피노 누아가 주요 품종. 고품질 스파클링 와인의 생산 거점이기도 하다. 나파 밸리 중앙부는 다소 온난하고 루더포드 AVA와 스택스 립 디스트릭트 AVA, 오크빌 AVA에서는 특히 고품질의 카베르네 소비뇽을 만들어낸다.

소노마 카운티 (Sonoma County)	나파 카운티의 서쪽에 위치한 캘리포니아주에서 가장 역사적인 와인 산지. 19세기 초반에 러시아인과 멕시코에서 프란시스코 수도회에 의해 포도가 심어졌다. 크게 소노마 코스트 AVA와 노던 소노마 AVA로 나뉜다. 산타로사 마을 서쪽에서 북쪽으로 위치하는 냉량한 러시안 밸리 AVA와 다소 온난하고 나파 밸리에 가까운 품질의 카베르네 소비용을 생산하는 알렉산더 밸리 AVA 등이 있다. 남부는 카네로스 AVA의 서쪽 절반에 펼쳐진다.
멘도시노 카운티 (Mendocino County)	소노마 카운티 북쪽의 앤더슨 밸리 AVA는 카네로스와 마찬가지로 캘리포니아에서 가장 냉량한 와인 산지 중 하나로 고품질의 스파클링 와인 생산지이다. 피노 누아, 샤르도네 외에 알자스계 품종의 평가도 높다. 캘리포니아에서 가장 빠른 1980년대부터 유기 재배에 대응해온 생산자의 영향도 있어 현재 포도 재배 면적의 약 25%가 오가닉 인증을 받았다.

나파 밸리의 와인 산지

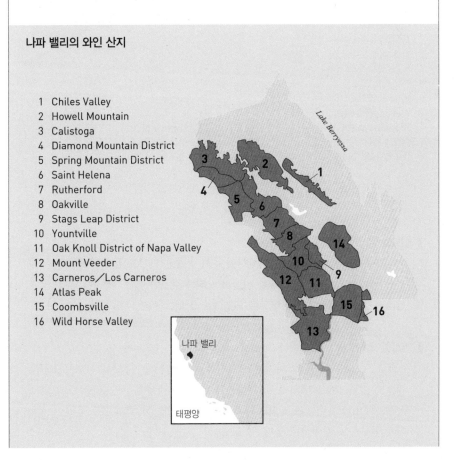

1 Chiles Valley
2 Howell Mountain
3 Calistoga
4 Diamond Mountain District
5 Spring Mountain District
6 Saint Helena
7 Rutherford
8 Oakville
9 Stags Leap District
10 Yountville
11 Oak Knoll District of Napa Valley
12 Mount Veeder
13 Carneros/Los Carneros
14 Atlas Peak
15 Coombsville
16 Wild Horse Valley

나파 밸리

태평양

소노마 카운티의 와인 산지

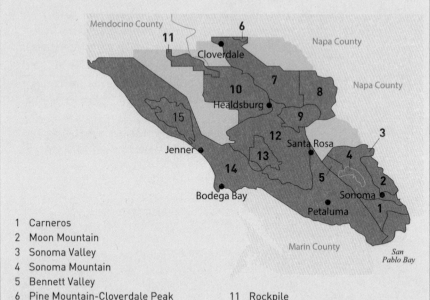

1 Carneros
2 Moon Mountain
3 Sonoma Valley
4 Sonoma Mountain
5 Bennett Valley
6 Pine Mountain-Cloverdale Peak
7 Alexander Valley
8 Knights Valley
9 Chalk Hill
10 Dry Creek Valley

11 Rockpile
12 Russian River Valley
13 Green Valley
14 Sonoma Coast
15 Fort Ross-Seaview

▌센트럴 밸리 ▌ (Central Valley)

캘리포니아 5지구의 중앙에 위치하며 주요 품종은 샤르도네와 진판델이다. 캘리포니아 와인용 포도의 약 70%를 산출하는 외에 주스와 건포도용 원료 포도의 주요 산지이기도 하다. 대형 브랜드에 의한 합리적인 와인이 주류이다.

▌센트럴 코스트 ▌ (Central Coast)

노스 코스트의 남동쪽에 위치한 광대한 산지. 연안부는 냉량한 기후로 고품질의 피노 누아와 샤르도네의 산지가 집중해 있다. 한편 내륙부는 온난하고 건조한 기후로 카베르네 소비뇽과 진판델 외에 프랑스의 코트 뒤 론의 포도 품종인 시라와 비오니에 등도 재배하고 있다.

샌프란시스코 남쪽, 표고가 높은 산타 크루즈 마운틴 AVA는 캘리포니아 와인의 선구자들이 와이너리를 설립한 곳이다.

샌 루이스 오비스포 카운티의 북부 절반을 차지하는 파소 로블레스 AVA는 1797년에 프란시스코 수도회에 의해서 포도 재배가 시작됐다.

표고가 높고 냉량하고 건조한 기후의 마운트 하란 AVA에 있는 와이너리는 미국 피노 누아의 선구자인 칼레라(Calera)가 유일하다.

▌ 시에라 풋힐 ▌ (Sierra Foothills)

와인 산지는 시에라네바다산맥 서쪽의 넓은 범위에 걸쳐 점재해 있다. 19세기 중반경 골드러시의 무대가 되면서 포도 재배가 시작됐다. 대표적인 포도 품종은 진판델로 19세기 말의 필록세라화를 면한 수령 100년이 넘는 포도나무도 남아 있다.

▌ 사우스 코스트 ▌ (South Coast)

캘리포니아 5개 지역에서 가장 남쪽에 위치한다. 매우 더운 지역으로 최근에는 재배지의 주택화와 피어스병의 피해로 와인 생산량은 격감했다.

> #### >>> 진판델(Zinfandel)
> 유럽 원산으로, 미국에서 매우 인기가 많아 와인 가게 진열대에 많이 진열되어 있다. 색이 짙고 알코올 도수가 높아 과실맛이 풍부하다. 외관이 풍기는 인상과는 달리 탄닌이 적고 부드러움이 있는 맛이다.

▌ 워싱턴주 ▌ (Washington)

와인 생산량은 캘리포니아주에 이어 제2위. 보르도, 부르고뉴와 비슷한 위도에 위치한다. 워싱턴주에서 최초로 인가받은 AVA는 야키마 밸리로 콜럼비아 밸리는 같은 주의 대부분의 와인 산지를 내포하는 광대한 AVA이다. 퓨젓사운드 AVA는 유일하게 캐스케이드산맥의 서쪽에 위치하며 워싱턴주에서 가장 냉량한 와인 산지이다.

가장 재배 면적이 넓은 포도 품종은 카베르네 소비뇽, 화이트와인 품종에서는 화이트 리즐링이 최대이다.

미국

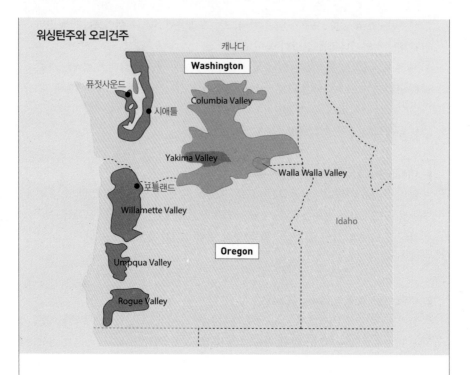

워싱턴주와 오리건주

▌ 오리건주 ▌ (Oregon)

1965년부터 1968년에 걸쳐 '오리건 피노 누아의 아버지'라 불리는 데이비드 레트가 포도밭을 열고 The Eyrie Vineyards를 창설, 이후 파이오니어들이 이들의 뒤를 이었다. 현재 주요 품종인 피노 누아의 재배 면적은 약 60%를 차지한다.

18의 AVA 중 최대 규모인 윌라메트 밸리 북부는 오리건주에서 가장 냉량하여 고품질의 피노 누아를 만들어낸다. 던디 힐 AVA는 윌라메트 밸리에서 처음으로 피노 누아가 심어진 산지로 우수한 와인 생산자가 집중해 있다. 오리건주의 남단에 위치한 AVA는 로그 밸리이다.

▌ 뉴욕주 ▌ (New York)

미국 대륙 북동쪽의 산지로 와인 제조는 17세기 중반경에 시작됐다. 네덜란드인이 맨해튼섬에 포도를 심은 것이 기원이다.

최근의 와인 생산 발전은 눈부시며 미국 원산 품종, 프렌치 하이브리드(프랑스와 미국의 포도 교배 품종), 비티스 비니페라계(약 20%를 점한다) 등 다양한 포도가 재배되고 있다.

롱 아일랜드 AVA는 최근 양질의 메를로의 평가가 높아지고 있다. 온타리오호에 가까운 핑거 레이크스는 110개가 넘는 와이너리가 위치하는 최대의 AVA로 뉴욕주의 고품질 와인 중심지이다.

▌ 버지니아주 ▌ (Virginia)

미국 동부, 워싱턴D.C. 남쪽에 위치한 주이다. 1970년대에 설립한 몇 개의 와이너리가 성공을 거두었고 현재는 300개에 가까운 와이너리가 가동하고 있다.

주요 와인 산지는 주 북부, 체사피크만 근교, 주 중앙부, 셰넌도어 밸리 지방, 블루리지산맥 지방이다. 주 중앙부의 몬티첼로 AVA 내 샬러츠빌은 T.제퍼슨 전 대통령이 농원을 개척한 장소로 현재도 마을 주변에 많은 와이너리가 설립되어 있다.

복습 **CHECK TEST** 　미국

01	미국의 와인 생산량은 세계 4위. 국내의 와인 생산량보다 소비량이 많다.	O	캘리포니아주는 국내 와인 생산량의 90%를 차지한다.
02	카베르네 소비뇽은 이탈리아의 프리미티보와 동일 품종이다.	X	진판델
03	캘리포니아주는 미국 와인 생산량의 약 50%를 점한다.	X	약 85%를 점하고 있다.
04	워싱턴주의 와인 생산량은 캘리포니아에 이어서 전미 2위. 콜럼비아 밸리가 최대의 AVA이다.	O	최초로 AVA에 인정된 것은 아키마 밸리
05	오리건주에서는 피노 누아의 재배 면적이 전체의 약 60%를 차지하고 있다.	O	오리건은 고품질의 피노 누아를 생산하는 중요 주

캐나다

개략, 주요 포도 품종, 주요 와인 산지와 특징

러시아에 이어 2번째로 면적이 넓은 북미 대륙의 약 40%를 차지하는 캐나다. 와인용 포도의 95% 이상이 나이아가라 페닌슐라와 오카나간 밸리에서 생산된다. 고품질의 아이스와인이 유명하다.

중요 키워드

아이스와인(Icewine) : 기온이 마이너스 8℃ 이하이고 포도의 수분이 완전히 빙결했을 때 수확. 바로 압착해서 얻은 당도가 높은 과즙을 발효시켜 만드는 디저트 와인. 1984년부터 만들고 있다. 주요 원료 포도는 비달이지만 카베르네 프랑 등의 레드와인 품종을 사용한 로제 빛을 띠는 제품도 있다. 쿠리오 엑스트라시온과는 다르다.

비달(Vidal) : 정식 명칭은 비달 블랑 또는 비달 256. 아이스와인의 주요 품종으로 주로 네덜란드주에서 널리 재배되고 있다. 유니 블랑(Ugni Blanc)과 시벨(Seibel) 4986의 교배 품종

VQA : 포도 양조업자 자격 동맹. 1988년 온타리오주에서 설립되어 특정 재배 지역(DVA)이 규정됐다. 이후 1990년에 브리티시컬럼비아주에서도 VQA를 도입. 규정을 두고 있는 것은 현재 이 두 주뿐이다. 캐나다산 포도 100%로 만든 와인에만 적용되며 원산지를 표시하는 경우 해당 주의 포도를 100% 사용해야 한다.

주요 와인 산지

▌온타리오주 ▌

캐나다 최대의 산지이다. 아이스와인 생산량은 VQA 와인의 3%가 채 안 된다. 기억해 둬야 할 지구는 나이아가라반도. 온타리오호 남안에 위치하며 온타리오주 와인 생산량의 50% 이상을 차지하고 있다.

▌브리티시컬럼비아주 ▌

캐나다 2위의 와인 산지이다. 기억해야 할 지구는 오카나간 밸리. 브리티시컬럼비아주 와인 생산의 85% 이상을 점하고 있다.

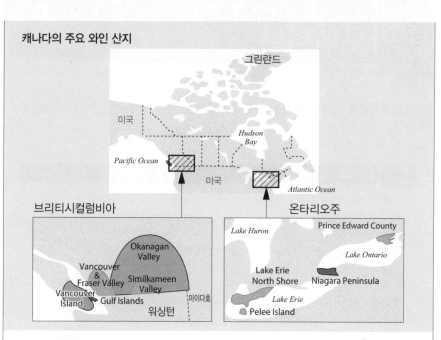

캐나다의 주요 와인 산지

그린란드

미국

Hudson
Bay

Pacific Ocean

미국

Atlantic Ocean

브리티시컬럼비아

Okanagan
Valley

Vancouver
&
Fraser Valley   Similkameen
Valley

Vancouver
Island   Gulf Islands   아이다호

워싱턴

온타리오주

Lake Huron   Prince Edward County

Lake Ontario

Lake Erie
North Shore   Niagara Peninsula

Lake Erie
Pelee Island

복습 **CHECK TEST**   캐나다

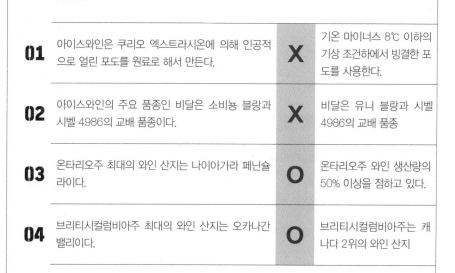

01	아이스와인은 쿠리오 엑스트라시온에 의해 인공적으로 얼린 포도를 원료로 해서 만든다.	X	기온 마이너스 8℃ 이하의 기상 조건하에서 빙결한 포도를 사용한다.
02	아이스와인의 주요 품종인 비달은 소비뇽 블랑과 시벨 4986의 교배 품종이다.	X	비달은 유니 블랑과 시벨 4986의 교배 품종
03	온타리오주 최대의 와인 산지는 나이아가라 페닌슐라이다.	O	온타리오주 와인 생산량의 50% 이상을 점하고 있다.
04	브리티시컬럼비아주 최대의 와인 산지는 오카나간 밸리이다.	O	브리티시컬럼비아주는 캐나다 2위의 와인 산지

아르헨티나

개략, 주요 포도 품종. 주요 와인 산지와 특징

1970년대까지 국내용 테이블 와인이 중심이었지만 개배·양조 기술의 개량으로 최근에는 국내외에서 평가가 높아지고 있다.

종요 키워드

크리올라(Criolla) : 1550년대에 스페인인이 들여온 포도 품종. 칠레에서는 파이스, 캘리포니아에서는 미션이라고 불린다.

말벡(Malbec) : 아르헨티나에서 가장 재배 면적이 넓은 품종. 주요 레드와인 품종으로 국제적인 평가도 높다.

존다풍 : 태평양의 습한 바람이 칠레를 넘어오면 건조한 따뜻한 바람 존다(Zonda)풍이 된다. 특히 쿠요 지방의 산후안주에 미치는 영향이 크다.

재배지의 특징 : 타 와인 생산국에 비해 위도가 낮아 포도 재배에는 너무 온난하기 때문에 표고가 높은 밭에서 주로 재배된다. 포도밭의 표고는 낮은 곳이 300m, 높은 곳은 3,000m에 달하며 평균 표고는 900m

멘도사(Mendoza) : 아르헨티나 와인의 80%를 생산한다. 주도 멘도사는 세계 8대 와인 수도 중 하나이다.

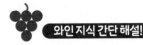

와인 지식 간단 해설!

●아르헨티나의 원산지 관리법

국립포도재배양조연구소가 총괄. 1999년에 원산지 명칭 제도(Denominacion de Origen Controlada)가 시행되어 현재 2지구가 DOC 인정을 받았다.

DOC 인정 2지구

루한 데 쿠요(Luján de Cuyo)	멘도사
산라파엘(San Rafael)	(Mendoza)

주요 포도 품종

🍇 주요 레드와인 품종

말벡 (Malbec)	아르헨티나에서 가장 재배 면적이 넓으며 세계 제일의 재배 면적을 자랑한다.
보나르다(Bonarda)	레드와인 품종 재배 면적 2위
카베르네 소비뇽(Cabernet Sauvignon)	레드와인 품종 재배 면적 3위
시라(Syrah)	레드와인 품종 재배 면적 4위

🍇 주요 화이트와인 품종

페드로 히메네스 (Pedro Gimenez)	화이트와인 품종 재배 면적 1위. 생산량은 감소 추세이다.
토론테스 리오하노 (Torrontes Riojano)	화이트와인 품종 재배 면적 2위. 아르헨티나를 대표하는 스페인 원산의 화이트와인 품종. 드라이하고 깔끔한 맛의 와인을 만들어 낸다.
샤르도네(Chardonnay)	화이트와인 품종 생산량 3위

아르헨티나

>>> **아르헨티나 하면 말벡**

　말벡은 아르헨티나 와인용 포도 재배 면적의 30% 이상을 차지하는 중요한 레드와인 품종이다. 보르도 지방에서는 카베르네 소비뇽, 메를로 등에 극히 소량의 양을 블렌딩한다. 마찬가지로 프랑스의 남서 지방에서는 오세루아 등이라고 불리며 '블랙와인' 카오르의 주원료로 알려져 있다.

　일반적으로 색이 짙고 검은색 과실 향이 풍부하고 탄닌이 강한 와인으로 마무리되지만 아르헨티나의 경우는 알코올 도수가 높고 과실맛이 풍부하다. 딱 좋은 신맛이 기분 좋고 숙성된 탄닌을 함유한 와인이 만들어진다.

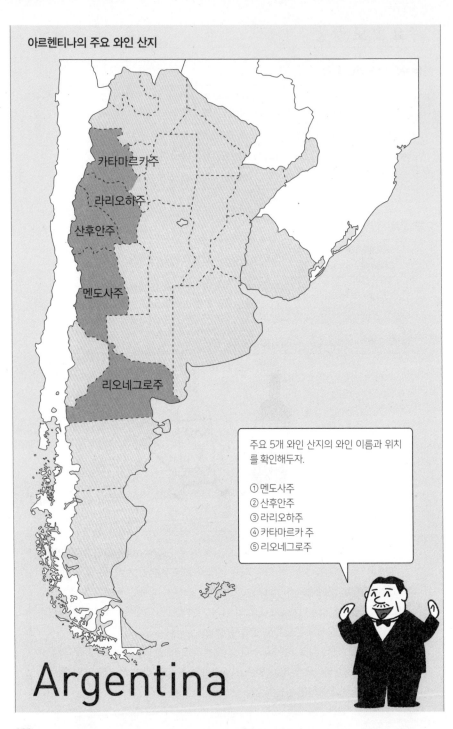

아르헨티나의 주요 와인 산지

카타마르카주

라리오하주

산후안주

멘도사주

리오네그로주

주요 5개 와인 산지의 와인 이름과 위치를 확인해두자.

① 멘도사주
② 산후안주
③ 라리오하주
④ 카타마르카 주
⑤ 리오네그로주

Argentina

주요 와인 산지와 특징

아르헨티나의 주요 와인 생산 지방과 주

지방	주	
쿠요 지방	멘도사주	와인 총 생산량의 80%를 차지하는 가장 중요한 산지. 5개의 소지역 중 하나. 멘도사강 유역은 아르헨티나에서 최초로 본격적인 와인 생산이 시작된 토지
	산후안주	아르헨티나 2위의 와인 산지
	라리오하주	토론테스 리오하노가 약 35%를 차지한다.
북부 지방	살타주	칼차키 밸리의 카파야테가 대표적인 산지로 포도밭의 표고는 세계에서 가장 높아 3,000m를 넘는다.
	카타마르카주	토론테스 리오하노가 주체. 최근에는 카베르네 소비뇽과 말벡 등도 늘고 있다.
	투구만주	채 100ha가 되지 않는 작은 산지. 칼차퀴 밸리가 중심지
파타고니아주	리오네그로주	파타고니아를 대표하는 산지. 아르헨티나 남부 와인 생산량의 약 80%를 담당한다.

▌ 쿠요 지방 ▌ (Cuyo)

쿠요 지방은 남미에서 최대 와인 산지이다. 쿠요란 '사막의 나라'라는 뜻. 와인 생산량 1위 멘도사, 2위 산후안, 토론테스 리오하노의 주요 산지인 라리오하 3개 주는 특히 중요하다.

▌ 멘도사주 ▌ (Mendoza)

아르헨티나 와인 총 생산량의 80%를 차지하는 중요한 산지. 말벡을 중심으로 한 레드와인 품종이 50% 가까이를 차지한다. 멘도사주의 와인 산지는 멘도사강 유역, 발레 드 우코, 북부 멘도사, 동부 멘도사, 남부 멘도사 5개 소지역으로 나뉜다. 멘도사 하류역은 아르헨티나에서 본격적인 와인 생산이 시작된 산지로 현재도 강의 양안에 우수한 와이너리가 집중해 있다.

▌산후안주 ▌ (San Juan)

산후안주는 아르헨티나 2위의 산지이지만 와인 생산량은 멘도사의 와인 생산량의 20% 미만이다. 비가 적고 온난한 기후로 봄에 불어오는 건조한 존다풍이 포도의 병해를 방지한다. 생산량이 많은 것은 화이트와 로제이지만 최근 들어 시라의 평가가 높아지고 있다.

▌라리오하주 ▌ (La Rioja)

화이트와인용 포도 품종이 주체이고 그중에서도 토론테스 리오하노의 재배 면적은 35%를 차지한다. 레드와인 품종은 카베르네 소비뇽, 시라, 말벡이 중심이다.

자연의 혜택에 힘입어 포도 재배를 하는 올드 월드에서는 관개는 묘목을 제외하고 법률로 금지되어 있는 국가가 많지만 뉴 월드에서는 사용할 수 있는 기술은 적극적으로 도입하여 포도를 재배하고 있다. 특히 아르헨티나를 비롯한 칠레, 호주 등에서는 포도 생육에 필요한 강우량을 얻을 수 없는 산지가 많아 관개 시설이 필요하다.

와인용 포도에는 스프링클러식이 아닌 주로 드립식을 채용하고 있다. 포도의 뿌리에 필요 최소한의 물방울을 떨어뜨려 포도나무의 생육을 관리한다. 이렇게 해서 엑기스분이 응축한 포도를 얻을 수 있으며 색이 진한 감칠맛 있는 와인이 만들어진다.

복습 CHECK TEST

01	아르헨티나의 포도 재배지 특징은 대부분의 밭이 표고 300~2,400m(평균 900m)의 고지에 있는 것이다.	O	포도 생육기의 강우량이 매우 적어 건조하다.
02	아르헨티나에서 가장 재배 면적이 넓은 포도 품종은 토론테스 리오하노이다.	X	말벡
03	멘도사주는 아르헨티나 와인 총 생산량의 80%를 점하는 중요한 산지이다.	O	루한 데 쿠요와 산라파엘 두 지구는 DOC로 인정받았다.
04	칠레를 넘어 아르헨티나에 부는 건조한 따뜻한 바람을 존다풍이라고 부른다.	O	미국 대륙 최고봉인 아콩카과산의 영향을 크게 받는다.
05	라리오하주에서는 말벡의 재배 면적이 약 35%를 차지한다.	X	토론테스 리오하노

>>> **해외 자본과 아르헨티나 와인**

아르헨티나는 각 지구에서 다소 조건이 떨어지는 포도밭은 축소하거나 최적의 포도 품종으로 바꾸어 심은 영향으로 1977년을 피크로 포도밭의 면적이 감소하고 있다. 현재는 포도 재배, 와인 양조 기술 모두 눈부신 발전을 이루었지만 그 요인 중 하나가 대형 기업, 와이너리 등 해외 자본의 유입이다.

이탈리아 베네토주의 유력 와이너리 'Masi'는 10년 이상 전부터 멘도사주 투풍가토 계곡에서 포도를 재배하여 와인을 양조하고 있다. 아르헨티나를 대표하는 말벡과 베네토주를 대표하는 코르비나 베로네제와의 아상블라주는 아르헨티나 와인의 새로운 가능성을 제시하고 있다.

칠레

개략, 포도 품종, DO법, 주요 와인 산지와 특징

본격적인 와인 제조가 시작된 것은 스페인으로부터 독립한 1818년 이후. 지금까지 필록세라의 피해를 단 한 차례도 입지 않았다.

중요 키워드

기후 구분 : 늦은 봄부터 초가을까지 긴 건기가 이어지는 지중해성 기후이다. 칠레는 안데스산맥의 만년설과 따뜻한 지중해성 기후 덕분에 와인 생산에 최적이다.

카베르네 소비뇽(Cabernet Sauvignon) : 전체의 30%로 가장 많이 재배되는 품종. 기타 보르도계 품종을 합하면 점유율은 60%를 넘는다.
소비뇽 블랑(Sauvignon Blanc) : 화이트와인 품종 중에서 재배 면적이 가장 넓다.
카르메네르(Carménère) : 원래 보르도의 메독에서 재배되던 품종. 긴 세월 메를로와 혼동되기도 했다.

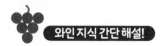

와인 지식 간단 해설!

●칠레의 원산지 관리법

칠레 와인은 농업보호청(SAG)이 관리한다. 1995년에 개정된 DO법(Deno-minación de Origen)에서 자국산 와인을 원산지 명칭 와인(DO), 원산지 명칭이 없는 와인, 테이블 와인의 3가지 카테고리로 분류, 라벨 표기를 규정하고 있다. 원산지, 포도 품종, 수확년도를 표기할 때는 각각 원산지, 동일 품종, 동일 수확년도의 포도를 75% 이상 사용하는 규정이다. DO는 칠레 국내에서 병입된 와인에 한정된다.

품질 표시 예

슈페리어(Superior)	특유하고 독특한 풍미를 가진 와인
리세르바 에스페셜 (Reserva Especial)	통속성한 법정 최저 알코올 도수보다 0.5도 이상 높은 와인
그란 리세르바(Gran Reserva)	통속성한 법정 최저 알코올 도수보다 1도 이상 높은 와인

※조건을 충족하면 상기와 같은 표시가 인정된다.

주요 와인 산지와 소지역

1 Elqui Valley 엘키 밸리
2 Aconcagua Valley 아콩카과 밸리
3 Casablanca Valley 카사블랑카 밸리
4 San Antonio Valley 산 안토니오 밸리
5 Maipo Valley 마이포 밸리
6 Curicó Valley 쿠리코 밸리
7 Maule Valley 마울레 밸리

주요 지방과 지역

지방	지역
코킴보(Coquimbo)	엘키 밸리(Elqui Valley)
아콩카과 (Aconcagua)	아콩카과 밸리 (Aconcagua Valley)
	카사블랑카 밸리 (Casablanca Valley)
	산 안토니오 밸리 (San Antonio Valley)
센트럴 밸리 (Central Valley)	마이포 밸리(Maipo Valley)
	라펠 밸리(Rapel Valley)
	쿠리코 밸리(Curico Valley)
	마울레 밸리(Maule Valley)

※북쪽부터 남쪽 순

Chile

주요 포도 품종

🍇 주요 레드와인 품종

카베르네 소비뇽 (Cabernet Sauvignon)	포도 재배 면적 1위
메를로(Merlot)	레드와인 품종 재배 면적 3위
카르메네르(Carmenère)	메를로와 혼동되기도 했다. 일찍이 보르도에서 널리 재배
파이스 (Pais)	스페인이 기원. 최근 재배량은 감소 추세이다. 양질의 스파클링 와인과 가벼운 레드와인을 만든다.
카리냥 (Carignan)	1940년대 이후에 랑그도크에서 들어온 품종. 재배 면적은 700ha 조금 안 되지만 2009년에 12개 와이너리가 VIGNO라는 조직을 결성하여 화제가 됐다.

🍇 주요 화이트와인 품종

소비뇽 블랑 (Sauvignon Blanc)	화이트와인 품종 재배 면적 1위
샤르도네(Chardonnay)	화이트와인 품종 재배 면적 2위

>>> **칠레 와인**

　천혜의 자연 환경으로 와인 생산에 최적의 입지를 자랑하는 칠레. 한국 와인 시장 규모는 해마다 커지고 있으며 10여 년 전부터 물량 기준으로 칠레 와인 수입량이 1위를 지키고 있다. 그만큼 칠레에게 한국 와인 시장은 매우 중요하다. 특히 칠레는 한국과 2004년 자유무역협정(FTA)을 맺은 이후 한국에 성큼 다가선 농업 대국이다. 특히 칠레 와인은 가성비가 뛰어나고 품질도 일관적이라 인기가 많다.

양질에 합리적 가격의 와인이 증가하는 것은 소비자 입장에서 기쁜 일이다.

주요 와인 산지와 특징

칠레의 와인 산지는 크게 북부, 중부, 남부 3지역으로 나뉘며 남북으로 1,400m 가량 좁고 길게 위치해 있다. 주요 와인 생산지는 북부의 아타카마 지방, 코킴보 지방, 중부의 아콩카과 지방, 센트럴 밸리이고, 그 이외는 주로 식용 포도가 재배되고 있다.

▌코킴보 지방 ▌ (Coquimbo)

칠레 최북부의 아타카마 지방과 코킴보 지방은 주로 모스카텔로 만든 '피스코'라 불리는 와인에 향료를 첨가해 증류한 알코올 도수 30~40도의 술을 생산하고 있다.

🍇 주요 지구

엘키 밸리	DO 코킴보의 지역 중 하나. 온난한 내륙부에서는 카베르네 소비뇽과 카르메네르가, 다소 냉량한 밸리의 입구에서는 소비뇽 블랑과 피노 누아, 시라의 재배가 적합하다.

▌아콩카과 지방 ▌ (Aconcagua)

아콩카과 지방은 칠레 중부에서 다소 북쪽으로 펼쳐진 산지이다.

🍇 주요 지구

아콩카과 밸리	일조량이 충분하고(1년 중 240~300일은 맑은 하늘) 생육기의 기온 일교차가 높은 등 포도 재배에 좋은 조건을 갖추고 있다. 카베르네 소비뇽이 가장 많고 풍미 있는 레드가 중심이다.
카사블랑카 밸리	다소 냉량한 기후로 샤르도네, 소비뇽 블랑, 피노 누아 등의 생산량이 늘고 있다.
산 안토니오 밸리	화이트와인이 중심. 최근에는 소비뇽 블랑이 늘고 있다.

▌ 센트럴 밸리 ▌　(Central Valley)

수도가 있는 주(州)를 포함한 광대한 와인 산지로, 이곳에서 칠레의 포도 재배가 시작됐다. 마이포강 유역과 쿠리코 주변에는 대규모 와이너리가 있고 많은 포도 재배 농가에서 포도를 공급하고 있다. 최근에는 독립한 국내의 포도 재배가와 해외에서 칠레로 이주해온 와인 생산자가 MOVI라는 생산자 단체를 조직하기도 했다.

> 칠레 중부의 분지, 계곡 일대에 펼쳐진 센트럴 밸리는 연간 강수량이 300mm로 적기 때문에 관개 지역이라고도 불린다.

♣ 주요 지구

마이포 밸리	유럽계 품종을 재배한 역사가 길다. 카베르네 소비뇽의 재배 면적이 50% 이상을 점한다.
라펠 밸리	북부의 카차포알 밸리와 남부의 콜차과 밸리로 나뉘며 모두 카베르네 소비뇽의 레드가 많다.
쿠리코 밸리	DO 테노 밸리와 DO 론투에 밸리 두 지역이 있다. 카베르네 소비뇽의 고목이 많다.
마울레 밸리	칠레 최대의 포도 산지. DO 투투벤 밸리 내의 카우케네스산(産) 카리냥이 유명하다.

> **칠레 와인의 새로운 원산지 명칭 표시**
> 칠레의 국토는 서쪽의 태평양과 동쪽의 안데스산맥 사이에 자리한 길고 가는 형상이다. 기존의 DO(원산지 명칭)는 북쪽에서 남쪽으로 수평으로 슬라이스한 형태여서 북부 산지와 남부 산지를 비교해도 그다지 차이가 없었다.
> 그래서 각 DO의 차이를 명확히 구분하기 위해 2011년에 기존의 DO에 부기할 수 있는 3개의 새로운 원산지 명칭을 제정했다. 이것이 칠레의 국토를 수평이 아닌 수직으로 3분할한 것으로 다소 냉량한 태평양 측은 Costa, 주야의 기온차가 큰 안데스 산맥 측은 Andes, 양자의 사이에 칠레 와인의 약 60%를 차지하는 것이 Entre Cordilleras가 된다. 한편 이들을 표시하는 경우는 해당 산지의 포도를 85% 이상 사용하지 않으면 안 된다.
> 현재 칠레의 와인 생산자 사이에서도 새로운 명칭에 대한 의견이 분분하여 향후의 향방에 이목이 집중되고 있다.

>>> **칠레의 기후와 병해**

칠레는 연간 강우량이 적다. 비가 내리는 것은 겨울의 포도 휴면기로 포도의 생육기는 건기에 들어가기 때문에 대다수 비가 내리지 않아 많은 산지는 관개에 의지하고 있다. 강우량이 적으면 건조해서 응축감 있는 과실을 만들고 또한 병해가 발생하지 않는 이점이 있다. 노균병, 잿빛곰팡이병, 만부병 등의 방제 대책을 할 필요가 없어 농약 사용을 줄일 수 있다.

또한 칠레는 필록세라의 피해를 입지 않은 산지이기도 하다. 칠레 농산성의 식물 검역은 매우 엄격하며 신 품종을 수입할 때는 2~3년에 걸쳐 바이러스 등을 체크하는 것이 의무화되어 있다.

 복습 **CHECK TEST**　　　　　　　　　　**칠레**

01	칠레는 지중해 기후에 속하며 연간 강수량은 매우 적다.	O	건조하기 때문에 포도의 병해가 적어 대부분 농약을 살 포하지 않는다.
02	칠레에서 가장 재배 면적이 넓은 포도 품종은 카베르네 소비뇽이다.	O	화이트와인 품종으로는 소비뇽 블랑이 가장 많다.
03	칠레 와인에 포도 수확년도를 표기하는 경우 그 해의 포도를 70% 이상 사용해야 한다.	X	75% 이상. 다른 국가의 규정도 함께 정리해두자.
04	1년 중 240~300일이 맑은 아콩카과 밸리에서는 카베르네 소비뇽의 재배량이 많다.	O	아콩카과의 주요 산지 중 하나
05	센트럴 밸리는 연간 강수량이 많기 때문에 관개는 전혀 필요하지 않다.	X	연간 강수량은 300mm로 적다.
06	마이포 밸리는 유럽계 포도 품종의 재배 역사가 길고 현재는 카베르네 소비뇽이 50% 이상 점하고 있다.	O	마이포 밸리는 카베르네 소비뇽을 가장 많이 재배한다.
07	마울레 밸리는 칠레 최대의 와인 산지로 카베르네 소비뇽을 중심으로 재배하고 있다.	O	포도 휴면기의 강수량은 많지만 생육기에는 일조량이 많아 건조하다.

칠레

호주

개요, 포도 품종, 주요 와인 생산 주와 GI

뉴사우스웨일스주에서 웨스턴오스트레일리아주까지 동서 3,000km 이상에 걸쳐 와인 산지가 점재해 있다. 레드와인 품종 '쉬라즈'가 대표 품종이다.

중요 키워드

와인 수출량 : 전체 와인 판매량의 60%를 차지한다.
포도 재배 기원 : 1788년 영국 해군인 아사 필립이 포도나무를 시드니에 들여왔다.
제임스 버즈비 : 1825년 헌터 밸리에 본격적인 포도원을 만들었다.

쉬라즈(Shiraz) : 남프랑스에서 이식된 레드와인 품종. 호주에서 가장 재배 면적이 넓다.
샤르도네(Chardonnay) : 호주의 화이트와인 품종에서 가장 재배 면적이 넓다.

와인 지식 간단 해설!

●지리적 명칭(GI : Geographical Indications)

호주의 산지명 표시의 신빙성을 높이기 위해 1993년에 도입했다. GI, 수확년도, 단일 포도 품종을 표기하는 경우는 해당하는 와인, 포도 품종을 각각 85% 이상 사용하도록 정해져 있다.

●버라이어탈 블렌드 와인

샤르도네 세미용과 쉬라즈 카베르네 등 복수의 포도 품종을 블렌드. 버라이어탈 블렌드 와인은 블렌드 비율이 높은 포도 품종을 먼저 표기한다.

●스크루 캡

스텔빈(stelvin)이라고도 불리는 금속 마개. 천연 코르크 마개에 비해 개체차가 나지 않고 습도 등의 영향을 받지 않으며, 리사이클이 가능해 환경 부하가 적은 등 이점이 많아 많은 생산자가 채용하고 있다. 클레어 밸리의 생산자는 2000년 빈티지부터 화이트와인에 채용했다. 현재 호주에서는 80% 이상의 병와인에 채용되고 있다.

주요 포도 품종

🍇 주요 레드와인 품종

쉬라즈(Shiraz)	남프랑스 유래. 호주에서 재배 면적은 최대
카베르네 소비뇽 (Cabernet Sauvignon)	레드와인 품종 재배 면적 2위
메를로(Merlot)	레드와인 품종 재배 면적 3위
피노 누아 (Pinot Noir)	레드와인 품종 재배 면적 4위. 빅토리아주, 태즈메이니아주의 주요 품종

🍇 주요 화이트와인 품종

샤르도네(Chardonnay)	화이트와인 품종 재배 면적 1위, 생산량 1위
소비뇽 블랑(Sauvignon Blanc)	화이트와인 품종 재배 면적 2위, 생산량 2위
세미용(Sémillon)	화이트와인 품종 재배 면적 3위, 생산량 3위
리즐링 (Riesling)	사우스오스트레일리아주 에덴 밸리와 클레어 밸리의 주요 품종. 드라이한 맛이 많다.

호주의 주요 와인 산지

와인용 포도 재배 면적 순위

1위	사우스오스트레일리아주
2위	뉴사우스웨일스주
3위	빅토리아주
4위	웨스턴오스트레일리아주
5위	태즈메이니아주

주요 와인 산지와 특징

█ 웨스턴오스트레일리아주 █ (Western Australia : WA)

웨스턴오스트레일리아주의 포도 재배는 1834년 주도 퍼스의 북쪽에 있는 스완 밸리에서 시작됐다. 1970년 유력 와인 산지인 마가렛 리버가 탄생한 이래 냉량한 기후를 찾아 와인 산지는 남진을 계속하고 있다.

> 와인 생산량은 호주 와인 총 생산량의 약 3%로 소량이지만 파인와인의 생산지로 알려져 있다.

♣ 주요 산지

스완 디스트릭트 (Swan District)	더운 지중해성 기후. 이 주의 포도 재배 시초가 되는 스완 밸리가 위치한다.
마가렛 리버 (Margaret River)	고품질의 샤르도네와 카베르네 소비뇽을 생산한다. 이 땅의 파이어니어 '바쎄 페릭스'와 '르윈 에스테이트', '컬린 와인' 등 우수한 생산자가 옹기종기 모여 있다. 1999년에 산지를 6개로 구분하는 안이 제안되었다.

>>> **제2차 세계대전과 호주 와인의 변천**

미국의 독립 선언으로 호주는 영국과 아일랜드 정치범의 새로운 유형지 역할을 담당하게 된다. 19세기 중반에는 '영국민의 포도밭'이라고도 불렸을 정도로 와인의 주요 거래처(수출지)는 영국이었다. 당시 영국에서는 스위트 셰리 등 주정강화와인의 인기가 높아 1960년경까지 와인 생산량의 70% 가까이를 차지했다. 상황이 바뀐 계기는 제2차 세계대전. 1950년대에는 연합군에 징병되어 유럽 전선에 부임한 병사들이 귀국하여 현지에서 마신 드라이한 스틸 와인을 찾게 된다.

█ 사우스오스트레일리아주 █ (South Australia : SA)

사우스오스트레일리아주는 호주 와인 총 생산량의 약 절반을 생산하는 최대 산지이다.

> 필록세라화를 면한 덕분에 수령이 높은 포도나무가 많이 남아 있다.

🍇 주요 산지

바로사 밸리 (Barossa Valley)	기후는 비교적 온난하다. 대형 와이너리가 집중해 있는 중요 산지. 쉬라즈의 명양지로 '쉬라즈의 수도'라고도 불린다.
아델레이드 힐스 (Adelaide Hills)	기후는 다소 냉량하다. 고품질의 스틸 와인. 스파클링 와인 산지로 유명하다.
쿠나와라 (Coonawarra)	호주를 대표하는 카베르네 소비뇽 산지. 산화철을 많이 함유한 붉은 표토와 하층의 석회암질 토양으로 이루어진 테라로사가 유명하다.
맥라렌 베일 (MaLaren Vale)	주도 애들레이드 남쪽에 위치한다. 하절기의 강우량이 적은 해양성 기후. 농후한 레드와인과 강력한 화이트와인을 생산한다.
에덴 밸리(Eden Valley) 클레어 밸리(Clair Valley)	다소 내륙에 위치하는 냉량한 산지. 모두 호주를 대표하는 리슬링 산지
리버랜드(Riverland)	사우스오스트레일리아주 전체의 60%의 포도를 생산하는 최대 산지

▌빅토리아주 ▌ (Victoria : VIC)

빅토리아주는 크기는 작지만 멜버른 등의 시가지를 제외하고 주내의 거의 전역에서 포도가 재배된다. 호주의 와인 산업은 몇몇 대형 회사가 견인하고 있지만 빅토리아주에서는 그린 포인트 등을 제외하고 대다수는 비교적 소규모 와이너리이다.

전체적으로 기후는 냉량하고 특히 야라 밸리 이남에서는 냉량한 기후를 살린 피노 누아, 샤르도네의 작황이 좋다.

🍇 주요 산지

야라 밸리 (Yarra Valley)	호주를 대표하는 피노 누아와 샤르도네 산지. 특히 피노 누아는 호주에서 최고급 스틸 와인을 생산한다. 양질의 스파클링 와인 생산 거점이기도 하다.
루더글랜(Rutherglen)	머스캣과 뮈스카데로 만드는 주정강화 와인 산지로 유명하다.
질롱 (Geelong)	피노 누아와 샤르도네의 중요 산지 중 하나. 프랑스의 보르도와 부르고뉴의 중간 기후
골번 밸리 (Goulburn Valley)	빅토리아주 최고(最古)의 포도 재배지 중 하나. 필록세라화를 면한 수령이 높은 쉬라즈가 남아 있다.
히스코트(Heathcote)	고품질의 쉬라즈가 높이 평가받고 있다.

▌뉴사우스웨일스주 ▐   (New South Wales : NSW)

영국 해군인 아서 필립이 뉴사우스웨일스주의 시드니에 포도나무를 들여온 것은 1788년. 이후 1825년에 제임스 버즈비가 헌터 밸리에 본격적인 포도원을 만들었다.

와인 생산량은 사우스오스트레일리아에 이어 2위. 비교적 비가 많고 테이블 와인을 중심으로 늦게 딴 것과 귀부 포도로 만드는 스위트와인의 생산도 활발하다.

✿ 주요 산지

헌터 (Hunter)	호주 와인 산업의 기원. 로어 헌터와 어퍼 헌터 두 지역으로 나뉜다. 대표적인 포도 품종은 세미용
오렌지 (Orange)	보다 냉량한 기후를 찾아 1990년대 후반에 개발된 새로운 산지로 표고 450~600m의 호주 와인 산지 중에서는 고지에 위치한다.
툼바룸바(Tumbarumba)	고품질의 스파클링 와인 산지
리베리나(Riverina)	양판용 포도 재배가 활발하다. 이 주의 포도 55% 이상을 생산한다.

▌태즈메이니아주 ▐   (Tasmania : TAS)

섬 전체에 걸쳐 광범위하게 쥐라기 현무암(jurassic dolerite) 토양이 분포한다. 냉량한 기후로 피노 누아와 샤르도네의 중요한 생산지이다. 수확된 포도는 주내의 와인 생산 외에 야라 밸리 등 대형 와이너리가 생산하는 스파클링 와인에도 사용한다. 포도 생산 비율은 피노 누아가 44%, 샤르도네가 27%이다.

>>> 호주와 이미테이션 와인
1880년 이후 호주의 와인 생산은 주정강화 와인이 중심을 이루고 있다. 이 무렵은 '원산지 명칭'에 관한 복수 국가 간 협정이 체결되지 않았고 호주산 '셰리' 또는 '포트'라고 해서 출하됐다. 다만 사기를 치려는 의도가 있었던 것은 아니라 '보르도'와 '부르고뉴' 등의 명칭과 마찬가지로 세계적으로 유명한 와인 산지를 오마주한 것이었다. 현재 EU와 원산지 명칭 와인(제네릭 와인)에 관한 협정이 체결되었기 때문에 동 국가의 셰리 타입 와인은 2010년에 '아페라(apera)'로, 포트 타입은 '포티파이드(fortified)'로 변경됐다.

복습 CHECK TEST 〔 호주 〕

01	호주의 와인 산지는 동서 3,000km 이상에 걸쳐 점재해 있다.	O	동쪽 끝은 뉴사우스웨일스주, 서쪽 끝은 웨스턴오스트레일리아주
02	제임스 버즈비는 1825년에 헌터 밸리에 본격적인 포도원을 만들었다.	O	1788년에 아서 필립이 시드니에 포도나무를 들여왔다.
03	호주 와인에 G1을 표기하는 경우 해당 산지의 와인을 85% 이상 사용해야 한다.	O	뉴질랜드도 85% 규칙이 적용된다.
04	산화철을 많이 함유한 붉은 표토와 하층의 석회암질 토양으로 이루어진 쿠나와라 토양을 테라로사라고 부른다.	O	호주에서 가장 유명한 토양 타입이다.
05	빅토리아주 야라 밸리는 호주에서 최고급 피노 누아를 생산하는 산지 중 하나이다.	O	호주 중에서는 냉랑한 기후이다.
06	태즈메이니아주는 호주 와인 생산량의 3%를 차지하는 것에 불과하지만 파인 와인의 생산지이다.	X	웨스턴오스트레일리아주. 마가렛 리버가 중요 산지이다.

>>> 세계의 중심에서 '부탁합니다, 물을 주세요!'라고 외친다

원래 강수량이 적은 호주이지만 최근 10년간 비가 거의 내리지 않아 동부의 뉴사우스웨일스를 제외하고 '물'을 확보하는 것이 시급한 문제이다. 강우량이 적은데다 평지가 많아 수분을 윤택하게 축적할 수 없다. 때문에 빈야드(포도밭)마다 관개시설이 필요하지만 수원이 한정되어 있고 밭의 위치에 따라서는 설비 부설에 방대한 비용이 든다. 설비 투자에 자금을 투입한 이상 테이블 와인용 등의 포도 재배로는 채산이 맞지 않는다. 그 결과, 휴경하거나 대형 그룹에 밭을 파는 등 통폐합이 진행하고 있다. 호주 와인의 고급화 노선은 이 때문이다.

뉴질랜드

개요, 포도 품종, 북섬과 남섬의 주요 와인 산지

1819년 시드니에서 파견된 사무엘 마스덴 신부가 북도에 포도 묘목을 심은 것이 뉴질랜드 와인 제조의 시초이다. '하루에 4계절이 있다'고 형용될 정도로 낮과 밤의 기온차가 크다.

중요 키워드

소비뇽 블랑(Sauvignon Blanc) : 1970년대 남섬 말보로 지구에 나무를 심었다. 2016년 뉴질랜드 전체 포도 수확량의 70%, 수출 전량의 80% 이상. 산지에서는 말보로 지구의 수확량이 전체의 74%를 차지한다.

피노 누아(Pinot Noir) : 레드와인 품종 중에서 재배 면적의 약 16%로 가장 넓다.

라벨 표기 : 2007년 빈티지부터 85% 규칙을 적용

뉴질랜드의 주요 와인 산지

1. Northland 노스랜드
2. Auckland 오클랜드
3. Waikato / Bay of Plenty
   와이카토/베이 오브 플렌티
4. Gisborne 기즈번
5. Hawkes Bay 혹스 베이
6. Wairarapa 와이라라파
7. Nelson 넬슨
8. Marlborough 말보로
9. Canterbury 캔터베리
10. Central Otago 센트럴 오타고

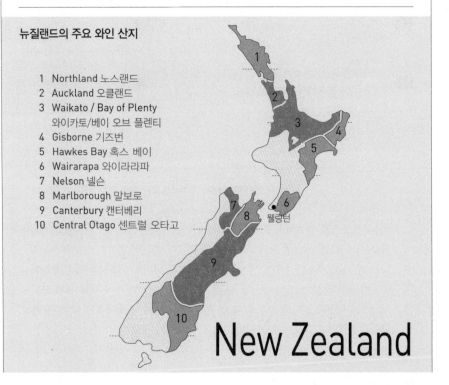

웰링턴

New Zealand

주요 와인 산지

❧ 북섬

노스랜드(Northland)	뉴질랜드의 포도 발상지
오클랜드(Auckland)	유럽에서 이민자가 많이 유입됐다. 보르도 타입의 레드와인
기즈번(Gisborne)	뉴질랜드 최동단의 와인 산지
혹스 베이(Hawkes Bay)	뉴질랜드 2위의 와인 산지. 상업용 와인이 생산된 최초의 산지
와이라라파 (Wairarapa)	수도 웰링턴의 북동쪽에 위치한 산지. 마틴버러는 고품질의 피노 누아를 생산한다.

❧ 남섬

말보로 (Marlborough)	뉴질랜드 전체 포도 재배 면적의 65%를 차지하는 최대 산지. 주요 품종은 소비뇽 블랑으로 뉴질랜드 전체의 72%를 생산한다. 호주의 클라우디 베이, 일본의 폴리움 빈야드(Folium Vineyard) 등 해외에서 진출한 생산자가 많다.
캔터베리 (Canterbury)	행정 구분상의 면적은 광대하지만 와이너리와 포도밭은 크라이스트처치 북부의 와이파라 밸리에 집중해 있다.
센트럴 오타고 (Central Otago)	세계 최남단의 와인 산지. 뉴질랜드에서 유일하게 반대륙성 기후를 보인다. 피노 누아의 재배 면적이 70%를 차지한다. 소지역인 깁슨 밸리는 센트럴 오타고 중에서 가장 표고가 높고 냉량한 산지

복습 CHECK TEST　뉴질랜드

01	뉴질랜드에서 가장 재배 면적이 넓은 포도 품종은 소비뇽 블랑이다.	O	레드와인 품종에서는 피노 누아가 최대 재배 면적
02	뉴질랜드 최대의 와인 산지는 남도 북부의 말보로 지구이다.	O	뉴질랜드의 소비뇽 블랑 총 생산량의 46%를 담당한다.
03	북도 남부의 와이라라파 지구의 마틴버러에서는 고품질의 피노 누아를 생산한다.	O	마틴버러는 수도 웰링턴 북동의 소지구

남아프리카

개요, 역사, 주요 포도 품종, 주요 와인 산지

1911년 아파르트헤이트가 철퇴한 후 급격하게 발전하고 있는 남아프리카. 와인 생산량의 90%는 서케이프주에 집중해 있다.

중요 키워드

와인 산업의 시작 : 1652년 동인도회사의 얀 판 리베크가 케이프에 정착. 1655년 포도를 식수. 1659년에 와인을 제조했다.

KWV : 남아프리카 와인 양조자 협동조합연합. 포도 농가의 안정적 수입을 보장하기 위해 1918년에 설립했다. 1997년 민간 기업이 됐고 2002년 사기업화됐다.

케이프 닥터(Cape Doctor) : 봄 · 여름에 부는 강한 남동풍으로 포도를 병해로부터 보호한다.

스틴(Steen) : 슈냉 블랑의 별명. 재배 면적이 가장 넓은 품종

피노타쥐(Pinotage) : 남아프리카 독자의 교배 품종. 피노 누아×생소

원산지 명칭 : Wine of Origin(W.O.). 1973년에 제정. 원산지명 표기 시에는 100% 그 산지의 포도를 사용. 포도 품종 및 수확년도를 표기할 때는 해당 포도를 85% 이상 사용하는 것이 규정이다.

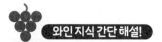

와인 지식 간단 해설!

▌ Breede River Valley 지역 ▌

로버트슨(Robertson) 지구	샤르도네 외에 트래디셔널 방식의 스파클링 와인 '캡 클래식'의 평가가 높다.
우스터(Worcester) 지구	KWV의 증류소가 있다. 대규모 브랜디 생산지

▌ Coastal Region(연안) 지역 ▌

스텔렌보스(Stellenbosch) 지구	남아프리카 최대의 포도 재배 면적을 자랑한다.
파를(Paarl) 지구	남아프리카 최대의 수출량을 담당하는 KWV의 본거지
스워틀랜드(Swartland) 지구	서케이프주 최대 지구
케이프 타운 (Cape Town) 지구	콘스탄티아(Constantia) 소지구는 남아프리카 와인 발상지. 1986년에 콘스탄시아의 디저트 와인이 부활하여 주목을 받고 있다.

남아프리카의 주요 와인 산지(서케이프주)

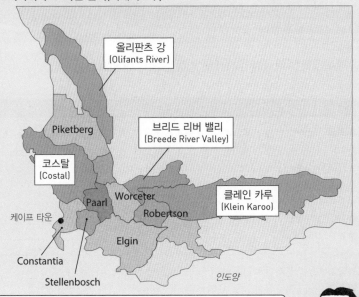

올리판츠 강
(Olifants River)

브리드 리버 밸리
(Breede River Valley)

Piketberg

코스탈
(Costal)

Worceter

클레인 카루
(Klein Karoo)

Paarl

케이프 타운

Robertson

Constantia

Elgin

인도양

Stellenbosch

남아프리카의 와인 산지는 5개 GU(Geographical Unit)로 나뉘며 전체 90%의 와인이 서케이프주에서 만들어진다. 주역(GU)은 다시 지역(Region), 지구(District), 소지구(Ward)로 세분화된다.

South Africa

복습 **CHECK TEST**

남아프리카

01	KWV는 포도 재배 농가의 안정적 수입을 보장할 목적으로 1918년에 설립됐다.	O	KWV는 남아프리카 와인 양조자 협동조합연합을 말한다. 현재는 사기업이다.
02	남아프리카에서는 슈냉 블랑을 스틴이라고도 한다.	O	남아프리카에서 가장 재배 면적이 넓다.
03	피노타쥐는 피노 누아와 생소를 교배한 남아프리카 독자의 교배 품종이다.	O	재배 면적이 가장 넓은 레드와인 품종은 카베르네 소비뇽

테이스팅

테이스팅 목적, 기준, 용어 해설

와인 테이스팅은 적극적인 자세로 임하는 것이 포인트이다.

중요 키워드

투명성 : 와인의 투명 정도, 상하거나 탁하지 않은지 확인한다. 병에 담기 전에 청징을 하지 않은 논콜라주, 여과를 하지 않고 윗부분에 생기는 맑은 액을 병에 담는 논 필트라시옹, 탄닌을 풍부하게 함유한 와인, 숙성한 와인 등은 건전한 상태여도 탁하게 보이는 일이 있다.

밝기 : 와인 표면의 빛의 반사. 산도와 밀접한 관련이 있어 산을 많이 함유한 와인은 밝기가 강하다.

농담 : 온난한 산지의 와인은 색이 진하고 냉량한 산지의 와인은 연하다.
디스크 : 잔의 가로 또는 바로 위에서 본 액면의 두께
어택 : 와인을 입에 머금었을 때의 첫인상

단맛 : 와인 중의 잔당분. 포도에서 유래하는 과실맛 외에 알코올과 글리세린도 단맛으로 느껴진다.
피네스(Finesse) : 와인이 가진 섬세함, 우아함을 판단한다.

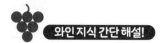

와인 지식 간단 해설!

●아로마와 부케

와인의 향은 제1아로마, 제2아로마, 제3아로마의 3종류. 제1아로마는 원료인 포도에서 유래하는 향으로 과실향, 꽃, 미네랄 등. 제2아로마는 발효에서 유래하는 향으로 캔디향과 바나나, 커스터드 크림 등. 제3아로마는 숙성에 의해서 나타나는 향으로 부케라고도 부른다. 오크통에서 유래하는 바닐라와 로스트향, 산화 숙성으로 변화한 제1, 제2아로마 등. 병내 숙성 과정에서 이들의 향이 섞여 향긋한 부케가 생겨난다.

테이스팅 목적, 적합한 환경과 기준

테이스팅이란 와인의 개성을 이해하고 품질과 적정 가격, 숙성 기간과 마시는 시기를 판단하여 매력을 전달하고 적당한 서비스 방법을 추측하는 것이다.

▮ 테이스팅에 적합한 환경 ▮

실온은 18~22℃, 습도는 60~70%. 이취가 없는 밝은 실내에서 테이블에는 하얀 테이블 크로스 또는 테이블 매트를 깐다.

▮ 테이스팅 잔 ▮

I.S.O.(국제표준화기구)의 규격 잔을 사용. 바람직한 용량은 잔에 3분의 1~4분의 1 정도를 따른다.

▮ 와인의 온도 ▮

화이트와인은 15℃, 레드와인은 16~17℃

테이스팅 절차

외관, 향, 맛, 평가의 설명에 대해서는 이 책의 6~13쪽을 참조하기 바란다.

▮ 스파클링 와인의 외관 ▮

7쪽에서는 레드와인과 화이트와인의 외관 표현에 대해서 정리했다. 스파클링 와인의 경우는 외관을 표현할 때 거품의 상태를 언급한다.

●뷜(Bulles)

뷜은 '입자'라는 뜻. 잔의 바닥에서 일어나는 거품의 상승 정도, 입자의 크기를 본다. 일반적으로 상파뉴 지방에서 만든 것은 입자가 섬세하다.

●무스(Mousseux)

무스는 '거품'을 뜻한다. 잔 상부에 생긴 거품의 모양을 확인한다. 착안 포인트는 거품의 지속성과 섬세함이다.

와인 맛의 관능 표현 차트

신맛, 단맛, 쓴맛, 탄닌 등 와인의 맛을 표현하는 요소에 대해서는 11쪽에서 설명했다. 여기서는 화이트와인과 레드와인으로 나누어 맛의 표현을 강약의 균형으로 나타냈다.

화이트와인의 관능 표현 차트

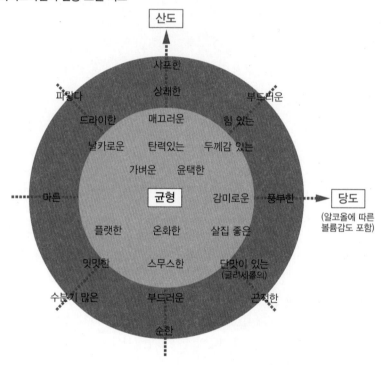

화이트와인의 세로축과 가로축은 산도와 당도를 나타낸다. 신맛의 '순한→부드러운→상쾌한→샤프한'은 신맛의 질과 양을 나타낸다. 단맛의 '마른→감미로운→풍부한'은 단맛의 질과 양을 나타낸다. 그 이외의 사선축은 균형을 표현한다.

레드와인의 관능 표현 차트

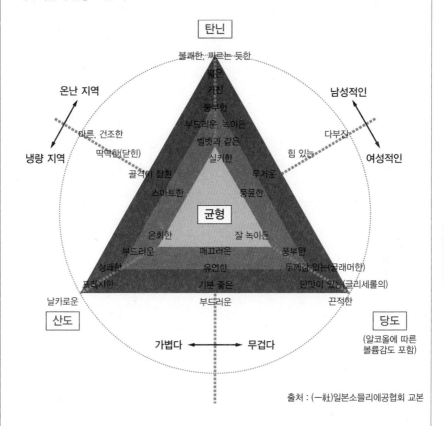

탄닌

불쾌한, 찌르는 듯한

온난 지역

남성적인

마르, 건조한

냉량 지역

딱딱한(닫힌)

얇은
거친
풍부한
부드러운, 녹아든
벨벳과 같은
실키한

다부진

힘 있는

여성적인

골격이 잡힌

무거운

스마트한

풍윤한

균형

온화한

잘 녹아든

부드러운
상쾌한
프레시한

매끄러운
유연한
기분 좋은

풍부한
두께감 있는(몰래머한)
단맛이 있는(글리세롤의)

날카로운

부드러운

끈적한

산도

당도

가볍다 ⟷ 무겁다

(알코올에 따른
볼륨감도 포함)

출처 : (一社)일본소믈리에공협회 교본

레드와인은 삼각형의 정점으로 향하는 축은 레드와인의 맛의
요소인 탄닌, 산도, 당도를 나타낸다. 가령 탄닌이 약하다(실키한)
→강하다(불쾌한, 찌르는 듯한) 식이다. 각 변의 축은 가볍다⟷
무겁다, 남성적인⟷여성적인, 온난 지역⟷냉량 지역의 균형을
나타내며 중앙으로 갈수록 균형이 잡힌 것을 나타낸다. 가령 가볍
다⟷무겁다는 가장 균형이 좋을 때의 표현이 '부드러운'이 된다.
모두 대소 강약이 아닌 섬세하고 관능적인 표현이 이용된다.

주요 포도 품종의 특징

 주요 포도 품종의 특징을 정리한다. 평소에 와인을 즐기면서 조금씩 포도 품종의 특징을 짚어두는 것을 습관으로 하면 좋다.

> 같은 포도 품종이라도 산지의 기후, 수확년도, 생산자에 의한 차이가 난다. 와인을 이해하는 데 있어서 어려운 점인 동시에 즐거움이기도 하다.

🍇 주요 화이트와인 품종과 특징

품종	외관	향	와인의 맛
Chardonnay *냉량~온난한 산지	레몬옐로 *온난한 산지의 와인은 다소 짙다.	사과, 감귤계 과실, 서양배, 하얀색 꽃 *통숙성시키는 일이 많다(바닐라, 로스트향).	냉량한 산지의 와인은 드라이하고 샤프한 신맛. 온난한 산지에서는 신맛이 완화되어 다소 잔당분이 느껴진다. 떫은맛~다소 떫은맛
Sauvignon Blanc *비교적 냉량한 산지	옅은 레몬옐로 *온난한 산지의 와인은 다소 짙다.	프레시 허브, 레몬, 사과, 라임, 구스베리, 열대 과실	샤프~상쾌한 신맛. 일반적으로는 떫은맛. 늦게 딴 포도와 귀부 포도의 단맛도 있다.
Riesling *냉량한 산지	옅은 레몬옐로	플로럴&아로마틱, 보리수, 장미, 사과, 감귤계 과실	상쾌한 신맛. 프루티. 떫은맛에서 단맛까지 폭넓다.

🍇 주요 레드와인 품종과 특징

품종	외관	향	와인의 맛
피노 누아 (Pinot Noir) *냉량한 산지	루비색. 농도는 중간 정도~연하고, 점성은 중간 정도~다소 강하다.	나무딸기, 딸기 등 작은 붉은 과실. 숙성이 진행하면 홍차와 같은 향이 난다.	비교적 탄닌이 적고 상쾌한 신맛이 인상적이며 우아하다.
시라(Syrah) 쉬라즈(Shiraz) *온난한 산지	진한 보라색. 짙은 가넷색, 검은빛을 띤 깊이 있는 색조, 점성이 강하다.	후추 등의 강한 스파이스 향, 카시스 등의 검은 과실, 다크초콜릿, 유칼립투스	카베르네 소비뇽보다 탄닌이 적고 상쾌한 신맛에 스파이시하다. 론산은 드라이, 호주산은 과실맛이 풍부하다.
카베르네 소비뇽 (Cabernet Sauvignon) *온난한 산지	짙은 가넷색, 짙은 루비. 점성이 강하다.	카시스(블랙커런트), 블루베리 등 검은 과실. 히말라야삼. 숙성도가 높아지면 민트와 같은 향이 난다.	수렴성이 있는 풍부한 탄닌. 칠레산은 알코올 볼륨감이 강하고 잔당으로 인해 단맛이 느껴진다.

테이스팅

치즈와 지방 요리

치즈의 역사 · 타입 · 법률, 지방 요리

와인의 맛을 제대로 음미하기 위해 잘 어울리는 치즈와 요리에 대해서도 살펴보자.

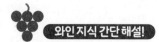

●내추럴 치즈와 프로세스 치즈

치즈에는 자연치즈와 가공치즈가 있다. 자연치즈는 우유, 버터밀크, 크림을 원료로 해서 효소와 응고제로 단백질을 응고시켜 유청(훼이 whey : 수분)의 일부를 제거한 것, 또는 이들을 숙성한 것이다. 가공치즈는 자연치즈를 분쇄, 가열 용해해서 유화한 것이다.

●내추럴 치즈의 타입

프레시 타입 : 우유를 굳혀 유청을 제거해 만든 치즈. 다른 치즈보다 수분 함유량이 많아 제과 재료로도 사용된다.

흰곰팡이 타입 : 푸딩상으로 응고시킨 치즈 생지(curd)를 형에 넣어 유청을 제거한 후 흰곰팡이균을 불어넣어 숙성시킨다.

워시 타입 : 유청을 제거, 가염한 후에 염수 또는 와인, 브랜디 등의 알코올로 표면을 씻으면서 숙성시킨다. 매우 부드럽고 독특한 풍미가 난다.

슈브로 타입 : 염소젖의 우유로 만드는 치즈. 생우유에 비해 단백질과 지방분이 적어 보슬보슬하다. 다른 타입보다 신맛이 강하다.

푸른곰팡이 타입 : 우유 단계 또는 커드 단계에서 푸른곰팡이균을 섞어서 숙성시킨다.

세미하드 타입 : 비가열 압착 타입. 커드를 잘라서 교반할 때의 온도를 40℃ 미만으로 억제하고 형에 넣어 압착한다.

하드 타입 : 세미하드 타입보다 높은 온도에서 커드를 교반하여 수분의 방출을 촉진한다. 장기 숙성시키면 수분 함유량이 더욱 적어진다.

치즈의 역사

치즈는 메소포타미아 문명 무렵에 처음 만들어진 것으로 추정된다. 초기의 치즈는 우유의 산도를 높여 응고시키는 방법으로, 이후에는 송아지의 제4위의 효소(레닛)를 이용해서 응고시켜 만들었다. 이런 식으로 우유를 이용하는 방법은 이집트, 그리스, 에게해 주변 제국으로 확산된다. 초기의 치즈에 전파에 공헌한 로마인은 독자의 치즈 문화를 구축하고 숙성한 치즈도 만들었다.

중세 들어 그리스도교 수도원이 치즈 제조 전파에 큰 역할을 하고 서민의 먹거리로 보급되는 한편 로크포르 등 왕후귀족에게 헌상되는 고품질의 브랜드도 생겨난다. 서유럽과 서아시아 등 로마 제국 권내에서는 응유 효소를 이용한 치즈 제작이 확산됐지만 인도와 몽골 등 동아시아 방면에서는 산을 이용한 유가공이 발전했다.

지금은 많은 국가에서 다양한 타입의 치즈가 만들어져 식탁에 색채를 더하고 있다.

내추럴 치즈의 타입

프레시 타입 Fromage frais	유산균과 응유 효소로 우유를 굳히고 유청을 제거하여 만든 치즈. 다른 치즈보다 수분 함유량이 많다.
흰곰팡이 타입 Fromage à pâte molle a croûte fleurie	푸딩상으로 응고시킨 치즈 생지(커드)를 형에 넣어 유청을 제거한 후 흰곰팡이균을 불어넣어 숙성시킨다.
워시 타입 Fromage à pâte molle à croûte lavée	염수와 알코올로 표면을 씻으면서 숙성시킨 부드러운 치즈. 습한 기운을 좋아하는 리넨스균에 의해 강한 풍미가 생긴다.
슈브로 타입 Fromage de chèvre	염소젖의 우유로 만드는 치즈. 다른 타입보다 신맛이 강하다. 남프랑스와 루아르 지방이 명산지로 알려져 있다.
푸른곰팡이 타입 Fromage à pâte persillée	페니실리움 로크포르티 등의 푸른곰팡이균을 섞어 프레스하지 않고 숙성시킨다. 자극적인 풍미로 염분이 강한 것이 많다.
세미하드 타입 (비가열 압착 타입)	커드를 잘라서 교반할 때의 온도를 40℃ 미만으로 억제하고 형에 넣어 압착한다.
하드 타입 (가열 압착 타입)	세미하드 타입보다 높은 온도에서 커드를 교반하여 수분의 방출을 촉진한다. 장기 숙성시키면 수분 함유량이 더욱 적어진다.

EU권 내 치즈 관련 법률

▌법 정비 역사 ▌

제2차 세계대전 후 유럽의 주요 치즈 생산국 8개국(프랑스, 이탈리아, 스위스, 오스트리아, 네덜란드, 덴마크, 스웨덴, 노르웨이)이 스트레사 협정을 체결했다. 이 협정은 치즈의 명칭과 명칭의 사용에 대해 국제적으로 정한 것으로 프랑스의 로크포르, 이탈리아의 파르미지아노 레지아노와 고르곤졸라 등의 명칭은 다른 나라에서 제조한 치즈에는 사용할 수 없다. 이후 프랑스에서는 AOC, 이탈리아에서는 DOC가 정비되어 와인과 마찬가지로 치즈의 원산지 명칭에 대해서도 엄격히 규정됐다.

EU에서는 1992년에 AOC와 DOC를 베이스로 치즈의 품질 보증 시스템을 정비했다. 주요 치즈 생산국의 하나인 스위스는 EU에 가맹하지 않았지만 2000년에 독자적인 치즈 AOC법을 정하고 엄격하게 품질을 관리하고 있다.

▌EU 가맹국의 지리적 표시 제도 ▌

EU에서는 가맹국 내에서 생산된 식품의 품질 인증제도를 추진하고 있다. 인증을 받은 농산물, 식품, 음료에는 품질 인증 마크가 표시된다.

EU의 품질 인증 분류

PDO : 원산지 명칭 보호 Protected Designation of Origin	가장 인증 조건이 까다로운 카테고리. 프랑스어로는 AOP, 이탈리아어로는 DOP. 특정 지리적 범위 내에서 계승되고 있는 방법에 따라서 생산, 가공된 물품이 대상이다.
PGI : 지리적 표시 보호 Protected Geographical Indication	DOP에 이은 표시. 프랑스어, 이탈리아어로는 IGP. 특정 지리적 영역과 밀접하게 관련된 물품이 대상이다.
TSG : 전통적 특산품 보증 Traditional Speciality Guaranteed	전통적인 레시피, 제법으로 만든 제품이라는 것을 보증하는 것
EU산 유기 농산물 마크 Organic Farming	EU 내에서 포장을 한 유기식품에 대한 표시가 의무화되어 있다. 식품의 원산지 및 품질이 EU의 농산물 규정을 충족시키는 것을 증명한다.

프랑스의 AOP 치즈

프랑스는 지역별로 다양한 기후와 풍토를 지닌 덕분에 '하나의 마을에 하나의 치즈가 있다'고 할 정도로 치즈의 종류가 풍부하다. 각 지방의 기후에 맞춰 다양한 타입의 치즈가 만들어지고 있다.

주요 AOP 치즈 생산 지방

노르망디 지방	녹색의 유전(油田)으로 형용될 정도로 목초지가 많아 치즈 제조가 왕성한 지역. 프랑스 생유 생산량의 40%를 차지한다.
일 드 프랑스 지방	프랑스의 섬이라는 뜻. 오래전부터 낙농업이 발달했고 흰곰팡이 타입의 브리는 왕후귀족과 상류귀족에게 사랑받았다.
루아르 지방	8세기 초반에 이스라엘 교도인 사라센군이 염소를 들여온 이래 남프랑스와 나란히 슈브로의 명산지로 알려져 있다.
푸아투샤랑트 지방	8세기 초반의 토르 포와체에의 전쟁 이후 슈브로의 명산지가 된다.
티에라셰·플랑드르 지방	프랑스의 최북부, 벨기에와의 국경 연안에 위치한다. AOP 치즈는 아니지만 하드 타입의 미로레트도 인기 있다.
알자스&로렌 지방	프랑스 북동부, 독일의 동쪽 이웃에 위치한다.
상파뉴 지방	스파클링 와인의 명양지. 흰곰팡이 타입의 샤우르스가 유명
부르고뉴 지방	프랑스 중북부, 샤르도네와 피노 누아의 명양지. 워시 타입의 에뿌아스가 유명하다.
프랑슈콩테 지방 (쥐라 지방)	프랑스 동부. 하드 타입의 콩테로 알려져 있다. 뱅 존과 잘 어울린다.
코트 뒤 론 지방	프랑스 남부. 슈브로의 생산량이 많다.
오베르뉴 지방	푸른곰팡이 타입의 푸름 당베르가 유명하다.
미디피레네 지방	세계 3대 블루치즈 중 하나, 로크포르의 산지로 알려져 있다.
바스크&베아른 지방	양젖으로 만드는 오쏘 이라티로 유명하다.

프랑스의 주요 AOP 치즈

치즈명	지방	타입
까망베르 데 노르망디 (Camembert de Normandie)	노르망디	흰곰팡이(소)
브리 드 모(Brie de Meaux)	일 드 프랑스	
샤우르스(Chaource)	상파뉴	
퐁레베크(Pont-l'Eveque)	노르망디	워시 치즈(소)
묑스테르(Munster)	알자스	
에푸아스(Epoisses)	부르고뉴	
몽도르(Mont d'Or)	쥐라	
생트 모르 드 투렌 (Sainte-Maure de Touraine)	루아르	슈브로(염소)
셀 쉬 셰르(Selles-sur-Cher)	루아르	
발랑세(Valençay)	루아르	
샤비뇰(Chavignol)	루아르	
리고트 드 콩드리외(Rigotte de Condrieu)	코트 뒤 론	
푸름 당베르(Fourme d'Ambert)	오베르뉴	푸른곰팡이(소)
로크포르(Roquefort)	미디피레네	푸른곰팡이(양)
생 넥테르(Saint-Nectaire)	오베르뉴	세미하드(소)
콩테(Comté)	쥐라	하드(소)

이탈리아의 DOP 치즈

북부에서는 우유로 만든 치즈, 중부와 남부에서는 양유로 만든 치즈 페코리노를 많이 만들며 그중에서도 사르데냐섬의 페코리노 사르도는 생산량이 많고 잘 알려져 있다. 나폴리가 위치한 캄파니아주의 주변에서는 물소의 젖으로 만드는 모차렐라 디 부팔라가 유명하다. 모차렐라와 카쵸카바로는 파스타필라타라는 수법으로 만든다.

이탈리아의 주요 DOP 치즈

치즈명	지방	타입
폰티나(Fontina)	발레다오스타	하드(소)
그라나 파다노(Grana Padano)	북부 주 일대	
파르미지아노 레지아노 (Parmigiano Reggiano)	에밀리아로마냐, 롬바르디아 등	
그라나 파다노(Grana Padano)	북부 보강 부근	
페코리노 토스카노(Pecorino Toscano)	토스카나	하드(양)
페코리노 로마노(Pecorino Romano)	라치오	
페코리노 사르도(Pecorino Sardo)	사르데냐	
카스텔마뇨(Castelmagno)	피에몬테	세미하드(소)
아시아고(Asiago)	베네토	
무라치노(Murazzano)	피에몬테	프레시(양)
리코타 로마나(Ricotta Romana)	라치오	
모차렐라 디 부팔라 캄파나 (Mozzarella di Bufala Campana)	캄파니아 라치오	프레시(물소) 파스타필라타
모차렐라 디 부팔라 캄파나 (Mozzarella di Bufala Campana)	캄파니아	파스타필라타 (물소, 프레시)
카초카발로 실라노(Caciocavalo Silano)	라치오, 풀리아 등 남부 5주	파스타필라타(소)
고르곤졸라(Gorgonzola)	롬바르디아, 피에몬테 등	푸른곰팡이(소)
탈레지오(Taleggio)	롬바르디아, 피에몬테 등	워시(소)

※파스타필라타 : 우유가 응집한 커드(파스타)에 뜨거운 물을 첨가해서 반죽해 탄력을 부여하는 동시에 보존성을 높이는 남이탈리아의 치즈 제법 중 하나

치즈와 지방 요리

스페인의 주요 DOP 치즈

치즈명	지방	타입
케소 만체고(Queso Manchego)	카스티야라만차	하드(양)
케소 무르시아(Queso de Murcia)	무르시아	하드(염소)
케소 무르시아 알 비노 (Queso de Murcia al Vino)	무르시아	
카브랄레즈(Cabrales)	아스투리아스	푸른곰팡이(혼합)

소스와 와인의 조합

소스 명칭	소스 타입	어울리는 와인(대표 예)
보드르레즈 소스 (Sause Bordelaise)	갈색계 송아지 육수+와인	보르도산 레드와인
페구 소스 (Sause Périgueux)	갈색계 송아지 육수+마데이라, 트뤼프	생테밀리옹, 포므롤산 레드와인
푸아브라드 소스 (Sause Poivrade)	갈색계 사냥 고기 육수+후추	코트 뒤 론산 스파이시 레드와인 (Hermitage, Cornas)
살미 소스 (Sause Salmis)	갈색계 사냥고기 육수+내장류	코트 도르산 레드와인
프로방살 소스 (Sause Provençale)	백색 육수계 화이트와인+앤초비, 올리브 오일	프로방스산 로제와인
뵈르 블랑 소스 (Sause Beurre Blanc)	버터계 버터+에샬롯, 와인, 식초(vinegar)	루아르산 상쾌한 신맛을 가진 화이트와인

지방 요리와 와인의 조합

프랑스의 주요 지방 요리와 와인

지방	지방 요리	어울리는 와인(대표 예)
보르도	람프루아 아 라 보들레이즈 Lamproie à la Bordelaise	생테밀리옹, 포므롤
	어린양고기 로스트 Agneau de Lait	포이악
부르고뉴	부르고뉴풍 달팽이 요리 Escargots à la Bourguignonne	부르고뉴산 화이트와인
	햄과 파슬리의 젤리(응고시킨 음식) Jambon Persille	부르고뉴 남부의 화이트와인
	꼬꼬뱅(레드와인 닭조림) Coq au Vin	즈브레 샹베르땡
	뵈프 부르기뇽(레드와인 소고기조림) Boeuf Bourguignon	코트 도르산 레드와인
	크넬 드 브로셰(강꼬치고기) Quenelle de Brochet	푸이퓌세
알자스	키슈 로렌(베이컨 치즈 키슈) Quiche Lorraine	알자스의 리즐링, 피노 블랑
	슈쿠르트(식초에 절인 양배추) Choucroute	알자스의 실바너
루아르	연어 블루 낭테 Brochet au Beurre Nantais	뮈스카데
	아스파라거스 무슬린 소스 Asperges Sauce Mousseline	소뮈르·무스 부브레 무스
쥐라· 사부아	코코뱅 존(닭 와인 요리) Coq au Vin Jaune	뱅 존(샤토 샬롱)
	가재 낭투아 소스 요리 Ecrevisse Sauce Nantua	뱅 존(샤토 샬롱)
남서	콩피 드 카나르(오리고기 콩피) Confit de Canard	카오르, 마디랑
	살미 드 파롱브(비둘기 요리) Salmis de Palombe	마디랑
	돼지고기 요리 Civet de Marcassin	이룰레귀 루즈

지방	지방 요리	어울리는 와인(대표 예)
랑그도크	카술레(고기와 콩으로 만든 스튜) Cassoulet	코르비에르 루즈, 미네르부아와 루즈
	브랑다드(대구 요리) Brandade	코트 뒤 랑그도크 로제 또는 블랑
론	나바랭(양고기 스튜) Navarin d'Agneau	샤토 뇌프 뒤 파프 루즈
프로방스	부야베스 Bouillabaisse	카시스 블랑
	야채 토마토 조림 Ratatouille	뱅 드 프로방스 로제
	니스풍 샐러드 Salade Niçoise	뱅 드 프로방스 로제 또는 블랑

이탈리아의 주요 지방 요리와 와인

지방	지방 요리	어울리는 와인(대표 예)
피에몬테	바냐 카우다 (마늘, 안초비, 올리브오일 등을 넣고 만든 디핑 소스) Bagna Cauda	가비
	화이트 트러플 타야린(파스타) 요리 Tajarin con Tartufo Bianco	바롤로, 바르바레스코
롬바르디아	브레사올라(소고기 햄) Bresaola	발텔리나 슈페리어
	밀라노식 커틀릿 Cotoletta alla Milanese	바르베라
	밀라노식 오소부코(소고기 정강이 찜) Ossobuco alla Milanese	올트레포 파베제 로쏘
베네토	바칼라 알라 비첸티나(생선 찜 요리) Baccala alla Vicentina	소아베 클라시코
에밀리아 로마냐	파르마산 생햄 Prosciutto di Parma	파르마의 말바지아
	탈리아텔레 미트 소스 Tagliatelle alla Bolognese	산지오베제 디 로마냐

지방	지방 요리	어울리는 와인(대표 예)
토스카나	멧돼지 꼬치구이 Cinghiale allo Spiedo	브루넬로 디 몬탈치노
	피렌체풍 티본 스테이크 Bistecca alla Fiorentina	키안티 클라시코
마르케	소고기 위 토마도 조림 마르케풍 Trippa alla Marchigiana	코네로
라치오	보터 치즈 파스타 Fettuccine al Burro e Formaggio	프라스카티(세코)
	닭고기 야채 조림 Pollo alla Romana	프라스카티(세코)
	송아지고기 생햄 말이 Saltimbocca alla Romana	프라스카티(세코)
캄파니아	봉골레 파스타 Spaghetti alle Vongole	캄파니아산 화이트와인
시칠리아	카포나타(가지 요리) Caponata	에트나 비앙코
	생선 수프 Cuscusu	아르카모산 화이트와인
사르데냐	보타르가 파스타 Spaghetti con Bottarge	베르나차 디 오리스타노
	사르데냐풍 야생 토끼고기 Lepre alla Salda	칸노나우

와인 구입·보관·숙성·판매

수입과 통관, 관리, 마실 시기 기준, 원가 계산

와인의 수입 및 통관 용어, 와인 마실 시기의 기준과 이상적인 보존 조건, 원가 계산 구조에 대해 알아본다.

▼ 중요 키워드

Ex Works(Ex Cellar) : 와인의 출고 가격 *상품 대금만

FOB(Free on Board) : 본선 인도 조건
판매자(매도인)는 지정한 선박에 상품을 적재하기까지 드는 비용과 책임을 진다.
*선적항에서 드는 수송비용 등은 포함하지 않는다.
CIF(Cost, Insurance and Freight) : 운임·보험료 포함 조건
상품의 수출 원가＋도착항까지의 운임＋해상 수송 보험료

Invoice : 납품서를 겸한 상품 대금의 송장
선적 상품의 품명, 수량, 단가, 매매 기준 가격, 수송 경비 및 결제 조건 등을 기재한다.
와인의 경우는 빈티지와 용량, 알코올 도수, 함입 수 등도 기재
B/L(Bill of Lading) : 우송품의 권리증서, 선하(유가)증권
기명식과 무기명식(지참입식)이 있다. 후자는 타인의 손에 넘겨진 경우 손에 넣은 사람이 도착 화물을 수취할 권리를 가지므로 주의가 필요하다.
분석 증명서 : 검역소에 제출하는 알코올, 당도, 첨가물 등의 분석 증명

주세율 : 일본의 경우 와인법이 제정되어 있지 않아 와인을 포함한 주류는 국세청이 관장하는 주세법에 의해서 분류되어 있다.

수입 통관과 보관

수입된 상품은 하역한 후 세관에서 보세 운송 승인을 얻고 나서 수입업자의 보세창고로 운반된다. 수입 통관은 3종류 있으며 수입 허가를 얻어 납세를 마치고 나면 내국 화물로 유통이 가능하다.

수입업자는 원산국, 과실주와 단맛 과실주 등의 품목, 식품 첨가물, 알코올 도수, 용량, 수입업자명과 주소 등을 명기한 스티커를 와인병에 붙여야 한다.

수입 통관

IC(Import for Consumption) 직수입 통관	수입 직후에 납세하고 바로 국내 판매한다.
IS(Import for Storage) 보세 창고 반입 통관(IS 통관)	수입 허가만 받고 보세 창고에 보관한다. 보세 보관 기간은 2년간
ISW(Import from Storage Warehouse) 보세 창고 반출 통관	IS 통관 화물에 대한 납세를 하고 판매 가능한 상태로 한다.

리퍼 컨테이너

쿨러를 장비한 저온 수송 컨테이너를 말한다. 일반적으로 와인은 해상 수송에 의해 수출입하는 일이 많으며 리퍼 컨테이너에 수납하면 적도 가까이를 항해해도 안심할 수 있다. 한편 보졸레 누보 등 각국의 신주는 항공편으로 수송된다. 항공편은 선편과 비교해서 비용이 비싸므로 와인의 실제 매매 가격도 비싸진다.

와인의 관리

▌ 와인의 이상적인 보존 기간 ▌

- 온도 : 12~15℃. 연간 일정하게 유지한다.
- 습도 : 70~75%. 병 주둥이에 직접 바람이 닿지 않을 것
- 보관 : 이취, 진동이 없는 어두운 곳

*코르크 마개의 경우는 라벨이 위로 오도록 해서 병을 옆으로 뉘여 보관한다.

*스크루 캡은 수직 보관이 가능하다.

*납입한 와인은 바로 와인셀러 내에 가로로 누이지 말고 며칠간은 수직으로 세워 찌꺼기를 가라 앉힌 후(수송 중 와인 중에 떠도는 찌꺼기를 병 바닥에 가라 앉힌다) 보관한다.

▎트리클로로 아니솔(TCA)에 대해 ▎

트리크롤로 아니솔(TCA)은 와인의 코르크 오염(부쇼네)의 원인이 되는 강한 곰팡이 냄새를 가진 유기 염소 화합물이다.

목재 곰팡이 기피제 트리클로로 페놀과 천연 코르크의 살균 소독에 사용하는 염소가 결합하여 발생한다. 코르크 냄새는 곰팡이 냄새로 오크통의 향과는 전혀 다르다. 일찍이 천연 코르크 마개 와인의 5% 전후에서 트리클로로 아니솔이 검출됐지만 최근에는 감소하는 추세이다.

▎와인의 숙성 속도를 결정하는 요인·숙성 연수 ▎

동일한 보관 조건하에서 와인의 숙성 속도는 와인의 성분에 따라서 결정된다. 일반적으로 와인 중의 유기산, 잔당분, 안토시아닌, 탄닌, 알코올 도수, 유리아황산 등의 성분이 많으면 많을수록 와인은 천천히 숙성한다.

♣ 와인의 숙성 연수(마실 시기) 기준

타입	마실 시기 기준
프리뫼르, 뱅 누보	6개월 이내
쉬르 리	1~2년
일반적인 로제	1~3년
상파뉴(논밀레지움)	2~5년(밀레지움은 4~10년)
뱅 존(옐로와인)	7~80년
상질의 귀부 와인 장기 숙성 타입의 레드와인	상기 기간 이상의 장기 숙성 가능성이 있다.

♣ 와인에 사용 가능한 첨가물과 사용 한도량

산화방지제 : 이산화유황(아황산염)	0.35g/kg 미만
보존료 : 소르빈산	0.20g/kg 이하

와인의 원가율 계산법

A	당월 와인 총 매출 금액	1,000(만원)
B	전월 재고 금액	450
	당월 와인 구입 금액	350
C	당월 재고 금액	500
D	사용·이체 금액	25
	파손 금액	5
E	대 매출 와인 소비 금액	270
F	와인 원가율	27.0%

와인 원가율(F)을 구하려면 우선 대 매출 와인 소비 금액(E)을 구한다. 대 매출 소비 금액이란 계산 월에 실제로 얼마큼(금액)의 와인을 소비했는가를 나타내는 것으로 계산식은 아래와 같다.

$$E(270) = B(800) - C(500) - D(30)$$

와인 원가율(F)은 아래의 계산식으로 구할 수 있다.

$$F(27.0\%) = E(270) \div A(1,000) \times 100$$

원가 계산을 이해하자.

소믈리에의 직책과 서비스 실기

와인 제공 온도와 공기 접촉, 서비스 방법, 단위

최적의 공출 온도와 서비스 방법, 마시기에 적당한 온도와 공기 접촉에 의한 변화를 이해하면 와인을 배우는 즐거움이 커진다. 가정에서 와인을 즐길 때 여러 가지로 시험해 보자.

중요 키워드

파니에(Panier) : 주로 레드와인을 수납하는 등나무 또는 금속 와인 바구니

카라페(Carafe) : 와인의 찌꺼기 제거와 공기 접촉을 위해 사용하는 와인 전용 유리 용기. 디켄터라고도 한다.

식전주 : 아페리티프라고도 한다. 식사 전에 마셔 위를 자극해서 위액의 분비를 촉진하여 식욕과 소화를 증진시킨다. 와인계 아페리티프에서는 두보네(Dubonnet), 릴레(Lillet), 와인 칵테일 키르(Kir), 키르 로열(Kir Royal), 주정강화 와인 드라이 셰리(Dry Sherry), 피노(Fino), 만자니야(Manzanilla) 등이 식전주에 어울린다.

식후주 : 디제스티프(소화라는 뜻)라고도 부른다. 식후에 마심으로써 가득 찬 위를 자극하여 지방분을 용해해서 소화를 돕는다. 브랜디로는 코냑(Cognac), 아르마냑(Armagnac), 칼바도스(Calvados), 마르(Marc), 핀(Fine, 와인을 증류한 술), 리큐르로는 샤르트뢰즈(Chartreuse), 베네딕틴(Bénédictin), 주정강화 와인으로는 단맛의 셰리(Sherry), 포트(Port) 등이 식후주에 어울린다.

와인 지식 간단 해설!

●스크루 캡의 이점

스크루 캡은 바깥쪽의 알루미늄 합금과 안쪽의 탄성력을 가진 라이너로 만들어졌다. 열고 닫기 편리하고 환경 부하가 적다는 이유로 현재 뉴질랜드와 호주를 필두로 전 세계에서 채용되고 있다.

스크루 캡의 주요 이점은 다음과 같다.

① 천연 코르크 마개와 합성 코르크 마개 등과 비교해 밀폐성이 높다.

② 습도 변화에 강하다.

③ 병을 수직으로 세운 상태에서 보관이 가능하다.

※단, 코르크 마개의 와인과 마찬가지로 온도 변화에는 약하므로 주의가 필요하다.

와인의 공출 온도와 공기 접촉

와인은 온도나 공기와 접촉을 하느냐 그렇지 않느냐에 따라 풍미가 변한다. 소믈리에는 다양한 상황을 고려해서 베스트 서비스를 제안하고 고객의 승낙을 얻어 서비스한다. 제안을 강요하는 게 아니라 모든 결정권은 고객에게 있다는 점을 명심해야 한다.

▌온도에 따른 와인의 풍미 차이 ▌

> 와인의 공출 온도는 와인의 인상을 크게 좌우하는 중요한 요소이다. 온도를 낮췄을 때와 높였을 때의 풍미 차이를 익혀서 와인의 포텐셜을 확실히 이끌어내자!

온도를 낮춘 경우	온도를 높인 경우
프레시한 감이 두드러진다	향이 크게 퍼진다
제1아로마가 돋보인다	숙성감, 복잡성이 높아진다
맛이 드라이해진다	단맛이 강하게 느껴진다
신맛이 보다 날카로워진다	신맛이 부드러워진다
쓴맛, 떫은맛이 두드러진다	쓴맛, 떫은맛이 완화된다

▌공기 접촉에 의한 와인의 풍미 변화 ▌

공기에 접촉하면 풍미가 변화하는 것은 와인이 가진 특징 중 하나다. 와인은 공기와 접촉하면 향의 확산과 복잡성이 더해지고 레드와인의 경우는 떫은맛이 완화된다.

●공기 접촉에 의한 효과

> 와인 마개를 딴 것만으로는 공기 접촉의 효과는 없다. 잔에 따르거나 디켄팅해야 비로소 시작된다.

① 제1아로마가 돋보인다.

② 제2아로마가 완화된다.

③ 환원에 의한 영향이 약해진다.

④ 오크통의 향이 강해진다.

⑤ 와인의 복잡성이 강해진다.

⑥ 떫은맛이 기분 좋게 느껴진다.

⑦ 전체적으로 맛의 균형이 잡힌다.

※환원에 의한 영향은 주로 병내에서 와인이 공기와 접촉하지 않고 숙성했을 때 드러나는 향이다.

와인 서비스 방법과 주의사항

와인을 서비스하기 전에 반드시 사용하는 집기류를 확인한다. 잔과 카라페(디켄터)에 오염이나 이취가 있으면 모처럼의 좋은 와인도 소용없어진다.

스틸 와인의 서비스 절차와 주의사항

1	고객(호스트)에게 에티켓을 보이고 와인의 브랜드, 빈티지, 용량 등을 확인하고 서비스 방법을 제안한다.
2	캡 실을 벗겨서 마개를 따고 코르크의 상태를 확인하여 만일 이상이 있으면 신속하게 새로운 병을 준비한다.
3	호스트의 승낙을 얻은 후 먼저 소믈리에가 소량을 테이스팅한다.
4	호스트에게 테이스팅을 권하고 확인을 얻는다.
5	먼저 게스트부터 와인을 서비스하고 마지막에 호스트에게 서비스한다. 게스트 중에서 서열이 있으면 먼저 주빈(메인 게스트)부터 서비스한다.

와인의 온도에 관한 프랑스어
Frappé : '얼음물로 차갑게 한'이라는 뜻. 4~6℃
Chambré : '실온으로 한'이라는 뜻. 16~18℃

스파클링 와인의 마개 따는 순서와 주의사항

1	캡 실을 벗기고 코르크의 철사줄을 느슨하게 한다.
2	한손으로 보틀의 바닥을, 다른 한쪽으로 코르크 부분을 확실히 잡는다.
3	병 주둥이를 다른 사람과 자신에게 향하지 않도록 병을 조금 기울여서 돌려 병 안의 탄산가스를 조금씩 빼면서 조용히 마개를 뺀다.

와인은 반드시 적온까지 차갑게 하고 서비스를 마칠 때까지 가급적 진동을 가하지 않는다. 마개를 딴 직후에 와인이 튄 경우는 냅킨을 병 주둥이 아래에 갖다 댄다. 서둘러 냅킨으로 병 주둥이를 덮어 버리면 더 세게 튀므로 주의한다.

파니에를 사용한 서비스 절차와 디켄팅를 수행할 때의 주의사항

1	와인셀러에서 꺼낸 와인은 라벨을 위로 향한 채 진동을 가하지 않도록 파니에에 넣는다.
2	와인을 파니에에 넣은 채 호스트에게 에티켓을 보이고 브랜드 등을 확인한다. 디켄팅를 수행할 때는 반드시 호스트의 허락을 얻는다.
3	와인을 파니에에 넣은 채 마개를 따고 소믈리에 테이스팅을 한다. 디켄팅 후에 호스트 테이스팅을 부탁하고 게스트부터 순서대로 서비스를 하고 마지막에 호스트에게 서비스한다.

> 디켄터의 린스(이취, 오염 제거)는 반드시 수행할 필요는 없다.

병의 명칭과 용량

상파뉴 병의 명칭과 용량에 대해 알아본다. Bouteille(풀보틀, 750mℓ)을 기준으로 각 보틀 사이즈가 풀보틀 몇 개분에 해당하는지를 외우자. 그러면 간단한 계산으로 용량을 구할 수 있다.

상파뉴	용량	보르도
쿼트(Quart)	200mℓ 1/4개분	–
드미 부테유(Demi-Bouteille)	375mℓ 1/2개분	드미 부테유(Demi-Bouteille)
부테유(Bouteille)	750mℓ(기준)	부테유(Bouteille)
매그넘(Magnum)	1,500mℓ 2개분	매그넘(Magnum)
제로봄(Jéroboam)	3,000mℓ 4개분	더블 매그넘(Double-Magnum)
르오봄(Réhoboam)	4,500mℓ 6개분	제로봄(Jéroboam)
마투살렘(Mathusalem)	6,000mℓ 8개분	임페리얼(Impérial)
살마나자르(Salmanazar)	9,000mℓ 12개분	–
발타자르(Balthazar)	12,000mℓ 16개분	–
나부쇼도노소르(Nabuchodonosor)	15,000mℓ 20개분	–

각종 단위

1헥타르(ha)	100m×100m
1케이스(c/s)	12개
1토노(tonneau)	900ℓ(750mℓ병 1,200개분)
1헥토리터(hℓ)	100ℓ(750mℓ병 약 133개분)
1온스(oz)	28.4g(약 30cc)

일본주

일본주의 특성, 주조 용어, 원료 쌀, 주모와 효모, 제법 품질 표시

2017년부터 새로이 일본주에 특화한 인정 자격 「J.S.A.SAKE DIPLOMA」가 발족했다.

🔴 중요 키워드

주세법상의 정의 : 일본주란 쌀, 누룩, 물, 술지게미 등 정해진 물품을 원료로 해서 발효시켜 거른 것. 알코올 도수 22도 미만. '거른다'란 주류의 찌꺼기를 액상 부분과 찌꺼기 부분으로 분리하는 모든 행위를 가리킨다.

원료 쌀 : 일본주 제조에 적합한 쌀을 '주조 호적미' 또는 '주미'라고 부른다. 농산물 규격상 '주조용 현미'

대표적인 주미 : 山田錦(야마다니시키) 1923년에 개발된 만생 품종. 주미에서 가장 생산량이 많다. 五百万石(고햐쿠만고쿠) 1957년에 명명. 단백하고 부드러우며 상쾌한 주질. 니가타현에서 총 생산량의 50% 가량을 생산한다. 美山錦(미야마니시키) 1978년에 명명. 입자가 크고 심백(心白)이 많이 드러난다. 雄町(오마치) 오카야마현 오마치에서 1859년에 발견. 야성미를 숨긴 부드러운 맛.

와인 지식 간단 해설!

●효모

알코올 발효를 담당하는 효모를 대량으로 배양한 것으로 '酛(술밑, 술덧)'이라고도 불린다. 유산균의 작용으로 탱크 내를 강한 산성으로 유지함으로써 잡균의 번식을 억제하여 효모가 좋은 환경을 유지할 있도록 하는 역할을 한다. 크게 나누어 유산균에 유산을 만드는 수고가 드는 '생원계 효모'와 양조용 유산을 첨가해서 배양하는 '속양계 효모'로 나뉜다.

●양조용수

일본주 제조에 이용하는 물의 총칭. 일본주 전체 성분의 약 80%를 점하기 때문에 품질에 크게 영향을 미친다. 무색투명하고 철분 함유량이 적어 약알칼리성 또는 중성의 수질이 적합하다. 직접 일본주의 일부가 되는 '사입수', 알코올 도수를 조정하는 '할수' 등 술 제조에는 대량의 물이 필요하다.

일본주의 주요 제조 공정

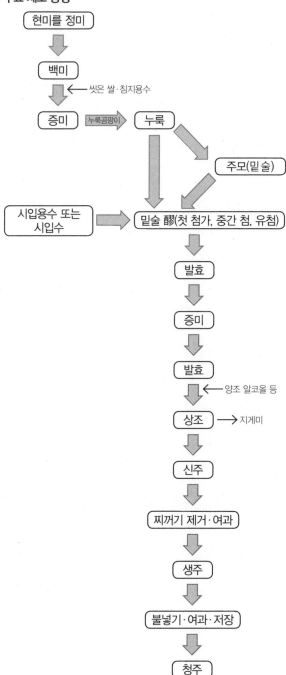

현미를 정미

⬇

백미

⬇ ← 씻은 쌀·침지용수

증미 →[누룩곰팡이]→ 누룩

누룩 ⬇ ↘ 주모(밑술)

시입용수 또는
시입수 → 밑술 醪(첫 첨가, 중간 첨, 유첨)

⬇

발효

⬇

증미

⬇

발효

⬇ ← 양조 알코올 등

상조 —→ 지게미

⬇

신주

⬇

찌꺼기 제거·여과

⬇

생주

⬇

불넣기·여과·저장

⬇

청주

일본주

일본주의 특성

일본주는 당류와 유기산 외에 풍부한 아미노산을 함유하며 맛을 내는 기본이 된다. 찬술(冷酒 레이슈), 찬술(히야), 미지근한 술, 따뜻한 술 등 5~60℃의 다양한 온도로 마실 수 있으며 계절별 맛도 매력 중 하나다. 겨울에서 봄으로 넘어오는 사이에는 신주가 만들어져 막 짜낸 생주를, 여름에는 다소 침착한 신주를 차게 해서, 가을에는 '히야오로시(신주를 한 번 불에 넣어 여름에 숙성시킨 것)', 겨울에는 데운 술(燗酒 칸자게)과 같은 식으로 마시는 즐거움이 있다.

일본주의 주요 제조 용어

정미	현미를 깎아내 백미와 미당으로 나눈다.
정미 보합	현미를 어느 정도 깎아냈는지를 나타내는 수치. 정미 보합 70%인 경우 현미를 30% 깎아낸 것을 의미한다.
침적	정미를 마친 원료 쌀에 필요한 수분을 과부족 없이 흡입시킨다.
찌기	침지한 원료 쌀을 찌는 것
누룩	찐 쌀에 누룩균을 번식시켜 만든다.
3단계 시입	발효 탱크 내의 산도와 효모 수의 비율을 유지하기 위해 찌기, 누룩, 시입수 등의 원료의 투입을 분할해서 수행하는 것
상조	발효를 마친 술을 술 봉지에 넣어 '조' 또는 '상조'라 불리는 상자에 늘여놓고 짜는 것
여과	짠 술에서 불순물을 제거하는 것. '여과 술'도 있다.
불넣기	60~65℃ 전후에서 술을 가열 멸균하여 주질을 안정시킨다. 일반적인 일본주는 2회 수행하지만 한 번도 이 과정을 거치지 않는 '생주'도 있다.
할수	압착한 술에 물을 첨가하여 알코올 도수와 향미의 균형을 조정한다. 보통 시입수와 같은 물을 사용한다.
평행 복발효	일본주의 시입 탱크 안에서 누룩균의 효소에 의한 전분의 당화와 효모에 의한 알코올 발효과 동시에 진행하는 것. 와인 등은 단발효

원료 미

일본주의 원료미는 주로 일반적으로 먹는 쌀과 같은 멥쌀(며벼)이지만 일반미보다 입자가 크고 심백의 비율이 큰 것이 적합하다. 심백이란 쌀 입자 가운데의 백색 불투명한 부분을 말하며, 극간이 있어 연하기 때문에 누룩균의 균사가 침입하기 쉽고, 효소력이 강한 좋은 누룩을 만들어낸다. 이처럼 술 제조에 적합한 쌀을 '주조 호적미' 또는 '주미'라고 부른다.

대표적인 주조 호적미

야마다니시키 (山田錦)	1923년 개발한 품종. 주미 중에서 가장 생산량이 많고 효고현이 질과 양에서 톱클래스
고햐쿠만고쿠 (五百万石)	1938년에 니가타현 농업시험장에서 개발되어 1957년에 명명. 한랭지에 적합한 품종. 냉려하고 상쾌한 주질. 니가타현에서 총 생산량의 50%가량을 생산한다.
미야마니시키 (美山錦)	큰 입자에 심백이 많이 드러난다. 나가노현과 히가시니혼을 중심으로 재배가 확산됐다.
오마치 (雄町)	오카야마현 오마치에서 1859년에 발견됐다. 품종을 개량하지 않고 에도시대부터 재배되어 온 희소종. 야생미의 맛을 간직한 균형 잡힌 맛

주모와 효모

주모는 효모를 대량으로 배양한 술 제조의 핵심이 되는 것으로 '酛(밑술, 술밑, 술덧)'라고도 부른다. 효모는 원료의 당분을 알코올과 탄산가스로 변환하는 역할을 한다. 와인용 효모와 다른 점은 보다 저온(8~16℃)에서 발효가 가능하며 알코올 도수를 20도까지 생성할 수 있다. 잡균의 번식을 방지하고 효모에 좋은 환경을 유지하기 위해 필요한 것이 유산으로 주모가 유산을 얻는 방법에 따라 생원계 주모와 속양계 주모로 분류된다.

생원계 주모	자연의 유산균을 도입. 증식시켜 유산균이 만들어내는 유산에 의해 잡균의 번식을 방지하는 효모 배양법. 수고와 시간이 걸려 기술력이 필요하지만 술의 맛과 풍부한 산을 부여한다.
속양계 주모	미리 양조용 유산을 첨가해서 배양하는 효모 배양법. 잡균과 야생 효모의 번식을 억제하며 주모의 대다수를 차지한다.

일본주의 제법 품질 표시

일본주에 관한 제법 및 품질의 표시 기준은 국세청이 정하고 1990년부터 적용되고 있다. 특정 명칭의 일본주(특정 명칭주)란 음양주, 순미주, 본양조주를 말하며 원료와 제법에 따라 다시 8종류로 분류된다. 이들 특정 명칭 일본주는 원재료명 가까이에 정미 보합(현미를 어느 정도 깎아냈는가)을 표시하는 것이 의무화되어 있다.

특정 명칭 일본주

특정명칭	정미 보합	양조 알코올의 사용 여부
음양주	60% 이하	○
대음양주	50% 이하	○
순미주	–	×
순미음양주	60% 이하	×
순미대음양주	50% 이하	×
특별순미주	60% 이하	×
본양조주	70% 이하	○
특별본양조주	60% 이하	○

> 정미 보합과 양조 알코올의 사용 여부를 정리해서 기억하자.

※정미 보합 : 현미를 정미할 때 깎아낸 비율. 수치가 작을수록 많이 깎아낸 것. 일본주 특유의 향은 정미 보합이 낮을수록 잘 드러난다.
※양조 알코올 : 일본주의 향미를 조정할 목적으로 사용한다. 전분질을 당화한 물질과 폐당밀(사탕수수, 사탕무 등의 당밀에서 사탕을 생성한 후에 남는 액)을 발효 후에 증류해서 만든다.

일본주의 지리적 표시

국가가 일본주의 지리적 표시를 보호하고 있는 산지는 이시카와현의 하쿠산(白山)이다. 이것과는 달리 나가노현, 사가현, 야마카타현에서는 자현의 상품 품질을 보증하는 독자의 인정 제도를 도입하고 있다.

01	와인의 수입 가격 조건에서 CIF는 운임·보험료 포함 조건을 의미한다.	O	Ex Works(Ex Cellar), FOB와 세트로 정리해 두자.
02	B/L이란 운송품의 권리증서, 유가증권을 의미한다.	O	=선하증권
03	인보이스란 납품서를 겸한 상품 대금 송장을 말한다.	O	선하증권과 함께 중요한 선적 서류 중 하나
04	와인을 수입할 때는 분석 증명서를 임의로 후생노동 대신 또는 후생노동성 검역소에 제출한다.	X	분석 증명서의 제출은 필수
05	와인의 수입 통관에서 IS란 수입품을 보세 창고에 보관하고 수입 허가만 받는 것이다.	O	2년 이내에 보세 창고 반출 수입 통관을 받을 필요가 있다.
06	TCA란 코르크 냄새의 원인 물질이다.	O	=트리클로로 아니솔
07	와인을 보존할 때 온도는 연간 25~30℃, 습도는 70~75℃로 유지한다.	X	온도는 12~15℃가 이상적이다. 이취와 진동을 피하는 것도 중요하다.
08	와인의 일반적인 마실 시간에 대해. 쉬르 리의 와인은 옐로와인보다 숙성 기간이 길다.	X	쉬르 리는 1~2년, 옐로와인은 7년 이상, 신주는 6개월 이내
09	와인의 원가를 관리하는 데 있어 재고 조사를 할 필요는 없다.	X	원가 계산에는 재고 금액을 산출하는 것이 필수이다.
10	일본에서 2015년 2ℓ 이하 용량들이 와인 수입량 1위는 프랑스, 2위는 칠레이다.	X	1위는 칠레, 2위는 프랑스

일본주

![복습] **CHECK TEST**

11	탁해 보이는 와인은 건전한 상태가 아니므로 마시지 않는 것이 좋다.	X	논필트라시옹 등 건전해도 탁해 보이는 경우가 있다.
12	산을 많이 함유한 와인은 약간 빛을 방출한다.	O	와인 표면의 빛은 산도와 밀접하게 관련 있다.
13	맛의 표현에서 어택이란 와인의 섬세함, 우아함을 의미한다.	X	입에 머금었을 때의 첫인상. 섬세함, 우아함은 피네스
14	일반 와인과 상급 와인을 서비스할 때는 반드시 상급 와인을 먼저 제안한다.	X	일반에서 상급으로, 심플에서 복잡으로, 가벼움에서 무거움으로
15	흰곰팡이 타입의 치즈는 8세기 초반경에 이슬람교도의 사라센군이 산양을 들여온 이래 루아르 지방의 명산품이 됐다.	X	양의 젖으로 만드는 슈브로가 정답
16	로크포르는 양젖으로 만드는 푸른곰팡이 타입의 치즈다.	O	스틸톤, 고르곤졸라와 함께 세계 3대 블루치즈라 불린다.
17	코냑, 칼바도스 등은 식전주로 공급하기에 적합하다.	X	브란데는 식후주에 어울린다.
18	와인의 온도를 낮추면 신맛이 보다 날카로워져 맛이 드라이해진다.	O	온도를 낮추면 제1아로마가 돌출하고 떫은맛이 두드러진다.
19	스크루 캡의 이점은 코르크 마개 와인과 마찬가지로 온도 변화에 강하다는 점이다.	X	모두 온도 변화에는 약하다. 스크루 캡은 온도 변화에 강하다.
20	상파뉴의 살마나자르의 용량은 9,000mℓ이다.	O	레오보암 4,500mℓ, 마투살렘 6,000mℓ

21	일본주(청주)의 알코올 도수는 주세법에 의해 22도 이상으로 정해져 있다.	X	22도 미만
22	히야오로시는 초겨울부터 초봄에 맛보는 막 짠 신 주이다.	X	봄을 앞두고 불을 넣은 신 주를 여름 동안 숙성시킨 것
23	침지란 원료미에 과부족 없이 수분을 공급시키는 공정이다.	O	정미, 세미 후에 수행한다.
24	심백이 과도하게 크고 일본주 제조에 적합한 쌀을 주미라고 부른다.	O	또는 주조 호적미. 농산물 규정에서는 양조용 현미
25	미야마니시키(美山錦)는 일본주의 원료미 중 가장 생산량이 많다.	X	야마다니시키(山田錦)
26	속양계 주모란 양조용 유산을 첨가해서 만드는 주 모(밑술)이다.	O	생원계 효모는 자연의 유산 균을 증식시켜 만든다.
27	일본주의 술 발효 온도는 20℃ 전후이다.	X	8~16℃
28	대음양주를 만들 때는 정미 보합 50% 이하가 되지 않으면 안 된다.	O	순미 대음양주도 마찬가 지다.
29	양조 알코올은 향미를 조정하기 위해 모든 특정 명 칭의 일본주에 첨가가 인정받고 있다.	X	음양주, 본양조주 등에 첨 가하는 것이 가능하다.
30	이시가와현의 하쿠산(白山)은 일본이 일본주의 지 리적 표시를 보호하는 산지로 지정하고 있다.	O	독자의 인증제도를 도입하 고 있는 자치단체도 있다.

일본주

◖◗ COLUMN ◖◗

🍷 마셔 보지도 않고 싫어하는 것은 손해?

소믈리에 일은 고객과 대화할 기회도 많아 매우 즐거운 직업이다. 그러나 대화를 하면서 때때로 안타깝다고 느낄 때가 있다. 그것은 '마셔 보지도 않고 싫어하는 경우'이다.

프랑스 와인의 경우 보르도와 부르고뉴 등 지방별로 구분해서 마시는 것이 보통이지만 이탈리아와 스페인, 독일 등의 와인은 '해당 국가의 와인'이라고 하나로 치부하는 일이 많다.

하나 예를 들면 '독일산 화이트와인을 사서 집에서 마셨지만 달아서 그날 저녁식사와 어울리지 않았다면, 이후 독일 와인은 다시는 사지 않는다'와 같은 식이다.

이처럼 한 번 혹은 몇 번밖에 마셔보지 않은 국가의 와인을 적은 경험에서 얻은 인상과 체험으로 외면한다면 와인을 선정할 때 선택할 수 있는 폭이 점점 좁아진다.

지금까지 이 책을 읽은 사람들은 알겠지만 최근 독일 와인은 떫은맛과 중간맛의 화이트와인 생산량이 늘고 있다. 독일 와인의 매력 중 하나가 '신맛'이며 특히 떫은맛의 화이트와인은 마셔 보지도 않고 외면하는 것은 매우 유감스러운 일이다.

이탈리아와 스페인, 기타 국가의 와인과 마찬가지로 각 산지마다 저마다의 특색이 있으며 또한 같은 산지라도 제조자에 따라 다른 타입의 와인이 만들어지고 있다.

와인은 기호품이므로 모든 사람이 선호하는 브랜드를 마시는 것이 가장 좋다. 그러나 선입관을 갖지 말고 다양한 산지의 와인을 접해 보면 '마음에 드는 와인'이 늘어 좀 더 와인을 즐길 수 있다.

복습 지도편

복습 지도편에서는 지도 51점을 본편과 마찬가지로 유럽 지역, 뉴 월드 지역 2부 구성으로 정리했다.

학습 순서(예 : 프랑스의 경우)는

『프랑스
와인 생산 지방의 위치』 → 『주요 지구와 위치』 → 『주요 산지 (AOC)』

와 같이 큰 곳부터 작은 곳으로 서서히 압축해 가는 것이 포인트이다.

기억해둬야 할 중요 산지명은 굵은 글자, 중요한 산지의 지역은 핑크색으로 표시하고 중요한 지도에는 중요 마크와 학습의 원포인트 해설을 추가했다. 중요 마크가 붙어 있지 않은 지도는 산지명을 총복습하는 데 도움될 것이다.

프랑스 주요 와인 , 브랜디 산지

벨기에

칼바도스

상파뉴

알자스

독일

루아르 계곡

부르고뉴

쥐라

스위스

Atlantic Ocean

코냑

사부아

이탈리아

보르도

코트 뒤 론

남서 지방

아르마냑

프로방스

랑그도크루시용

코르시카(코르스)

스페인

Mediterranean sea

프랑스 상파뉴 주요 3 지구와 그랑 크뤼

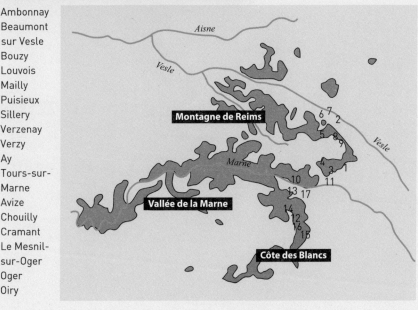

1 Ambonnay
2 Beaumont
   sur Vesle
3 Bouzy
4 Louvois
5 Mailly
6 Puisieux
7 Sillery
8 Verzenay
9 Verzy
10 Ay
11 Tours-sur-
   Marne
12 Avize
13 Chouilly
14 Cramant
15 Le Mesnil-
   sur-Oger
16 Oger
17 Oiry

Aisne

Vesle

Montagne de Reims

Vesle

Marne

Vallée de la Marne

Côte des Blancs

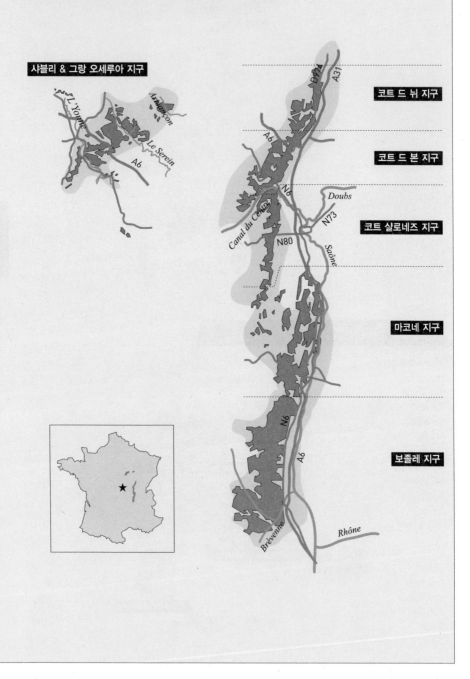

샤블리 & 그랑 오세루아 지구

코트 드 뉘 지구

코트 드 본 지구

코트 샬로네즈 지구

마코네 지구

보졸레 지구

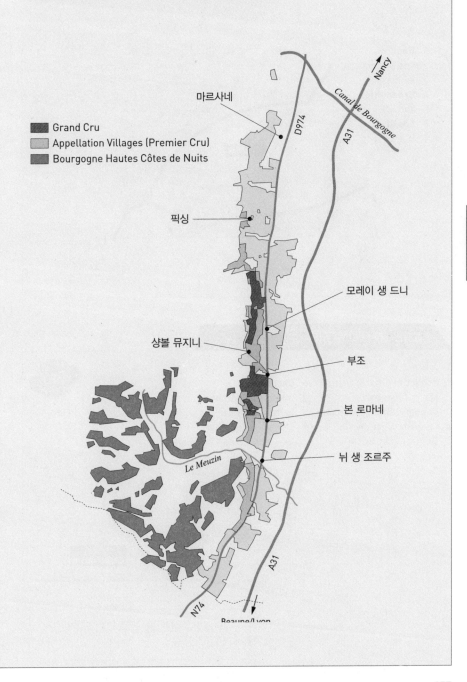

Grand Cru
Appellation Villages (Premier Cru)
Bourgogne Hautes Côtes de Nuits

마르사네

D974

Canal de Bourgogne

A31

Nancy

픽싱

모레이 생 드니

샹볼 뮤지니

부조

본 로마네

Le Meuzin

뉘 생 조르주

A31

N74

Beaune/Lyon

복습 지도편

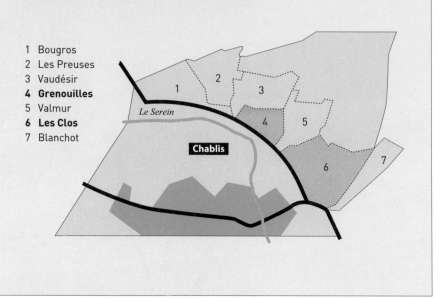

1 Bougros
2 Les Preuses
3 Vaudésir
4 Grenouilles
5 Valmur
6 Les Clos
7 Blanchot

Le Serein

Chablis

1 Ruchottes-Chambertin
2 Mazis-Chambertin
3 Chambertin Clos-de-Bèze
4 Chapelle-Chambertin
5 Griotte-Chambertin
6 Chambertin
7 Charmes-Chambertin
8 Latricières-Chambertin
9 Charmes-Chambertin
　또는 Mazoyères-Chambertin

중요!

Morey-St-Denis

Nuits-st-Georges

Gevrey Chambertin

Dijon

9개의 그랑 크뤼가 있는 코트 드 뉘 최대의 산지.
3과 6은 가장 중요

278

1 Clos de la Roche
2 Clos Saint-Denis
3 Clos des Lambrays
4 Clos de Tart
5 Bonnes-Mares
6 Musigny

양 마을에 걸쳐 있는 5는 가장 중요.
지도상의 위치도 함께 알아두자.

중요!

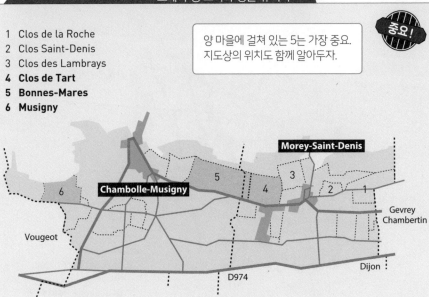

1 **Clos de Vougeot**
2 **Echézeaux**
3 **Les Grands Echézeaux**
4 **Richebourg**
5 **La Romanée**

6 **Romanée-Conti**
7 **Romanée-St-Vivant**
8 **La Grande Rue**
9 **La Tâche**

중요!

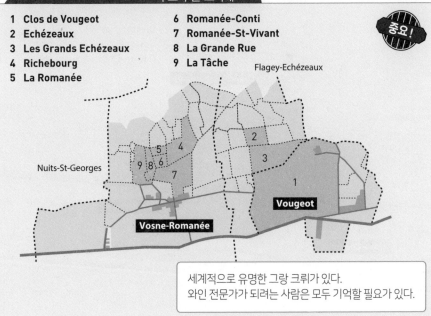

세계적으로 유명한 그랑 크뤼가 있다.
와인 전문가가 되려는 사람은 모두 기억할 필요가 있다.

복습 지도편

279

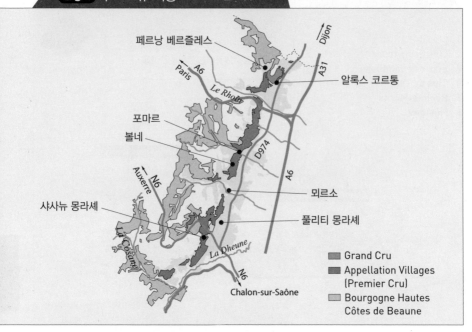

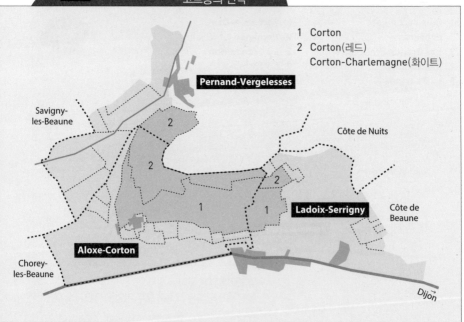

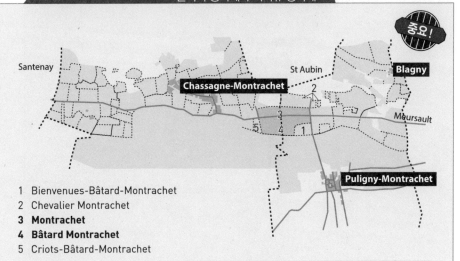

1 Bienvenues-Bâtard-Montrachet
2 Chevalier Montrachet
3 **Montrachet**
4 **Bâtard Montrachet**
5 Criots-Bâtard-Montrachet

각 마을 고유의 그랑 크뤼, 양 마을에 걸친 3과 4를 정리해서 외우자.
5개의 그랑 크뤼 모두가 문장 문제도 출제 가능하다.

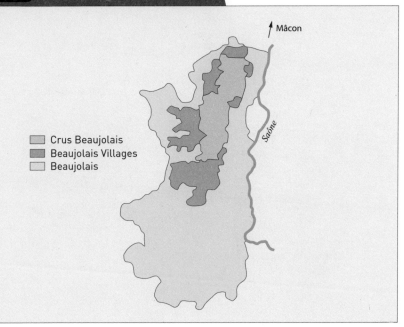

복습 지도편

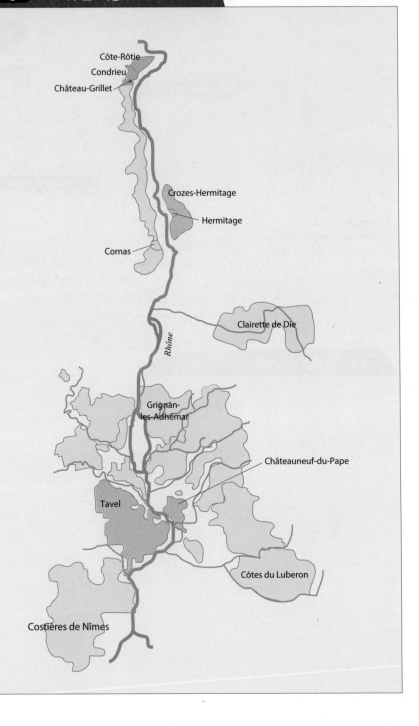

Côte-Rôtie
Condrieu
Château-Grillet

Crozes-Hermitage

Hermitage

Cornas

Clairette de Die

Rhône

Grignan-
les-Adhémar

Châteauneuf-du-Pape

Tavel

Côtes du Luberon

Costières de Nîmes

1 **Côte-Rôtie**
2 **Condrieu**
3 **Château-Grillet**
4 Saint-Joseph
5 **Crozes-Hermitage**
6 **Hermitage**
7 Cornas

3은 론 최대의 AOC.
5는 북부 지구 최대의 AOC

복습 지도편

프랑스 코트 뒤 론 지방 남부 지구

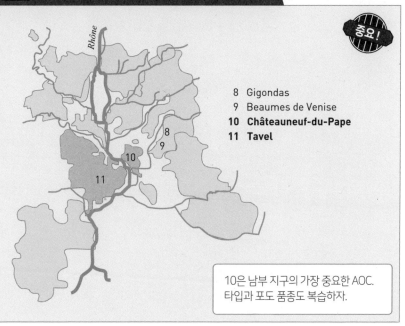

8 Gigondas
9 Beaumes de Venise
10 **Châteauneuf-du-Pape**
11 **Tavel**

10은 남부 지구의 가장 중요한 AOC.
타입과 포도 품종도 복습하자.

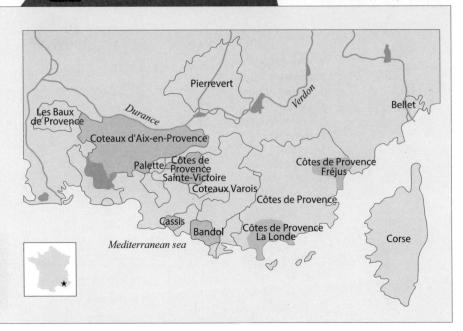

Pierrevert

Verdon

Bellet

Les Baux
de Provence

Durance

Coteaux d'Aix-en-Provence

Palette

Côtes de
Provence
Sainte-Victoire

Coteaux Varois

Côtes de Provence
Fréjus

Côtes de Provence

Cassis

Bandol

Côtes de Provence
La Londe

Corse

Mediterranean sea

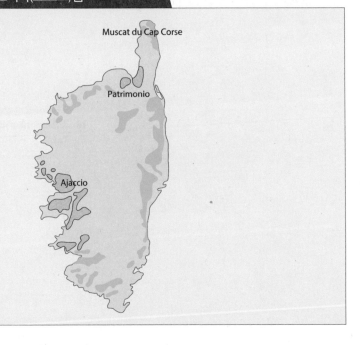

Muscat du Cap Corse

Patrimonio

Ajaccio

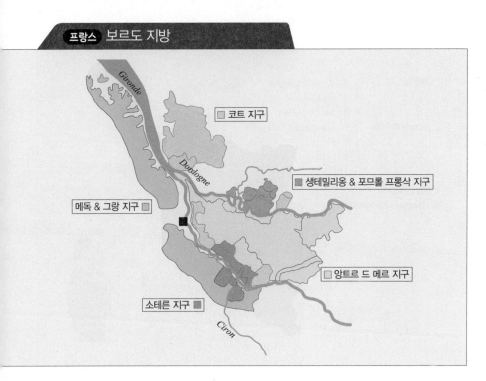

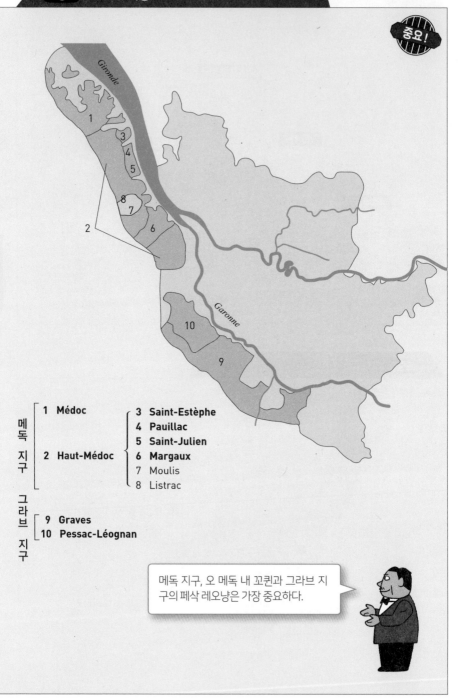

메독
지구

1 Médoc

2 Haut-Médoc

3 Saint-Estèphe
4 Pauillac
5 Saint-Julien
6 Margaux
7 Moulis
8 Listrac

그라브 지구

9 Graves
10 Pessac-Léognan

메독 지구, 오 메독 내 꼬뀐과 그라브 지구의 페삭 레오냥은 가장 중요하다.

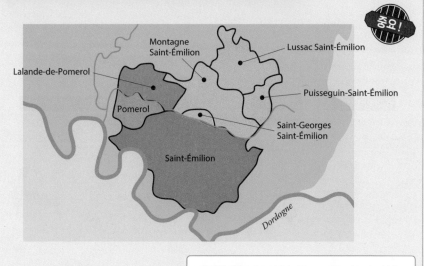

생테밀리옹 지구와 북서쪽 포므롤 지구의 위치는 가장 중요하다.

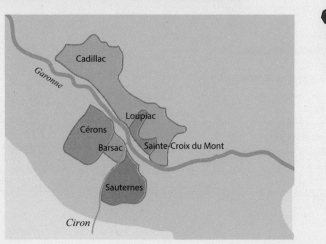

귀부 와인의 대산지. 소테른은 바르삭보다 표고가 높다.

복습 지도편

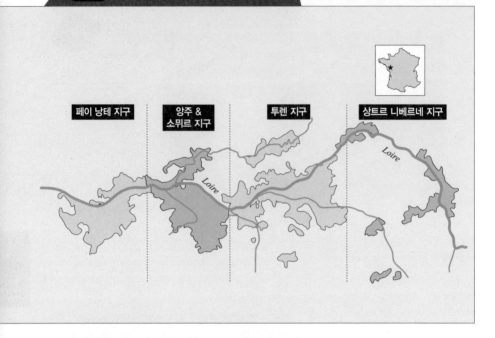

페이 낭테 지구

앙주 &
소뮈르 지구

투렌 지구

상트르 니베르네 지구

Loire

Loire

1 **Bourgueil**
2 **Saint-Nicolas-de-Bourgueil**
3 **Chinon**
4 Touraine Azay-le-Rideau
5 Montlouis-sur-Loire
6 **Vouvray**
7 Touraine Mesland
8 Touraine Amboise
9 Touraine
10 Cheverny
11 Cour-Cheverny
12 Valençay

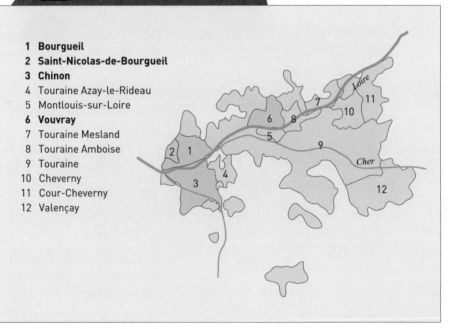

1 **Sancerre**
2 Menetou-Salon
3 Quincy
4 Reuilly
5 **Pouilly-Fumé**
Pouilly-sur-Loire
6 Coteaux du Giennois
7 Châteaumeillant

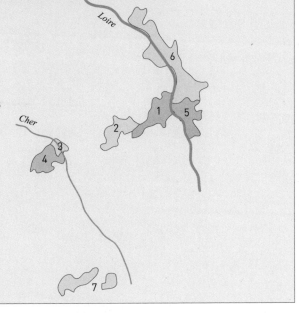

복습 지도편

1 발레다오스타주
2 **피에몬테주**
3 리구리아주
4 **롬바르디아주**
5 트렌티노알토아디제주
6 **베네토주**
7 프리울리베네치아줄리아주
8 에밀리아로마냐주
9 **토스카나주**
10 움브리아주
11 **마르케주**
12 **라치오주**
13 아브루초주
14 몰리세주
15 **캄파니아주**
16 **풀리아주**
17 바실리카타주
18 **칼라브리아주**
19 **시칠리아주**
20 사르데냐주

처음에 각주의 위치, 다음으로
주별 주요 DOCG와 특징을 묶
어서 외워두자.

베르바노쿠시오오솔라

비엘라　노바라

베르첼리

토리노

아스티

알레산드리아

쿠네오

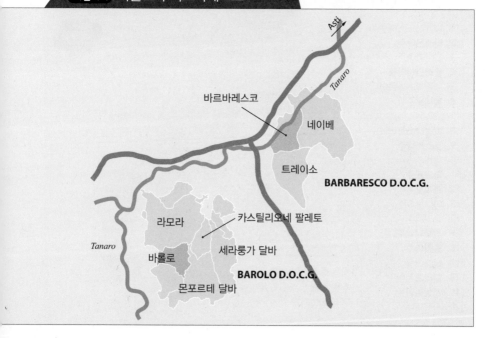

Asti

Tanaro

바르바레스코

네이베

트레이소

BARBARESCO D.O.C.G.

라모라

카스틸리오네 팔레토

바롤로

세라룽가 달바

Tanaro

BAROLO D.O.C.G.

몬포르테 달바

1 **Franciacorta DOCG**
  프란차코르타 DOCG
2 **Valtellina Superiore DOCG**
  발텔리나 슈페리어 DOCG
3 Olprepò Pavese Metodo Classico DOCG
  올트레포 파베제 메토드 클라시코 DOCG
4 **Sforzato di Valtellina/Sfursat**
  di Valtellina DOCG
  스포르자토 디 발텔리나/
  스푸르사트 디 발텔리나 DOCG
5 Moscato di Scanzo/Scanzo DOCG
  모스카토 디 스칸초/스칸초 DOCG

스위스

트렌티노알토아디제

피에몬테

베네토

에밀리아로마냐주

1 **Recioto di Soave DOCG**
  레초토 디 소아베 DOCG
2 **Bardolino Superiore DOCG**
  바르돌리노 슈페리어 DOCG
3 Recioto di Gambellara DOCG
  레초토 디 감벨라라 DOCG
4 Lison DOCG
  리종 DOCG
5 **Amarone della Valpolicella**
  DOCG
  아마로네 델라 바르포리체라
  DOCG
  Recioto della Valpolicella
  DOCG
  레초토 데라 바르포리체라 DOCG
  Valpolicella Ripasso DOC
  바르포리체라 리파소 DOC
6 **Soave Superiore DOCG**
  소아베 슈페리어 DOCG

오스트리아

트론티노
알토아디제주

프리울리
베네치아
줄리아주

가르다호

베로나도

아드리아해

롬바르디아주

에밀리아로마냐주

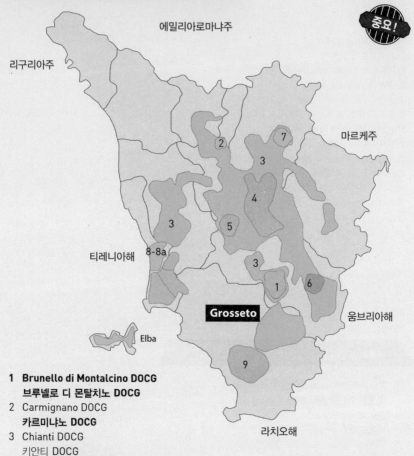

중요!

에밀리아로마냐주

리구리아주

마르케주

티레니아해

8-8a

Grosseto

움브리아해

Elba

라치오해

1 **Brunello di Montalcino DOCG**
  브루넬로 디 몬탈치노 DOCG

2 Carmignano DOCG
  카르미냐노 DOCG

3 Chianti DOCG
  키안티 DOCG

4 **Chianti Classico DOCG**
  키안티 클라시코 DOCG

5 **Vernaccia di San Gimignano DOCG**
  베르나차 디 산지미냐노 DOCG

6 Vino Nobile di Montepulciano DOCG
  비노 노빌레 디 몬테풀치아노 DOCG

7 Pomino DOC
  포미노 DOC

8 Bolgheri DOC
  볼게리 DOC

8a Bolgheri Sassiccia DOCG
  볼게리 사시카이아 DOCG

9 **Morellino di Scansano DOCG**
  모렐리노 디 스칸사노 DOCG

지도 위치는 1, 4, 9가 가장 중요.
이 주의 DOCG는 저마다가 개성
적이고 키워드가 확실하기 때문
에 확실히 복습하자.

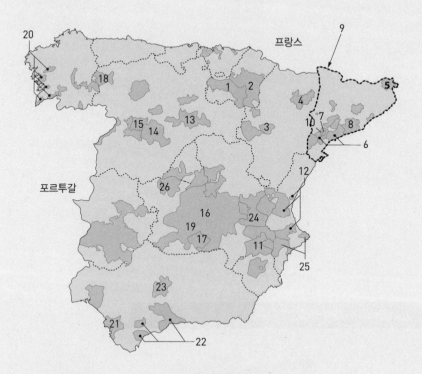

복습 지도편

1 Rioja 리오하	**15 Toro 토로**
2 Navarra 나바라	**16 La Mancha 라만차**
3 Cariñena 카리녜나	17 Valdepeñas 발데페네스
4 Somontano 소몬타노	18 Bierzo 비에르소
5 Empordà 엠포르다	19 Pago Florentino 파고 플로렌티노
6 Tarragona 타라고나	**20 Rías Baixas 리아스 바이사스**
7 Priorato 프리오라토	**21 Jerez-Xérès-Sherry & Manzanilla-Sanlúcar de**
8 Penedés 페네데스	**Barrameda 헤레즈/셰리 & 만자니야 산루카 데 바라메다**
9 Cataluña 카탈루냐	22 Málaga & Sierras de Málaga
10 Montsant 몬트산트	말라가 & 시에라스 데 말라가
11 Jumilla 후미야	23 Montilla-Moriles 몬티야 모릴레스
12 Valencia 발렌시아	24 Utiel-Ruquena 우띠엘 레께나
13 Ribera del Duero	25 Alicante 알리칸테
리베라 델 두에로	26 Dominio de Valdepusa 도미니오 데 발테푸사
14 Rueda 루에다	

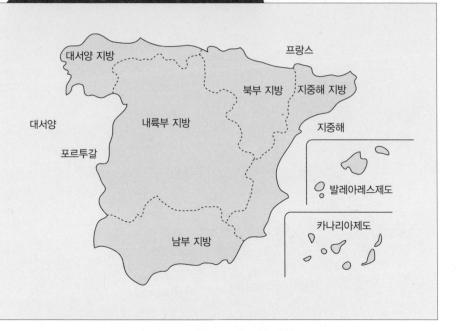

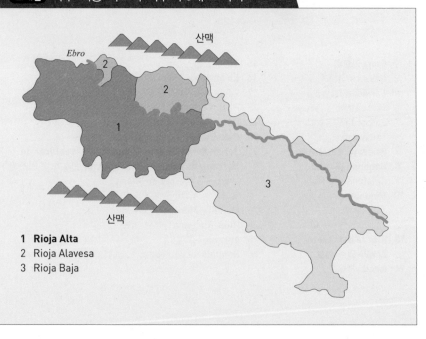

1 Rioja Alta
2 Rioja Alavesa
3 Rioja Baja

스페인 내륙부 지방 마드리드 북부 지구

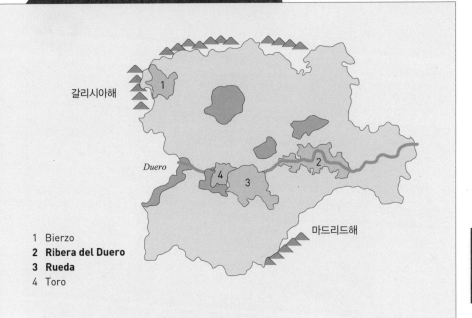

갈리시아해

Duero

마드리드해

1 Bierzo
2 Ribera del Duero
3 Rueda
4 Toro

포르투갈 주요 와인 산지

1 Minho / Vinho Verde
2 Porto, Douro
3 Terras de Dão
4 Madeira

대서양

스페인

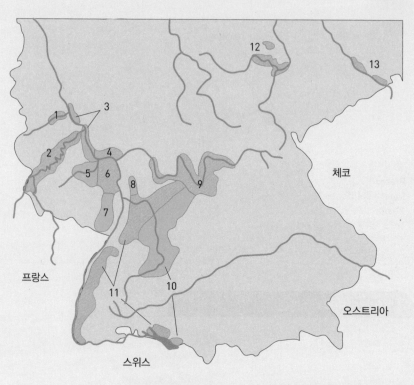

1 **Ahr**   8 Hessische Bergstraße

2 **Mosel**   9 **Franken**

3 Mittelrhein   10 Württemberg

4 **Rheingau**   11 **Baden**

5 Nahe   12 **Saale-Unstrut**

6 **Rheinhessen**   13 **Sachsen**

7 Pfalz

주요 산지의 지도상 위치와 특징을
함께 외워두자.

헝가리 주요 와인 산지

우크라이나

슬로바키아

Tokaji-Hegyalja

토카이 헤자리아 지방

오스트리아

북 트란스다누비아 지방

Eger

북 헝가리 지방

티서강

도나우강

Badacsony

슬로베니아

루마니아

크로아티아

Villány-Siklós

대평원 지방

세르비아

남 트란스다누비아 지방

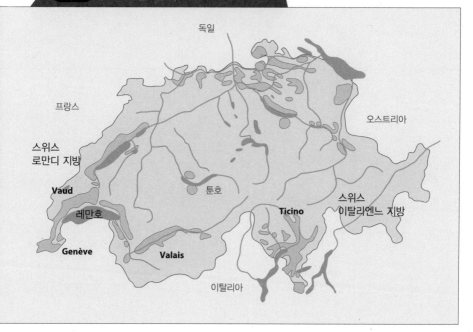

스위스 주요 와인 산지

독일

프랑스

오스트리아

스위스
로만디 지방

Vaud

툰호

Ticino

스위스
이탈리엔느 지방

레만호

Genève

Valais

이탈리아

복습 지도편

297

세계의 주요 와인 생산 지역

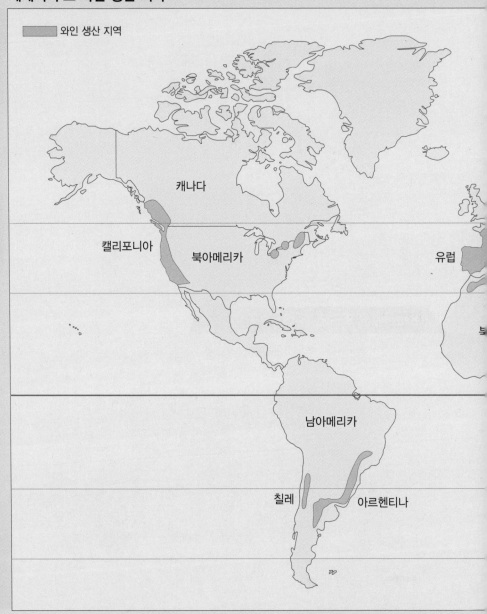

와인 생산 지역

캐나다

캘리포니아

북아메리카

유럽

남아메리카

칠레

아르헨티나

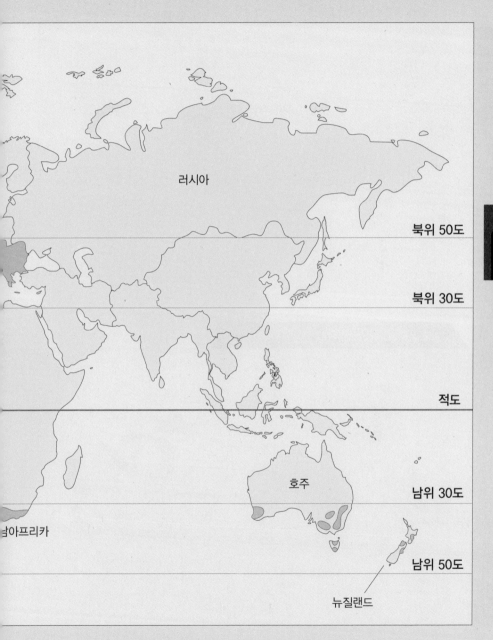

러시아

북위 50도

북위 30도

적도

호주

남위 30도

남아프리카

남위 50도

뉴질랜드

복습 지도편

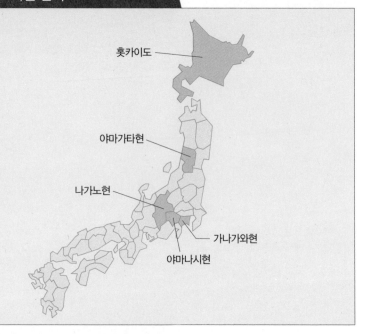

일본 주요 와인 산지

홋카이도

야마가타현

나가노현

가나가와현

야마나시현

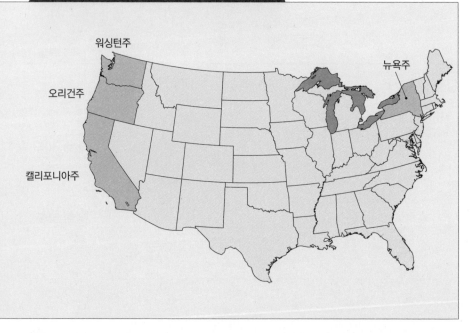

미국 주요 와인 산지

워싱턴주

오리건주

뉴욕주

캘리포니아주

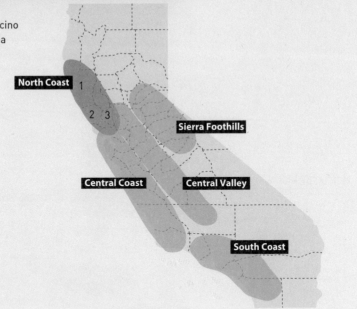

1 Mendocino
2 Sonoma
3 Napa

North Coast

Sierra Foothills

Central Coast

Central Valley

South Coast

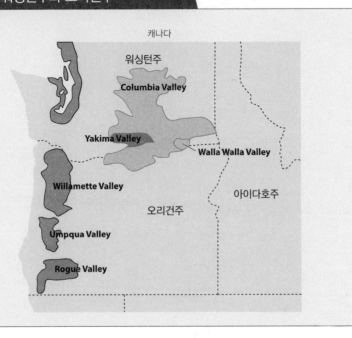

캐나다

워싱턴주

Columbia Valley

Yakima Valley

Walla Walla Valley

Willamette Valley

아이다호주

Umpqua Valley

오리건주

Rogue Valley

복습 지도편

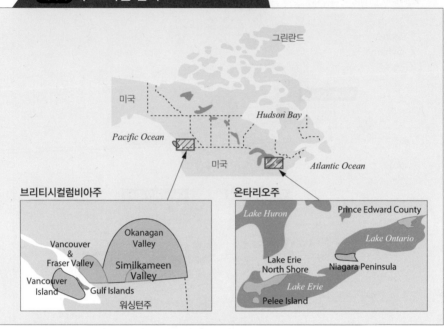

브리티시컬럼비아주

Okanagan Valley
Vancouver & Fraser Valley
Similkameen Valley
Vancouver Island
Gulf Islands
워싱턴주

온타리오주

Lake Huron
Prince Edward County
Lake Ontario
Lake Erie North Shore
Niagara Peninsula
Lake Erie
Pelee Island

카타마르카주
산후안주
멘도사주
라리오하주
리오네그로주

1 Elqui Valley
  엘키 밸리
2 Aconcagua Valley
  아콩카과 밸리
3 Casablanca Valley
  카사블랑카 밸리
4 San Antonio Valley
  산 안토니오 밸리
5 Maipo Valley
  마이포 밸리
6 Curicó Valley
  쿠리코 밸리
7 Maule Valley
  마울레 밸리

복습 지도편

호주 주요 와인 산지

서오스트레일리아주

남오스트레일리아주

뉴사우스웨일스주

빅토리아주

태즈메이니아주

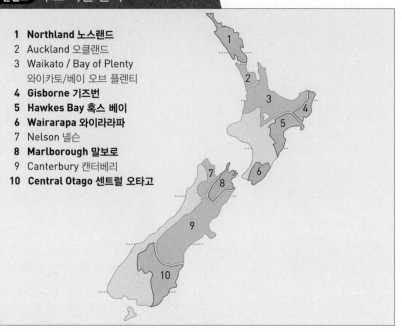

1 **Northland 노스랜드**
2 Auckland 오클랜드
3 Waikato / Bay of Plenty
　와이카토/베이 오브 플렌티
4 **Gisborne 기즈번**
5 **Hawkes Bay 혹스 베이**
6 **Wairarapa 와이라라파**
7 Nelson 넬슨
8 **Marlborough 말보로**
9 Canterbury 캔터베리
10 **Central Otago 센트럴 오타고**

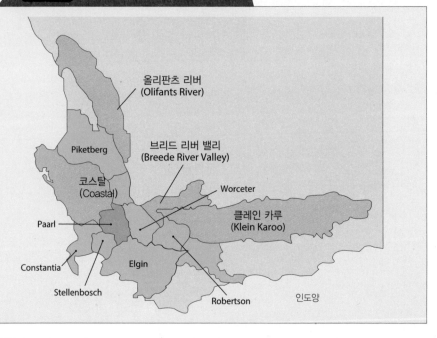

올리판츠 리버
(Olifants River)

브리드 리버 밸리
(Breede River Valley)

Piketberg

코스탈
(Coastal)

Worceter

클레인 카루
(Klein Karoo)

Paarl

Constantia

Elgin

Stellenbosch

Robertson

인도양

내 와인 상식은 몇 점?

[주의사항]
- 본문의 학습을 마치고 나서 도전하세요.
- 다음 페이지의 마크시트를 확대 복사해서 사용하세요.
- 시험 시간은 70분, 문제는 130문항입니다.
- 본편 및 해답을 보면서 풀지 마세요.

1	①	②			34	①	②	③	
2	①	②	③		35	①	②	③	④
3	①	②	③	④	36	①	②	③	④
4	①	②	③	④	37	①	②	③	
5	①	②	③		38	①	②	③	
6	①	②	③	④	39	①	②		
7	①	②	③		40	①	②	③	
8	①	②			41	①	②	③	
9	①	②	③	④	42	①	②	③	④
10	①	②	③	④	43	①	②	③	④
11	①	②	③	④	44	①	②	③	
12	①	②	③		45	①	②	③	
13	①	②	③	④	46	①	②	③	
14	①	②	③		47	①	②	③	④
15	①	②	③		48	①	②	③	④
16	①	②	③	④	49	①	②	③	
17	①	②	③	④	50	①	②	③	④
18	①	②	③		51	①	②	③	④
19	①	②	③		52	①	②	③	
20	①	②	③	④	53	①	②		
21	①	②	③	④	54	①	②	③	④
22	①	②	③		55	①	②	③	④
23	①	②	③		56	①	②	③	④
24	①	②	③		57	①	②	③	
25	①	②	③		58	①	②	③	
26	①	②	③		59	①	②	③	
27	①	②	③		60	①	②		
28	①	②	③		61	①	②	③	④
29	①	②	③		62	①	②	③	④
30	①	②	③		63	①	②	③	④
31	①	②	③		64	①	②	③	
32	①	②	③		65	①	②	③	
33	①	②	③		66	①	②	③	

문항					문항				
67	①	②	③	④	100	①	②	③	
68	①	②	③	④	101	①	②	③	
69	①	②	③		102	①	②	③	④
70	①	②	③	④	103	①	②	③	
71	①	②	③		104	①	②	③	④
72	①	②	③	④	105	①	②	③	④
73	①	②	③		106	①	②	③	④
74	①	②	③		107	①	②	③	④
75	①	②			108	①	②	③	
76	①	②			109	①	②	③	④
77	①	②	③	④	110	①	②	③	④
78	①	②	③		111	①	②	③	④
79	①	②	③	④	112	①	②	③	④
80	①	②	③		113	①	②		
81	①	②	③		114	①	②	③	④
82	①	②	③	④	115	①	②	③	④
83	①	②	③		116	①	②	③	④
84	①	②	③	④	117	①	②	③	④
85	①	②	③		118	①	②	③	
86	①	②	③	④	119	①	②	③	
87	①	②			120	①	②	③	④
88	①	②	③		121	①	②	③	
89	①	②	③	④	122	①	②	③	
90	①	②	③	④	123	①	②	③	④
91	①	②	③	④	124	①	②	③	④
92	①	②	③		125	①	②	③	
93	①	②	③	④	126	①	②	③	④
94	①	②			127	①	②	③	④
95	①	②	③	④	128	①	②	③	④
96	①	②	③		129	①	②	③	④
97	①	②			130	①	②	③	④
98	①	②	③						
99	①	②	③						

내 와인 상식은 몇 점?

★ 표시는 빈출문제입니다.

★ **1** 다음 주세법의 주류 분류에 관한 기술 내용이 맞으면 ①, 틀리면 ②에 마크하시오.
[와인과 청주는 양조주, 브랜디와 소주는 증류주, 리큐르는 혼성주에 포함된다]
① 맞다
② 틀리다

★ **2** 와인 중의 주요 유기물 중 포도에 유래하는 산에서 가장 많이 함유되는 것을 하나 선택하시오.
① 유산
② 구연산
③ 주석산

★ **3** 폴리페놀은 포도의 과피와 종자에 많이 포함되는데, 폴리페놀의 함유량이 가장 많은 포도 품종을 하나 고르시오.
① 가메
② 네비올로
③ 피노 누아
④ 샤르도네

★ **4** EU 가맹국의 라벨 표기에 대해 단일 포도 품종을 표시하는 경우는 그 품종을 적어도 몇 % 이상 사용하지 않으면 안 되는지 고르시오.
① 75%
② 85%
③ 95%
④ 100%

★ **5** 포도의 숙성에 필요한 생육 기간에서 일조 시간이 바른 것을 하나 고르시오.

① 500시간에서 1000시간

② 1000시간에서 1500시간

③ 1500시간에서 2000시간

6 그림에 해당하는 포도나무의 재배 방법을 하나 고르시오.

① 귀요식

② 모젤

③ 고블렛

④ 평덕

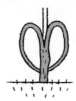

★ **7** 노균병에 대한 방제 대책으로 가장 효과적인 것을 하나 고르시오.

① 이프로디온 수화제의 살포

② 벤레이트의 살포

③ 보르도액의 살포

★ **8** 침용(마세라시옹)의 기술에 대해 맞으면 ①, 틀리면 ②에 체크하시오.

[발효가 시작되면 과피에서 안토시아닌, 종자에서 탄닌이 나온다. 이 과정을 침용이라고 한다]

① 맞다.

② 틀리다.

★ **9** 젖산 발효(MLF)의 효과를 바르게 설명한 것을 하나 고르시오.

① 당분, 효모, 온도의 평균화

② 제1아로마가 두드러진다.

③ 와인의 신맛이 완화되어 부드러워진다.

④ 유산이 사과산으로 변화한다.

내 와인 상식은 몇 점?

10 와인의 양조에서 르몽타주와 같은 목적으로 시행하는 과정을 하나 고르시오.

① 콜라주(Collage)

② 필트라주(Filtrage)

③ 피자주(Pigeage)

④ 수띠라즈(Soutirage)

★ **11** 스파클링 와인의 제법에서 샤르마 방식과 같은 제법을 하나 고르시오.

① 샹파뉴(트래디셔널) 방식

② 메토드 퀴브 클로즈

③ 메토드 안세스트랄

④ 메토드 뤼랄

12 맥주의 주원료를 바르게 조합한 것을 하나 고르시오.

① 맥아, 피트

② 맥아, 홉

③ 51% 이상의 옥수수와 호밀

13 맥주 특유의 쓴맛과 향을 부여하는 동시에 맥주의 거품을 잘 일게 하는 것을 하나 고르시오.

① 두줄보리

② 맥아

③ 홉(루프린)

④ 흑국균

★ **14** 보리소주를 하나 고르시오.

① 이키소주

② 쿠마소주

③ 유구포성

★ **15** 쌀누룩을 사용하는 것을 전제로 아마미시 주변에만 인정된 단식 증류 소주를 하나 고르시오.
① 쿠마소주
② 유구포성
③ 흑당소주

★ **16** 맥아의 건조에 사용하는 피트(초탄) 연기의 스모키한 향이 특징인 위스키를 하나 고르시오.
① 버번
② 캐나디안
③ 재패니즈
④ 스카치

★ **17** 최고 품질의 코냑을 생산하는 지구를 하나 고르시오.
① 그랜드 상파뉴(Grande Champagne)
② 프티 상파뉴(Petite Champagne)
③ 봉부와(Bons Bois)
④ 팡부와(Fins Bois)

18 최고 품질의 아르마냑을 생산하는 지구를 하나 고르시오.
① 그랜드 상파뉴(Grande Champagne)
② 바자르마냑(Bas-Champagne)
③ 오타르마냑(Haut-Armagnac)

19 칼바도스의 원료로 바른 것을 하나 고르시오.
① 유니 블랑종의 청포도
② 48종의 사과 및 수종의 배
③ 포도 찌꺼기

★ 20 멕시코의 국내법에서 블루 아가베를 51% 이상 사용하도록 정해진 스피릿을 하나 고르시오.

① 진(Gin)
② 보드카(Vodka)
③ 테킬라(Tequila)
④ 럼(Rum)

★ 21 2013년 7월 일본의 국세청 장관이 와인의 산지명으로 처음으로 지정한 현명을 하나 고르시오.

① 미야자키현
② 야마나시현
③ 나가노현
④ 야마가타현

★ 22 2013년에 O.I.V.의 리스트에 품종으로 게재된 포도 품종을 하나 고르시오.

① 고슈
② 머스캣베일리 A
③ 머루

★ 23 일본에서 와인에 들어 있는 양이 가장 많은 품종을 하나 고르시오.

① 고슈
② 샤르도네
③ 나이아가라

★ 24 일본에서 와인에 들어 있는 양이 가장 많은 적포도 품종을 하나 고르시오.

① 메를로
② 머스캣베일리 A
③ 렘베르크

★ 25 일본의 포도나무의 수형 방법 중 바른 것을 하나 고르시오.

① 고습도이므로 에도시대부터 평덕이 채용됐다.

② 건조한 기후이므로 고블렛이 많다.

③ 급사면에 밭이 펼쳐지므로 모젤이 많다.

★ 26 야마나시현에 대한 기술 중 바른 것을 하나 고르시오.

① 와인에 들어 있는 양은 델라웨어가 가장 많다.

② 메를로, 샤르도네의 재배 면적이 일본에서 가장 넓다.

③ 일본 전체 고슈의 약 90%가 공급되고 있다.

★ 27 나가노현의 기술 중 바른 것을 하나 고르시오.

① 머스캣베일리에이의 시입량은 일본에서 가장 많다.

② 마쓰모토 분지 남단의 시오리지시를 제외한 지역을 일본 알프스 와인 밸리라고 부른다.

③ 표고가 높은 호쿠토시에서는 우량한 와인을 생산한다.

★ 28 야마가타현의 기술 중 바른 것을 하나 고르시오.

① 샤르도네 재배 면적은 일본에서 가장 넓다.

② 일본의 연간 연간 생산량은 야마나시현에 이어서 2위.

③ 일본 와인의 원료로서 양조량은 머스캣베일리 A가 가장 많다.

★ 29 홋카이도의 설명 중 바른 것을 하나 고르시오.

① 냉량한 기후를 반영해서 독일계 화이트 품종의 재배량이 많다.

② 가쓰누마에는 도내 각 와이너리의 계약 농가가 집중해 있다.

③ 케르너의 재배 면적은 나가노현에 이어 국내 2위.

30 프랑스의 개요 중 바른 것을 하나 고르시오.

① 첫 포도나무가 들여온 것은 마르세유이다.

② 첫 포도나무가 들여온 것은 보르도 지방이다.

③ 1855년에 AOC법을 제정했다.

내 와인 상식은 몇 점?

★ 31 프랑스에서 가장 재배 면적이 넓은 청포도를 하나 고르시오.
① 생테밀리옹 샤랑트(Saint Émilion des Charentes)
② 믈롱 다르부아(Melon d'Arbois)
③ 피노 누아(Pineau de la Loire)

★ 32 일찍이 역대 프랑스왕의 수세식과 재관식이 거행된 대성당이 있는 상파뉴 지방의 중심 도시를 하나 고르시오.
① 세잔느
② 랭스
③ 에페르네

★ 33 상파뉴 지방의 와인 생산에 대해 바른 것을 하나 고르시오.
① 레드의 스틸 와인은 생산하지 않는다.
② 화이트 생산량이 99.9%로 많다.
③ 코트 데 블랑에서는 주로 피노 누아를 재배하고 있다.

★ 34 상파뉴 지방의 그랑 크뤼에 사정된 꼬뮌 내, 코트 데 블랑에 속하는 조합이 바른 것을 하나 고르시오.
① 앙보네, 마이(Ambonnay, Mailly)
② 아이, 투르 쉬르 마른(Ay, Tours-sur-Marne)
③ 아비즈, 슈이(Avize, Chouilly)

★ 35 논밀레짐의 상파뉴를 설명한 것 중 바른 것을 하나 고르시오.
① 라벨에 'NM'이라고 표기한다.
② 티라주 후에 15개월의 숙성 의무가 있다.
③ 티라주 후부터 최소 3년간은 판매할 수 없다.
④ 포도의 수확년도를 표기해야 한다.

★ 36 알자스 지방의 기술 중 바른 것을 하나 고르시오.
① 피레네산맥의 동쪽 구릉에 위치한다.
② 지중해 연안의 온난한 와인 산지
③ 강우량이 적은 대륙성 기후
④ 게뷔르츠트라미너(Gewurztraminer)의 재배 면적이 가장 넓다.

37 알자스에서 가장 넓게 재배되고 있는 품종을 하나 고르시오.
① 피노 블랑(Pinot Blanc)
② 리즐링(Riesling)
③ 게뷔르츠트라미너(Gewurztraminer)

★ 38 부르고뉴 지방의 기술 중 바른 것을 하나 고르시오.
① 프랑스의 와인 산지 중에서 가장 수출 비율이 낮다.
② AOC 수는 83으로 프랑스에서 가장 적다.
③ 리옹시는 일찍이 부르고뉴 공국의 수도였다.

★ 39 맞으면 ①, 틀리면 ②에 체크하시오.
[샤블리 그랑 크뤼에는 7개 클리마가 있으며 그중에서 그르누이는 최대의 면적을 차지한다.]
① 맞다.
② 틀리다.

★ 40 코트 드 뉘 지구에서 가장 그랑 크뤼 수가 많은 대표적인 마을을 하나 고르시오.
① 즈브레 샹베르땡(Gevrey-Chambertin)
② 모레이 드 생 드니(Morey-Saint-Denis)
③ 본 로마네(Vosne-Romanée)

★ 41 코트 드 뉘 지구에서 레드와 화이트가 인정받고 있는 AOC을 하나 고르시오.
① 샹베르땡(Chambertin)
② 뮤지니(Musigny)
③ 본 마르(Bonne-Mares)

내 와인 상식은 몇 점?

★ **42** 지도에서 바타르 몽라셰 그랑 크뤼(Batard Montrachet Grand Cru)를 하나 고르시오.

① A
② B
③ C
④ D

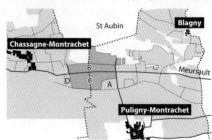

★ **43** 알리고테(Aligoté)를 100% 사용해서 만드는 AOC를 하나 고르시오.

① 메르퀴레(Mercurey)
② 뫼르소(Meursault)
③ 푸이 퓌세(Pouilly-Fuissé)
④ 부즈롱(Bouzeron)

★ **44** 사바냥(Savagnan)에서 뱅 존만을 만드는 것이 인정받는 AOC를 하나 고르시오.

① 아르부아(Arbois)
② 샤토 샬롱(Château-Chalon)
③ 코트 뒤 쥐라(Côtes du Jura)

★ **45** 뱅 존을 담는 62cℓ 병의 명칭을 하나 고르시오.

① 끌라블랭
② 파츠
③ 바리크

★ **46** 14세기 로마 교황청이 이전된 도시를 하나 고르시오.

① 타벨
② 빈
③ 아비뇽

★ 47 코트 뒤 론 전체의 약 절반의 생산량을 차지하는 AOC를 하나 고르시오.

① 크로즈 에르미타주(Crozes−Hermitage)
② 샤토 그리에(Château Grillet)
③ 샤토 뇌프 뒤 파프(Châteauneuf du Pape)
④ 코트 뒤 론(Côtes du Rhône)

★ 48 코트 뒤 론의 북부에서 가장 넓은 AOC를 하나 고르시오.

① 크로즈 에르미타주(Crozes−Hermitage)
② 샤토 뇌프 뒤 파프(Châteauneuf du Pape)
③ 코트 로티(Côte−Rôtie)
④ 코르나스(Cornas)

49 니엘키오 품종으로 만든 와인이 코르스 최고의 와인으로 평가받는 AOC를 하나 고르시오.

① 파트리오니오(Patrimonio)
② 아작시오(Ajaccio)
③ 머스캣 뒤 캅 코르소(Muscat du Cap Corse)

★ 50 로트강의 계곡 지대에 펼쳐지며 역사적으로 블랙와인으로 불릴 정도로 색이 진한 와인을 생산하는 AOC를 하나 고르시오.

① 프론톤(Fronton)
② 이룰레귀(Irouléguy)
③ 카오르(Cahors)
④ 가이약(Gaillac)

★ 51 보르도 지방을 설명한 것 중 바른 것을 하나 고르시오.

① 프랑스의 AOC 산지 중에서 3위의 면적을 자랑한다.
② 보르도에서 만드는 와인의 대다수는 IGP이다.
③ 메독은 카베르네 쇼비뇽을 주품종으로 해서 만든다.

★ **52** 메독의 등급 분류를 설명한 것 중 바른 것을 하나 고르시오.
① 등급은 총 16브랜드이다.
② 1급 등급에는 AOC 포이악(Pauillac)이 3건으로 가장 많다.
③ 1855년 제정된 이래 현재까지 등급이 변동된 것은 하나도 없다.

53 맞으면 ①, 틀리면 ②를 마크하시오.
[샤토 오 브리옹(Chateau Haut-Brion)은 그라브의 등급과 생테밀리옹의 등급 양쪽에 선정되고 있다]
① 맞다.
② 틀리다.

54 메독의 등급 4급인 샤토를 하나 고르시오.
① 샤토 깡트냑 브라운(Château Cantenac-Brown)
② 샤토 팔메르(Château Palmer)
③ 샤토 탈보(Château Talbot)
④ 샤토 그뤼오 라로슈(Château Gruaud-Larose)

★ **55** 메독의 등급 5급인 샤토를 하나 고르시오.
① 샤토 랭쉬 바쥬(Château Lynch-Bages)
② 샤토 몽트로즈(Château Montrose)
③ 샤토 기로(Château Giscours)
④ 샤토 라 그랑쥬(Château Lagrange)

★ **56** 그라브의 등급에서 레드만 등급 분류되어 있는 샤토를 하나 고르시오.
① 샤토 쿠앵(Château Couhin)
② 샤토 까르보니외(Château Carbonnieux)
③ 샤토 라 미숑 오 브리옹(Château La Mission-Haut-Brion)
④ 도멘 드 슈발리에(Domaine de Chevalier)

57 2012 빈티지부터 적용되는 생테밀리옹의 새로운 등급에서 새로이 프리미에 그랑 크뤼 클라세 'A'로 승격된 샤토를 하나 고르시오.
① 샤토 안젤뤼스(Château Angélus)
② 샤토 슈발 블랑(Château Cheval Blanc)
③ 샤토 오존(Château Ausone)

58 포므롤 지구의 기술 중 바른 것을 하나 고르시오.
① 보르도에서 최고 품질의 화이트와인을 생산하는 산지이다.
② 생테밀리옹 지구보다 면적이 넓다.
③ 등급 분류는 없지만 고품질의 레드와인을 생산하고 있다.

★**59** 소테른&바르삭의 기술 중 바른 것을 하나 고르시오.
① 수온이 다른 시롱강과 가론강이 합류하여 안개가 자주 발생한다.
② 바르삭은 소테른보다 표고가 높다.
③ AOC 소테른은 AOC 바르삭이라는 이름을 붙일 수 있다.

60 맞으면 ①, 틀리면 ②를 마크하시오.
[프랑스의 정원이라고도 형용되는 루아르 계곡 지방은 냉량한 지역에 있으며 AOC 와인의 산지로는 프랑스 3위의 면적을 자랑한다]
① 맞다.
② 틀리다.

★**61** 루아르의 하구에 가까워 믈롱 드 부르고뉴(Melon de Bourgogne) 품종으로 만드는 화이트와인 산지가 펼쳐지는 지구를 하나 고르시오.
① 페이 낭테
② 앙주&소뮈르
③ 투렌
④ 상트르 니베르네

★ 62 아르마냑 지방에서 만드는 VDL을 하나 고르시오.

① 머스캣 봄 드 브니스(Muscat de Beaumes de Venise)

② 피노 데 샤랑트(Pineau des Charentes)

③ 플록 드 가스코뉴(Floc de Gascogne)

④ 바뉠스 랑시오(Banyuls Rancio)

★ 63 키안티, 포미노, 카르미냐노 등의 생산지 구분을 한 인물을 하나 고르시오.

① 나폴레옹 3세

② 앙리 4세

③ 코지모 3세

④ 퀴르논스키

★ 64 이탈리아에서 최초의 원산지 명칭법을 공포한 해를 한 고르시오.

① 1716년

② 1963년

③ 1973년

★ 65 네비올로(Nabbiolo)의 기술 중에서 바른 것을 하나 고르시오.

① 젊음을 의미하는 이탈리아어가 원어이다.

② 포도를 그늘에서 말린 것을 의미하는 이탈리아어가 원어이다.

③ 스파나(Spanna), 키아벤나스(Chiavennasca)라고도 부른다.

66 이탈리아에서 와인 생산량 1위를 차지하는 것이 많은 주명을 하나 고르시오.

① 베네토주

② 토스카나주

③ 피에몬테주

★ 67 아래의 지도에서 DOCG 프란치아코르타(Franciacorta)를 생산하는 주를 고르시오.

① A
② B
③ C
④ D

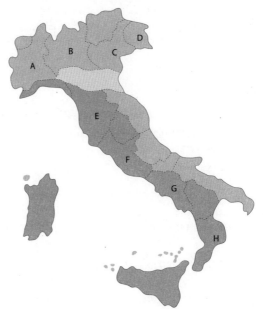

★ 68 67번 문제의 지도에서 DOCG 타우라시(Taurasi)를 생산하는 주를 고르시오.

① E
② F
③ G
④ H

★ 69 피에몬테주의 DOCG에서 화이트와인의 생산이 인정된 것을 하나 고르시오.

① 가티나라(Gattinara)
② 로에로(Roero)
③ 젬메(Ghemme)

내 와인 상식은 몇 점?

★ **70** 피에몬테주 쿠네오에서 만드는 세계적 명성을 자랑하는 DOCG를 하나 고르시오.
① 가티나라(Gattinara)
② 가비(Gavi)
③ 바르바레스코(Barbaresco)
④ 아스티(Asti)

★ **71** 베네토주 베노로나의 DOCG를 하나 고르시오.
① 아마로네 델라 바르포리체라(Amarone della Valpolicella)
② 프란치아코르타(Franciacorta)
③ 프로세코(Prosecco)

★ **72** 피렌체와 시에나의 사이에 펼쳐진 아름다운 구릉지대에서 만드는 DOCG를 하나 고르시오.
① 모렐리노 디 스칸사노(Morellino di Scansano)
② 키안티 클라시코(Chianti Classico)
③ 베르나차 디 산지미냐노(Vernaccia di San Gimignano)
④ 브루넬로 디 몬테풀치아노(Brunello di Montalcino)

★ **73** 적포도인 알리아니코(Aglianico)종으로 만드는 DOCG를 하나 고르시오.
① 그레코 디 투포(Greco di Tufo)
② 타우라시(Taurasi)
③ 피아노 디 아벨리노(Fiano di Avellino)

★ **74** 칼라브리아주의 DOCG 치로(Ciro)로 인정받은 포도 품종에서 바른 것을 하나 고르시오.
① 화이트는 아르네이스(Arneis), 레드와 로제는 네비올로(Nebbiolo) 주체
② 화이트는 그레코(Greco), 레드와 로제는 프리미티보(Primitivo) 주체
③ 화이트는 그레코 비앙코(Greco Bianco), 레드와 로제는 갈리오포(Gaglioppo) 주체

75 맞으면 ①, 틀리면 ②를 마크하시오.

[시칠리아주는 이탈리아 20주 중 최대이고 섬의 상징은 동쪽 끝의 에트나 화산이다. 주정
강화 와인 마르살라(Marsala) 외에도 지빕보(Zibibbo)와 칼라브레세(Calabrese) 등을
원료로 한 스틸 와인도 제조한다]

① 맞다.

② 틀리다.

76 맞으면 ①, 틀리면 ②를 마크하시오.

[스페인에서 와인 생산량이 가장 많은 것은 라만차 지방으로 화이트의 경우 주요 품종은
아이렌(Airen)이다]

① 맞다.

② 틀리다.

77 19세기 후반 필록세라해로 밭을 잃은 프랑스인들이 생활의 양식을 위해 와인 제조를 하러
온 스페인의 산지를 하나 고르시오.

① 라만차(La Mancha)

② 리오하(Rioja)

③ 루에다(Rueda)

④ 리아스 바이샤스(Rías Baixas)

★ **78** 카바 총 생산량의 95%를 차지하는 주를 하나 고르시오.

① 안달루시아주

② 카스티야이레온주

③ 카탈루냐주

★ **79** DOCa 인정 산지의 조합으로 맞는 것을 하나 고르시오.

① 리오하, 리베라 델 두에로(Rioja、Ribera del Duero)

② 리오하, 프리오라토(Rioja、Priorato)

③ 프리오라토, 라만차(Priorato、La Mancha)

④ 루에다, 나바라(Rueda、Navarra)

★ 80 2000년의 와인 제조 역사가 있는 카스티야이레온주에 위치하는 산지를 하나 고르시오.
① 라만차(La Mancha)
② 리오하(Rioja)
③ 리베라 델 두에로(Ribera del Duero)

★ 81 대서양에 면해 있어 연간 강수량이 많고 재배 포도의 약 96%는 알바리뇨(Albarino) 종으로 차지하고 있는 산지를 하나 고르시오.
① 리아스 바이샤스(Rías Baixas)
② 루에다(Rueda)
③ 페네데스(Penedés)

★ 82 호박색에 너츠와 같은 향을 갖고 있는 피노와 올로로소의 중간 풍미를 가진 셰리를 하나 고르시오.
① 페드로 히메네스(Pedro Ximénez)
② 만자니야(Manzanilla)
③ 아몬티야도(Amontillado)
④ 크림(Cream)

★ 83 세계 최초의 포트 와인 원산지 관리법이 제정된 해를 고르시오.
① 1756년
② 1907년
③ 1986년

★ 84 포르투갈의 아라고네즈(Aragonez)의 별명 하나를 고르시오.
① 말바지아(Malvasia)
② 토리가 나시오날(Touriga Nacional)
③ 템플라니요(Tempranillo)
④ 하엔(Jaen)

★ **85** 찌꺼기를 제거하지 않고 색이 짙은 병에 담는 포트 와인을 하나 고르시오.

① 빈티지 포트

② 토니 포트

③ 화이트 포트

★ **86** 마데이라의 원료 청포도 세르시알(Sercial)을 설명한 것 중 맞는 것을 하나 고르시오.

① 신맛을 활용해서 떫은맛 타입으로 마무리한다.

② 중간 떫은맛 타입에 맛이 풍부한 와인을 만든다.

③ 중간 단맛 타입에 신맛과 달기의 균형이 좋다.

④ 단맛 타입에 농축감이 있는 리치한 맛이 된다.

★ **87** 맞으면 ①, 틀리면 ②를 마크하시오.

[독일의 특정 재배 지역 내, 가장 북쪽에 위치한 것은 옛 동독의 작센, 최남단은 바덴이다]

① 맞다.

② 틀리다.

★ **88** 프레디카츠바인의 스패트레제의 기술 중 맞는 것을 하나 고르시오.

① 최저 알코올 도수는 5.5도이다.

② 귀부 포도로 만드는 귀부 와인이다.

③ 포도 수확 시기는 적어도 통상보다 1주일 후가 통례이다.

★ **89** 독일 최대의 포도 재배지를 고르시오.

① Mosel(모젤)

② Rheinhessen(라인헤센)

③ Rheingau(라인가우)

④ Franken(프랑켄)

★ 90 레드와인의 생산 비율이 가장 높은 독일의 와인 산지를 고르시오.
① 잘레 운스투르트(Saale-Unstrut)
② 라인헤센(Rheinhessen)
③ 아르(Ahr)
④ 작센(Sachsen)

★ 91 오스트리아에서 가장 재배 면적이 넓은 대표적인 포도 품종을 고르시오.
① 츠바이겔트(Zweigelt)
② 블라우프랭키쉬(Blaufränkisch)
③ 그뤼너 벨트리너(Grüner Veltliner)
④ 펜당트(Fendant)

★ 92 헝가리 토카이 와인의 주요 포도 품종을 하나 고르시오.
① 샤슬라(Chasselas)
② 프루민트(Furmint)
③ 소비뇽 블랑(Sauvignon Blanc)

★ 93 스위스 와인 산출량의 약 40%를 생산하는 최대 와인 산지를 고르시오.
① 발레(Valais)
② 보(Vaud)
③ 라보(Lavaux)
④ 제네바(Genève)

★ 94 맞으면 ①, 틀리면 ②를 마크하시오.
[미국의 와인법은 1978년에 제정, TTB(알코올, 담배 과세 및 상업거래국)가 품질을 관리하고 있다]
① 맞다.
② 틀리다.

★ 95 이탈리아의 프리미티보(Primitivo)와 동일한 포도 품종을 고르시오.

① 메를로(Merlot)

② 카베르네 소비뇽(Cabernet Sauvignon)

③ 진판델(Zinfandel)

④ 퓌메 블랑(Fumé Blanc)

96 나파 밸리(Napa Valley) AVA이 위치하는 캘리포니아주의 와인 생산 지역을 고르시오.

① 노스 코스트

② 센트럴 코스트

③ 센트럴 밸리

97 맞으면 ①, 틀리면 ②를 마크하시오.

[워싱턴주의 와인용 포도 생산량은 전미 2위. 최대 AVA는 콜럼비아 밸리, 최초에 허가받은 AVA은 야키마 밸리이다]

① 맞다.

② 틀리다.

★ 98 미국을 대표하는 양질의 피노 누아를 생산하는 오리건주 최대 규모의 와인 산지를 고르시오.

① 엄프콰 밸리(Umpqua Valley)

② 카네로스(Carneros)

③ 윌라메트 밸리(Willamette Valley)

99 뉴욕주 중앙부에 위치하며 동 주의 고품질 와인의 생산 거점이 되고 있는 최대 AVA를 고르시오.

① 러시안 리버 밸리(Russian River Valley)

② 나이아가라 급경사면(Niagara Escarpment)

③ 핑거 레이크스(Finger Lakes)

★ 100 캐나다의 온타리오주에서 스위스 와인 생산량 최대인 비달(Vidal)종의 교배로서 바른 것을 고르시오.
① 그르나슈 블랑×시벨 4986
② 소비뇽 블랑×세미용 4986
③ 유니 블랑×시벨 4986

★ 101 캐나다 온타리오주의 와인 생산량 중 50% 이상을 점하는 산지를 고르시오.
① 나이아가라 페닌슐라(Niagara Peninsula)
② 윌라메트 밸리(Willamette Valley)
③ 오카나간 밸리(Okanagan Valley)

★ 102 아르헨티나에 부는 건조한 따뜻한 바람의 명칭을 고르시오.
① 존다
② 오탕
③ 미스트랄
④ 케이프 닥터

★ 103 아르헨티나 DOC 인정 지구를 고르시오.
① 마이포
② 산라파엘
③ 파마티나

★ 104 칠레의 기술 중 바른 것을 고르시오.
① 1818년에 네덜란드에서 독립하여 본격적인 와인 제조가 시작된다.
② 필록세라에 의한 피해가 심각했다.
③ 메를로의 재배 면적이 전체의 32%를 차지한다.
④ 지중해성 기후이다.

★ 105 오랜 세월 카르메네르와 혼동되어 온 품종을 하나 고르시오.
① 메를로(Merlot)
② 프리미티보(Primitivo)
③ 피노 누아(Pinot Noir)
④ 카베르네 소비뇽(Cabernet Sauvignon)

★106 칠레의 원산지 명칭 와인 라벨에 수확년도를 표시하는 경우 표시해의 와인을 몇 % 사용할 필요가 있는지 맞는 것을 고르시오.

① 100%

② 95% 이상

③ 85% 이상

④ 75% 이상

★107 유럽 우량 품종의 재배 역사가 길고 카베르네 소비뇽이 전체 재배 면적의 50% 이상을 차지하는 칠레의 와인 산지를 하나 고르시오.

① 아콩카과 밸리(Aconcagua Valley)

② 마이포 밸리(Maipo Valley)

③ 쿠리코 밸리(Curicó Valley)

④ 마울레 밸리(Maule Valley)

★108 1825년에 헌터 밸리에 포도원을 개설하고 '호주의 와인용 포도 재배의 아버지'라 형용되는 인물을 하나 고르시오.

① 아서 필립

② 제임스 후크

③ 제임스 버즈비

★109 1970년대에 탄생한 웨스턴오스트레일리아주의 유력 산지를 하나 고르시오.

① 스완 밸리(Swan Valley)

② 마가렛 리버(Margaret River)

③ 에덴 밸리(Eden Valley)

④ 바로사 밸리(Barossa Valley)

★110 호주를 대표하는 카베르네 소비뇽의 명양지 중 하나로 테라로사 토양으로 유명한 산지를 고르시오.

① 쿠나와라(Coonawarra)

② 맥라렌 베일(McLaren Vale)

③ 클레어 밸리(Clare Valley)

④ 바로사 밸리(Barossa Valley)

★ 111 호주에서 최고급 피노 누아를 생산하는 빅토리아주의 산지를 하나 고르시오.

① 헌터(Hunter)
② 야라 밸리(Yarra Valley)
③ 에덴 밸리(Eden Valley)
④ 아델레이드 힐스(Adelaide Hills)

★ 112 뉴질랜드에서는 와인의 라벨 표시에 대해 2007년 빈티지부터 몇 % 룰을 적용하고 있는지 맞는 것을 고르시오.

① 100%
② 95%
③ 85%
④ 75%

★ 113 맞으면 ①, 틀리면 ②를 마크하시오.
[말버러 지구는 1970년대 소비뇽 블랑의 식수가 성공을 거두어 현재 뉴질랜드 최대의 포도 재배 면적을 자랑한다]
① 맞다.
② 틀리다.

114 1918년에 남아프리카에서 설립된 와인 양조자 협동조합의 약칭을 고르시오.

① WO
② KWV
③ KMW
④ DO

★ 115 남아프리카에서 스틴(Steen)이라 불리는 포도 품종의 별명을 고르시오.

① 피노타쥐(Pinotage)
② 생소(Cinsaut)
③ 슈냉 블랑(Chenin Blanc)
④ 샤르도네(Chardonnay)

★ 116 운송품의 권리증서인 선하증권의 명칭을 하나 고르시오.
① CIF
② Invoice
③ B/L
④ FOB

★ 117 코르크의 냄새 원인이 되는 물질을 하나 고르시오.
① 아세트알데히드
② 레스베라트롤
③ 트리클로로 아니솔(TCA)
④ 소르빈산

★ 118 와인의 이상적인 보존 조건으로 맞는 것을 고르시오.
① 와인이 코르크에 닿지 않도록 반드시 세워 보존한다.
② 온도는 연간 25~30℃가 바람직하다.
③ 습도는 70~75%가 바람직하다.

★ 119 아래 표의 원가율(B)로 맞는 것을 하나 고르시오.

와인 종합 매출 금액	1,000(만원)
전월 재고 금액	500
당월 구입 금액	300
당월 재고 금액	500
대매출 소비 금액	A
원가율	B

① 20%
② 30%
③ 40%

★ **120** 일본의 2015년 포도주(2ℓ 이하 용기들이) 수입 수량에서 1위를 한 국가를 고르시오.
① 스페인
② 미국
③ 칠레
④ 이탈리아

★ **121** 와인의 온도를 낮췄을 때의 효과로서 바른 것을 고르시오.
① 부드러운 균형 잡힌 맛이다.
② 신맛이 보다 날카로워진 느낌이다.
③ 단맛이 강해진다.

122 스크루 캡의 이점을 하나 고르시오.
① 보관 장소의 온도 영향을 받지 않는다.
② 와인의 품질을 영구히 유지한다.
③ 수직 보존이 가능하다.

★ **123** 샹파뉴의 보틀 사이즈에서 마투살렘(Mathusalem)에 해당하는 용량을 하나 고르시오.
① 3,000㎖
② 4,500㎖
③ 6,000㎖
④ 9,000㎖

124 와인의 표현에서 피네스에 해당하는 것을 고르시오.
① 와인을 입에 머금었을 때의 인상
② 와인의 점성
③ 와인의 액면 두께
④ 우아함

★ **125** 뱅 존(Vin Jaune)과 가장 잘 어울리는 치즈를 지방성을 고려해서 고르시오.
① 콩테(Comté)
② 브리 드 모(Brie de Meaux)
③ 샤비뇰(Chavignol)

★ 126 복수의 와인을 공급하는 순서로 바른 것을 하나 고르시오.
① 보통 등급에서 상질 등급으로
② 중간 맛에서 가벼운 맛으로
③ 복잡한 와인에서 심플한 와인으로
④ 단맛에서 떫은맛으로

★ 127 샤를마뉴 대제 등 왕후귀족에게 사랑받은 흰곰팡이 타입의 치즈를 고르시오.
① 크로탱 드 샤비뇰(Crottin de Chavignol)
② 브리 드 모(Brie de Meaux)
③ 에푸아스(Epoisses)
④ 로크포르(Roquefort)

★ 128 일본주의 주조 호적미(주미)에서 가장 생산량이 많은 것을 하나 고르시오.
① 고햐쿠만고쿠
② 야마다니시키
③ 미야마니시키
④ 오마치

★ 129 술 제조에서 양조용 유산을 첨가해서 수행하는 효모 배양법을 고르시오.
① 음양조
② 생원계 주모
③ 산폐원
④ 속양계 주모

★ 130 특정 명칭의 일본주에서 사용 원료에 양조 알코올이 인정되어 정미 보합 60% 이하에서 만드는 것을 하나 고르시오.
① 음양주
② 순미음양주
③ 순미주
④ 순미대음양주

내 와인 상식은 몇 점?

해답

1	2	3	4	5	6	7	8	9
1	3	2	2	2	4	3	1	3

10	11	12	13	14	15	16	17	18
3	2	2	3	1	3	4	1	2

19	20	21	22	23	24	25	26	27
2	3	2	2	1	2	1	3	2

28	29	30	31	32	33	34	35	36
3	1	1	1	2	2	3	2	3

37	38	39	40	41	42	43	44	45
2	2	2	1	2	3	4	2	1

46	47	48	49	50	51	52	53	54
3	4	1	1	3	3	2	2	3

55	56	57	58	59	60	61	62	63
1	3	1	3	1	1	1	3	3

64	65	66	67	68	69	70	71	72
2	3	1	2	3	2	3	1	2

73	74	75	76	77	78	79	80	81
2	3	1	1	2	3	2	3	1

82	83	84	85	86	87	88	89	90
3	1	3	1	1	2	3	2	3

91	92	93	94	95	96	97	98	99
3	2	1	1	3	1	1	3	3

100	101	102	103	104	105	106	107	108
3	1	1	2	4	1	4	2	3

109	110	111	112	113	114	115	116	117
2	1	2	3	1	2	3	3	3

118	119	120	121	122	123	124	125	126
3	2	3	2	3	3	4	1	1

127	128	129	130					
2	2	4	1					

■ 도서 A/S 안내

성안당에서 발행하는 모든 도서는 저자와 출판사, 그리고 독자가 함께 만들어 나갑니다.
좋은 책을 펴내기 위해 많은 노력을 기울이고 있습니다. 혹시라도 내용상의 오류나 오탈자 등이
발견되면 **"좋은 책은 나라의 보배"**로서 우리 모두가 함께 만들어 간다는 마음으로 연락주시기
바랍니다. 수정 보완하여 더 나은 책이 되도록 최선을 다하겠습니다.
성안당은 늘 독자 여러분들의 소중한 의견을 기다리고 있습니다. 좋은 의견을 보내주시는 분께는
성안당 쇼핑몰의 포인트(3,000포인트)를 적립해 드립니다.

잘못 만들어진 책이나 부록 등이 파손된 경우에는 교환해 드립니다.

소믈리에 부럽지 않은 와인 고수 될 수 있다!

와인 실력 테스트

2020. 3. 23. 1판 1쇄 인쇄
2020. 3. 27. 1판 1쇄 발행

지은이 | 우에노 마사미
감 역 | 이홍경
옮긴이 | 황명희
펴낸이 | 이종춘
펴낸곳 | **BM** (주)도서출판 **성안당**
주소 | 04032 서울시 마포구 양화로 127 첨단빌딩 3층(출판기획 R&D 센터)
　　　 | 10881 경기도 파주시 문발로 112 출판문화정보산업단지(제작 및 물류)
전화 | 02) 3142-0036
　　 | 031) 950-6300
팩스 | 031) 955-0510
등록 | 1973. 2. 1. 제406-2005-000046호
출판사 홈페이지 | **www.cyber.co.kr**
ISBN | 978-89-315-8823-1 (03590)
정가 | 18,000원

이 책을 만든 사람들
책임 | 최옥현
진행 | 김혜숙
본문 디자인 | 임진영
표지 디자인 | 박원석
홍보 | 김계향, 유미나
국제부 | 이선민, 조혜란, 김혜숙
마케팅 | 구본철, 차정욱, 나진호, 이동후, 강호묵
제작 | 김유석

이 책의 어느 부분도 저작권자나 **BM** (주)도서출판 **성안당** 발행인의 승인 문서 없이 일부 또는 전부를 사진 복사나 디스크 복사 및 기타 정보 재생 시스템을 비롯하여 현재 알려지거나 향후 발명될 어떤 전기적, 기계적 또는 다른 수단을 통해 복사하거나 재생하거나 이용할 수 없음.

2018 NEN WA KOKO GA DERU! WINE JUKEN CHOKUZEN YOSO
ⓒ MASAMI UENO 2018
Originally published in Japan in 2018 by SeibundoShinkosha Publishing Co., Ltd.,
TOKYO, Korean translation rights arranged with SeibundoShinkosha Publishing
Co., Ltd., TOKYO, through TOHAN CORPORATION, TOKYO, and EntersKorea
Co.,Ltd, SEOUL.
Korean translation copyright ⓒ 2020 by Sung An Dang, Inc.

이 책의 한국어판 저작권은 (주)엔터스코리아를 통해 저작권자와 독점 계약한 **BM** (주)도서출판 **성안당**에 있습니다. 저작권법에 의하여 한국 내에서 보호를 받는 저작물이므로 무단전재와 무단복제를 금합니다.